应用型数据科学系列教材

数据科学实践基础
——基于R

主　编　严晓东

副主编　王　纬　许中国　句媛媛
　　　　樊爱霞　陈晓林　曹智苗

中国教育出版传媒集团
高等教育出版社·北京

内容提要

　　本书从初学者的角度，介绍运用 R 语言进行基本的数据处理和分析，以及一些数据科学技术。通过学习，读者可了解数据输入、数据清洗、数据可视化、数据分析、数据分析报告等大数据分析的一般流程与相应的 R 语言操作。全书除了提供大量的实际数据，还提供了每一步分析的 R 语言代码，可作为数据分析的 R 语言参考书。

　　本书适合普通高等学校统计学类专业、数据科学相关专业本科高年级学生或研究生使用，也可供从事大数据分析、人工智能等领域的科技工作者参考。

图书在版编目（CIP）数据

数据科学实践基础：基于 R / 严晓东主编 . -- 北京：高等教育出版社，2024. 10. --（应用型数据科学系列教材）. -- ISBN 978-7-04-062732-9

　Ⅰ. TP274

中国国家版本馆 CIP 数据核字第 2024SL2429 号

Shuju Kexue Shijian Jichu-Jiyu R

| 策划编辑 | 宋玉文 | 责任编辑 | 张晓丽 | 封面设计 | 贺雅馨 | 版式设计 | 童　丹 |
| 责任绘图 | 杨伟露 | 责任校对 | 张　薇 | 责任印制 | 刘思涵 | | |

出版发行	高等教育出版社	网　　址	http://www.hep.edu.cn
社　　址	北京市西城区德外大街4号		http://www.hep.com.cn
邮政编码	100120	网上订购	http://www.hepmall.com.cn
印　　刷	三河市骏杰印刷有限公司		http://www.hepmall.com
开　　本	787mm×1092mm 1/16		http://www.hepmall.cn
印　　张	21.75		
字　　数	420千字	版　　次	2024 年10月第 1 版
购书热线	010-58581118	印　　次	2024 年10月第 1 次印刷
咨询电话	400-810-0598	定　　价	56.00 元

本书如有缺页、倒页、脱页等质量问题，请到所购图书销售部门联系调换
版权所有　侵权必究
物 料 号　62732-00

总　序

在大数据时代的推动下，数据已经转变为新的生产要素，其重要性不言而喻。目前，众多大型科技企业，如阿里巴巴、京东和百度等，都已设立数据科学家等相关职位。在学术界，我国众多高校都开设了数据科学与大数据技术专业，该专业是在大数据技术兴起后应运而生的战略性新兴学科。数据科学的发展不仅深刻影响了统计学、经济学等传统学科的研究方向，也对科技、金融等行业的业务模式产生了重大影响。

为响应国家"数字中国"建设战略发展需要，针对统计学、数据科学与大数据技术等专业教育的需求，在山东省大数据研究会的支持下，我们成立了"应用型数据科学系列教材编委会"，并组织了一支涵盖数据科学技术相关课程的编写团队。这些教材同时为金融科技专业的教材，获得了教育部首批新文科研究与改革实践项目"新文科金融科技人才培养模式探索"的支持，以及济南市自主培养创新团队项目"现代农业风险管理的金融科技技术"的资助。山东国家应用数学中心、山东大学中泰证券金融研究院、数学学院等众多教学科研平台为本系列教材的编写提供了重要支撑。

数据科学作为一门交叉学科，融合了数学、统计学、计算机科学等多个领域的理论和方法。要想成为一名合格的数据科学家，不仅需要掌握基本的统计学、计算机科学和数据分析软件等知识，还需要与时俱进，不断学习新的数据科学技术和方法。因此，为学习者提供清晰、逻辑性强、易于理解的数据科学学习资料，成了撰写本系列教材的初衷和目标。本系列教材采用数据科学的统计语言，详细介绍数据分析流程，通过直观的文字解释和便捷的程序实现，为读者提供愉悦的学习体验，并增强普通高等教育理工类和经济管理类高年级本科生和研究生的基础知识储备。

前　言

　　数据科学是方兴未艾、不断发展的学科，它融合了传统的统计学方法、机器学习技术和大数据分析技术。作为"应用型数据科学系列教材"之一，本书旨在向初学者展示数据科学的基础结构和关键方法。书中通过详实的案例，深入讲解了数据处理的基本步骤和核心技术。我们希望读者在完成本书的学习后，能够构建起对数据科学框架的基本理解，并掌握数据处理和分析的基本技能。

　　学习数据科学的最终目的是将其应用于实际问题，而数据分析软件的操作是实现这一目标的关键。R 语言在数据分析、统计分析以及数据可视化方面广受欢迎，是统计学、经济学等领域的科研工作者和相关数据科学从业者普遍使用的工具。所以本书结合 R 语言来系统介绍数据科学方法，不仅详细阐述了数据分析的各个步骤和方法的理论基础，而且包含了许多实际的数据分析案例，并附上了相应的 R 语言编程代码，方便读者进行学习和实践操作。本书首先介绍了 R 语言的基础知识，随后各章节按照数据分析的一般流程来组织，涵盖了数据的导入、清洗、可视化、分析以及生成分析报告等环节。为了更好地阅读本书，我们建议读者在开始之前已经具备一定的概率论和数理统计等的相关知识。本书具体包括：

　　第一部分　R 语言基础。包括第一至五章，主要介绍 R 语言的基础知识。对于之前未接触过 R 语言的读者而言，阅读本部分后，能够学会如何安装 R，了解 R 语言的数据结构、创建 R 数据、定义 R 中的函数、基本控制语句等内容。对于已经熟悉 R 语言的读者可以跳过。

　　第二部分　数据管理与预处理。包括第六至七章。主要介绍如何管理各种文件类型的原始数据，例如 CSV 和 XLSX、网络数据集等。并介绍如何清洗原始数据集，具体的操作内容包括转换数据类型、数据的拆分合并、缺失数据的处理等基本命令。

　　第三部分　数据可视化。第八章主要介绍 R 语言的基础绘图系统，以及常用的 ggplot2 等专业绘图包。按照图形类型和案例，展示了条形图、马赛克图、饼图、箱线图等 R 语言实现过程。

　　第四部分　初等统计分析。包括第九至十三章，主要介绍数据的统计分析方法，如常见的概率分布、数据建立统计模型的参数估计方法、假设检验与置信区间、方差分析、数据包络分析以及其他数值优化方法等。

　　第五部分　案例分析。包括第十四至十五章。主要介绍债券及其收益率的计算方法等。

本书是一本基于 R 的"数据科学实践"入门教材，既可作为高校数据科学、大数据分析、数据挖掘和统计学等相关专业的高年级本科生的教材，也可作为数据分析师、数据科学家及数据科学爱好者等的参考书。

本书的编写过程中，以下编者也参与了全书的校对、修改、排版等工作：

程伟丽　丁先文　李珑琪　孟凡雨　孟涛

谢锦瀚　王红霓　王慧敏　严敬欣　尹上

同时，感谢我的硕士研究生陈熙、崔文海、贾锦然、吉晓婷、连蓓蓓、刘亚萍、任静、史琳、宋佳珊、吴淑琦等参与了资料收集、案例编写以及全书的校对排版等工作。编书确实艰辛，需要长时间的打磨，感谢高等教育出版社张晓丽编辑给予我的专业意见和建议。由衷感谢我的父母、妻子，为了我的工作承担了所有家务，以及乖巧懂事的宝贝女儿小七妹，在工作期间她会不时地过来敲敲我的键盘祈求陪她玩一会儿，让我可以放松一下。限于编者水平，书中疏漏在所难免，恳请同行及专家不吝指正。

严晓东

2023 年 10 月

教学课件

目　录

1

第一部分

R 语言基础

第一章 R 的初步使用

■ 1.1 R 语言简介

1.1.1 什么是 R

R 语言是以 S 语言为基础, 借鉴不同语言特征, 用于数据处理、计算和绘图等的平台和操作环境, 其几乎可以独立完成数据科学工作的所有任务. R 语言的优点包括: 开源、数据分析功能强大、编程简单、整合能力强、可与其他软件相互调用等. 当然, R 语言也存在缺点, 如单机环境下大数据处理能力不强、第三方包质量良莠不齐等.

1.1.2 为什么学习 R 语言

选择一种语言进行学习, 必定是基于这种语言的优点, 接下来具体介绍一下 R 语言的优点.

(1) 数据分析功能强大: R 语言的函数大部分以扩展包的形式存在, 方便管理和扩展, 同时由于 R 语言的开源性, 各领域的优秀学者可以根据自己的需要编写 R 包来扩展 R 语言的功能, 使得 R 语言几乎可以与各领域的前沿概念保持同步.

(2) 编程简单: 用 R 语言进行编程时, 仅仅需要了解一些函数的参数和用法, 不需要了解更多的程序实现细节.

(3) 数据可视化功能强: R 语言具有专门的数据可视化程序包, 通过直接调用这些程序包即可绘制出精美的图表.

(4) 整合能力强: R 语言可以通过接口连接各类数据库获得数据; 可以和多种编程语言进行调用; 还可以与 web 联合部署, 构成网络应用; 除此之外, R 语言提供了 API 接口, 能够被多种统计软件调用.

(5) 跨平台: R 语言可以在多种操作系统下运行, 用户甚至可以在浏览器中通过远程云平台运行 R 语言.

(6) 可重复性分析: 借助 R 语言及其相应的扩展功能, 用户能够在一份文档中混合编写 R 代码和标记语言, 从而实现学术论文的排版并自动生成分析报告.

1.2 R 的下载与安装

1.2.1 Windows 下的安装

进入 cran.r-project 网站主页下载 R 的 exe 格式执行文件, 下载完成后双击安装即可. 安装时, 如果系统为 64 位, R 将默认安装 32 位和 64 位两种版本, 两种版本用户均可使用, 区别在于 64 位版本中用户可以使用长整型的数据和利用更大的内存. 需要注意的是, 有些和系统相关的包, 比如数据库的接口包, 驱动的版本要与 R 的版本相对应. 安装过程中, 如果无特别情况, 全程默认即可, 安装完成后会发现安装目录下有许多文件, 其中:

(1) bin: 包含 R 的可执行文件, 如果需要在命令行运行 R, 需要手动将该路径添加到 PATH 环境变量.

(2) library: 包含 R 程序包, 内部每个文件夹都是实现某种功能的 R 程序包, 最初只有基础包, 之后应用 R 时所安装的包也会保存在该目录下.

(3) etc: 包含某些设置文件, 如 Rprofile.site 中可以写入一些启动 R 之前的代码; Rconsole 中可以设置控制台的参数, 比较常用的是将语言设置为英语: "language=en" 使出错命令提示为英文.

1.2.2 Linux 下的安装

进入 cran.r-project 网站主页下载 R 的发行版, 常见的 Linux 版本如 Ubuntu 和 SUSE 都可以直接找到二进制的安装文件. 我们可以下载以 "r-base-core" 和 "r-base-dev" 开头的文件, 然后在图形界面双击安装, 其他版本的 Linux 最好通过编译安装. 本书以 Ubuntu 为例展示 R 的安装过程, 其他版本操作类似.

首先通过 CRAN 下载 R 的源码包, 如: R-3.2.0.tar.gz. 我们将其安装在 "/home/language/R" 目录下, 解压文件: tar-zvxf R-3.2.0.tar.gz.

之后将目录改名为 R-3.2.0-src 并运行. /configure 检查安装的依赖环境并配置安装文件, 包括将要安装的目录:./configure –prefix=/home/jian/R/R-3.2.0 –enable-R-shlib.

需要注意的是, prefix 参数可以设置 R 的安装路径, enable-R-shlib 参数一定要添加, 它可以保证 lib 目录下的动态库能够共享, 防止以后安装某些包时出现错误. 除此之外, 若之前没有安装过其他开发环境, 安装过程可能会出现未找到 g77 编译器的错误, 此时需要安装 gfortran, 并且还需安装 build-essential 来提供 C/C++ 的编译环境.

```
# 安装build-essential命令如下:
sudo apt-get install gfortran
sudo apt-get install build-essential
# 若系统中没有libreadline6-dev 和 libxt-dev, 还需先安装:
sudo apt-get install gfortran
sudo apt-get install build-essential
# 所有依赖包安装好后, 配置就可以成功, 此时进行的编译就可以成功.
make
make intall
# 安装完成后可以把R加入环境变量, 运行该编辑环境变量:
sudo gedit /etc/profile
```

在打开的 gedit 编辑器中加入以下内容:

```
R\_HOME=/home/language/R/R-3.2.0
export R\_HOME
PATH=\$PATH:\$R-HOME/bin
export PATH
```

至此, Linux 系统下 R 安装配置完成.

1.2.3 Mac OS X 下的安装

进入 cran.r-project 网站主页下载二进制的安装文件, 默认安装即可. 如果要在终端使用 R, 也需要配置环境, 具体方法与 Linux 类似.

■ 1.3 R 中基本操作

1.3.1 赋值与运行

变量是指计算机中能够储存运算结果或能表示值的抽象概念, 编程过程中每个变量对应一定的存储空间, 其中可以储存不同的值. 在 R 语言中, 对象无约束, 不论是数据、模型、图像还是函数, 都可以当做对象, 都可以被赋值给变量并通过变量名调用.

R 语言中的变量通过 <- 和 = 两种符号赋值, 但是前者更加标准. 在这里更推荐前一种用法, 并且为了格式美观, 本书推荐在赋值符号前后均加一个空格. 例如:

```
a <- 1
# 赋值之后, 可以对变量进行打印和运算:
a
  [1] 1
a+1
  [1] 2
```

1.3.2   编写代码脚本

在 R 语言中, 可以在提示符后直接输入代码, 但是如果代码出现错误, 运行后 R 语言会出现错误提示或者警告信息, 并且无法在原代码中修改, 也不利于代码的保存维护. 因此, 可以在 R 语言的脚本中编写代码, 具体操作步骤为: 在 R 控制台中点击【文件】, 选择【新建程序脚本】, 在弹出的 R 编辑器中即可编写代码. 编写完成后, 选中要运行的代码右击, 选择【运行当前行或所选代码】, 可在 R 语言中运行代码并得到结果.

如果出现错误或者想要添加新的代码, 可以直接在脚本文件的相应位置修改, 运行正常后可以将脚本文件保存到指定目录的文件夹中, 再次使用时在 R 中打开需要的脚本文件即可.

1.3.3   查看帮助文件

R 语言中, 有许多函数都已经被写好储存在程序包中, 当我们遇到问题时, 可以查看函数或程序包的帮助文件.

查看函数 (以 mean 函数为例) 的帮助文件时, 可以通过下面的代码查看函数的形式、参数设定、实例等内容. 注意: 函数里面的符号均为英文字符, 之后介绍的函数也是如此.

```
help(mean)
?mean
```

也可以通过下面的代码查看函数的源代码 (封装函数无法看到).

```
mean
function (x, ...)
UseMethod("mean")
<bytecode: 0x000001a8d05eb220>
```

```
<environment: namespace:base>
```

查看程序包 (以 stats 为例) 的帮助文件时, 可以通过下面的代码查看程序包的信息.

```
help(package = stats)
```

1.3.4　设置工作目录

R 语言有一个默认的工作目录, 在该目录下的文件可以直接访问, 其他的文件在使用时需要输入完整的路径. 查看当前工作目录的命令是 getwd, 修改工作目录的命令是 setwd, 具体操作如下:

```
# 查看工作目录时:
getwd()
  [1] "C:/Users/Documents"
# 修改工作目录时:
setwd("E:/R-3.6.0")
```

注意, R 中一次只能创建有一个 "/" 的路径. 路径包含几个 "/", 就需要用 dir.create() 创建几次, 再用 setwd() 设置.

1.3.5　包的安装与加载

R 语言的包是指 R 数据集、函数等信息的集合, 一个 R 包可能包含多个函数, 可以解决某一类特定问题; 对于同一个问题, 也可以通过不同的 R 包实现. 在安装 R 语言时, R 自带了一系列默认包, 它们提供了种类繁多的默认函数和数据集, 分析时可直接使用这些函数, 不必加载这些包, 而其他的 R 包则需要事先安装加载, R 包安装的方法有以下几种:

(1) 直接从 CRAN 安装 (以 ggplot2 为例), 在这种情况下选择好合适的镜像后直接在 R 中输入:

```
install.packages("ggplot2")
# 调用时输入:
library(ggplot2)
Use suppressPackageStartupMessages() to eliminate package
    startup messages.
```

(2) 从开发者站点上安装 (以 R-forge 站点、Rweibo 包为例), 在 R 中输入:

```
install.packages("bitops")
```

```
install.packages("RCurl")
install.packages("XML")
install.packages("rjson")
install.packages("digest")
install.packages("Rweibo",repos="http://R-Forge.R-project.org")
```

(3) 从 GitHub 中下载 (以 rinds 为例), 要注意, 由于在 GitHub 中发布无门槛, 下载时要格外小心.

```
library(devtools)
install_github("lijian13/rinds")
# 所有的R包都会安装到默认路径，此路径可以通过下列命令查看:
.libPaths()
# 想要改变R包的存储路径时,可以通过下列命令实现:
.libPaths("~/R-3.6.0")
```

第二章　创建 R 数据

　　R 拥有多种存储数据的对象类型, 包括标量、向量、矩阵、数组、数据框和列表. 为方便读者理解, 本章将列举各种数据的定义或例子, 并给出 R 中数据创建、计算方法及相关代码.

■ 2.1　向量、矩阵和数组

2.1.1　向量的生成及计算

　　向量是一维数组, 其元素可以是数值数据, 也可以是字符数据或逻辑值. 在 R 语言中录入数据时, 主要使用 c() 函数将不同元素组合成向量, 例如:

```
a <- c(2,4,6,8,10)
b <- c("A","B","C","D","E")
d <- c("TRUE","FALSE","TRUE","TRUE","FALSE")
e <- c(2,"A","TRUE")
f <- 1:10
```

　　利用 seq() 函数定义向量, 例如:

```
v1 <- seq(from = 2, to = 10, by = 2)
v2 <- seq(from = 2, to = 10, length = 5)
v3 <- seq(from = 2, to = 10, along = v1)
```

　　以上的 v1,v2,v3 均为 2 到 10 的偶数, 其中 length 可以用参数 length.out 代替, along 可用参数 along.with 代替.

　　通过向量对一组数据进行计算, 例如:

```
a <- c(31,29,35,30)
a*2
log(a)
length(a)
class(a)
  [1] "numeric"
```

上述命令分别对 a 中的数进行了计算, 包括原来数据的两倍、取 log 值、求 a 的长度三种运算, class(a) 的作用是判断向量的类别, 若向量中的元素是单一类别, 则向量的类别与其中的元素类别相同.

注意, 不同的向量之间的运算要求向量是同质的, 并且两个向量的长度要相同, 若不同, 则会出现报错或者短向量重复计算的状况.

2.1.2 矩阵的生成及计算

矩阵是一种二维的数据集, 其中可以放入数值、逻辑、字符等数据, 生成矩阵的方式是先建立一个向量, 然后再确定矩阵的维度, 例如:

```
v1 <- 1:20
matrix1 <- matrix(v1,nrow = 4, ncol = 5, byrow = FALSE)
matrix1
      [,1] [,2] [,3] [,4] [,5]
 [1,]    1    5    9   13   17
 [2,]    2    6   10   14   18
 [3,]    3    7   11   15   19
 [4,]    4    8   12   16   20
dim(v1) <- c(4,5)
v1
      [,1] [,2] [,3] [,4] [,5]
 [1,]    1    5    9   13   17
 [2,]    2    6   10   14   18
 [3,]    3    7   11   15   19
 [4,]    4    8   12   16   20
```

以上两种形式都生成了一个 4 行 5 列的矩阵, 其中第二种方法直接通过参数 dim 设置 v1 的维度, 将其从向量转化为矩阵.

除此之外, 矩阵还可以通过不同的矩阵组合来间接生成, 例如:

```
matrix1 <- matrix(1:20,nrow = 4, ncol = 5, byrow = FALSE)
matrix2 <- rbind(matrix1,matrix1,matrix1)
```

在上面, 我们用 rbind() 函数对 3 个 4 行 5 列的矩阵按照行进行组合, 还可以通过 cbind() 函数对它们按照列进行组合.

矩阵也可以进行运算. 首先, 进行简单的向量化计算, 例如:

```
m1 <- matrix(3:8,nrow = 2, ncol = 3, byrow = FALSE)
m2 <- m1*4
```

而且还可以通过 [ ] 取出矩阵中的元素进行运算, 接上例:

```
m1[1,1]+m1[1,2]+m1[1,3]
   [1] 15
sum(m1[1,])
   [1] 15
rowSums(m1)
   [1] 15 18
colSums(m1)
   [1]  7 11 15
sum(diag(m1))
   [1] 9
```

前两行代码是对矩阵第一行的元素求和, 第三行代码是对矩阵元素按行求和, 第四行代码是对矩阵元素按列求和, 最后一行代码是对矩阵对角线元素求和.

我们还可以对矩阵中的某些元素进行修改, 接上例:

```
m1[m1 >= 6] <- 0
m1
        [,1] [,2] [,3]
   [1,]    3    5    0
   [2,]    4    0    0
ifelse(m1 > 4, 1, 2)
        [,1] [,2] [,3]
   [1,]    2    1    2
   [2,]    2    2    2
```

在上述代码中, 第一行代码的作用是将矩阵中大于等于 6 的元素变为 0, 第三行代码的作用是将矩阵中大于 4 的元素变为 1, 其他的元素变为 2.

除此之外, 还可以对矩阵进行运算, 例如:

```
m2 <- matrix(c(9,6,8,7,4,5,2,1,3),3,3)
t(m2)
        [,1] [,2] [,3]
   [1,]    9    6    8
   [2,]    7    4    5
   [3,]    2    1    3
t(m2)%*%m2
        [,1] [,2] [,3]
   [1,]  181  127   48
   [2,]  127   90   33
   [3,]   48   33   14
m3 <- matrix(c(3,1,1), ncol=1)
```

```
solve(m2,m3)
              [,1]
  [1,]  -0.81818182
  [2,]   1.45454545
  [3,]   0.09090909
```

在上述代码中, 第二行代码的作用是求矩阵的转置矩阵, 第三行代码是矩阵的乘法, 最后一行的作用是求解线性方程组. 注意, 如果 solve() 函数后面无第二个参数, 返回的结果为矩阵的逆.

2.1.3 数组的生成及计算

数组与矩阵类似, 但是数组的维数是任意的, 可以通过 array() 函数创建数组, 例如:

```
data1 <- 1:16
a1 <- array(data1,c(2,2,4))
```

上述代码创造了一个 $2 \times 2 \times 4$ 的数组, 但是数组的各个维度并无名字, 等下面介绍列表后可以通过列表给每个维度定义名字, 例如:

```
d1 <- c("M","W")
d2 <- c("T","F")
d3 <- c("a","b","c","d")
a2 <- array(1:16,c(2,2,4), dimnames = list(d1,d2,d3))
```

■ 2.2 因子和列表

在 R 中类别变量被称为因子, 因子的取值称为水平值, 使用 factor() 函数可以将向量编码为因子, 不管向量是何种类型 (字符型、数值型、布尔型等), 其水平值通常为字符型, 可以用 nlevels() 函数得到因子的水平, 也可以用 as.numeric() 函数将因子转化为数值. 例如:

```
a <- c("A", "B", "C", "D","E")
f <- factor(a,ordered=TRUE,levels = c("E","D","C","B","A"))
nlevels(f)
  [1] 5
f1 <- as.numeric(f)
f
```

```
  [1] A B C D E
  Levels: E < D < C < B < A
f1
  [1] 5 4 3 2 1
```

注意, 在这里使用的类别变量是有序的, 即 A > B > C > D > E, 所以在 factor() 函数中要加 ordered 和 levels 两个参数限制, 如果不设定 levels 参数, 其顺序与预期不一样. 当然, 如果因子本来是无序的, 可以直接写为 factor(a).

列表是一种可以容纳所有数据对象的 R 对象, 使用 list() 函数来创建, 例如:

```
c1 <- c(20, 35, 46, 23)
c2 <- c("a","b","c","d")
l <- list(c1 = c1, c2 = c2)
```

如果想要继续在 list 中添加元素, 可以通过如下方法 (接上例):

```
v1 <- matrix(c1,2,2)
a1 <- array(1:16,c(2,4,2))
l$v <- v1
l$a <- a1
```

我们可以通过 names(l) 查看列表各个元素的名称, 也可以通过以下语句提取列表中的元素以及元素的下一级元素.

```
l[[3]]
       [,1]  [,2]
  [1,]   20    46
  [2,]   35    23
l[[3]][2]
  [1] 35
```

注意 [3] 的类型仍然是列表, 因此在查看元素的元素时需要通过 l[[3]] 将其转变为矩阵再加一个 [2] 查看其中元素.

■ 2.3 数据框

在 R 语言中, 可以将数据框理解为类似 Excel 的数据结构, 由长度相同的列向量组成, 其中, 不同的列向量的类别可以不同. 数据框是 R 语言在进行数据分析时常用的工具, 它的列可以代表某种变量及其属性值, 它的每一行可以看作一个样本值, 建立数据框主要使用 data.frame() 函数, 例如:

```
name <- c("A","B","C","D")
age <- c(27,34,12,56)
data1 <- data.frame(name,age,stringsAsFactors = TRUE)
```

由此, 便建立了一个数据框, 并且, 我们可以通过以下方法 (接上例) 来提取数据框中的数据.

```
data1[,1]
  [1] A B C D
  Levels: A B C D
data1[,"name"]
  [1] A B C D
  Levels: A B C D
data1$name
  [1] A B C D
  Levels: A B C D
data1[data1$age > mean(data1$age),]
    name age
  2    B  34
  4    D  56
```

在这里需要注意的是, 由于 data.frame() 函数的缺省设置, 会导致 name 的类型从字符型变为因子型. 数据框还可以进行组合和排序. 接下来, 根据上面的例子, 分别演示数据框按照行组合、按照列组合、数据框的向量排序和数据框排序等.

```
name <- c("E","F","G")
age <- c(5,46,21)
sex <- c("M","W","M","W")
data2 <- data.frame(name,age,stringsAsFactors = TRUE)
db1 <- rbind(data1,data2)
db2 <- cbind(data1,sex)
sort(data1$name)
  [1] A B C D
  Levels: A B C D
data1[order(data1$age),]
    name age
  3    C  12
  1    A  27
  2    B  34
  4    D  56
```

除此之外, 当遇到陌生的数据集时, 可以通过以下的方式来迅速熟悉它们 (仍然以上面的函数为例).

```
summary(data1)
dim(data1)
head(data1)
str(data1)
```

其中, summary() 函数是对每列进行统计, dim() 函数得到数据框的维度, head() 函数得到数据框的前 6 行, str() 函数返回整个数据的结构.

习题

1. 尝试将自己的姓名创建为一个字符向量, 运行向量并展示结果; 将自己的学号创建为一个数值向量, 运行向量并展示结果.
2. 用 matrix() 函数创建一个 2×3 的矩阵, 内容为 1 到 6 的数字. 用 array() 函数创建一个 $2 \times 3 \times 2$ 的数组, 使其运行结果格式如下 (填充数字为 12 个均匀分布的随机数, 并取整):

, , 级部一			
	语文	数学	英语
及格	54	89	82
不及格	84	57	73
, , 级部二			
	语文	数学	英语
及格	95	54	53
不及格	75	60	95

3. 将无序因子转化为数值: "数学" "语文" "英语" "英语" "语文" "英语" "语文" "数学".
4. 尝试读取 CSV 文件, 将数据转化为 R 格式, 并存放在指定的路径中.
5. 使用 list() 函数创建列表, 并尝试查看及改变数据类型.
6. 使用 data.frame() 函数做如下两个数据框 (table1、table2), 并将 table2 的第 2, 3 行合并到 table1.

# table1:			
	学生姓名	统计学	数学	经济学
1	刘文涛	68	85	84
2	王宇翔	85	91	63
3	田思雨	74	74	61

```
4        徐丽娜      88        100        49
5        丁文彬      63        82         89
# table2:
         学生姓名    统计学     数学        经济学
1        李志国      78        84         51
2        王智强      90        78         59
3        宋丽媛      80        100        53
```

第三章　R 中的函数

R 语言是数据科学家的主流编程语言. R 语言在数据分析、数据挖掘和数据科学领域中是最受欢迎的语言. 对许多数据科学家来说, R 语言不仅是一门编程语言, 而且相关软件还提供了交互式的开发环境, 支持运行各种数据分析任务. 本章的主要目的是向读者展示如何定义函数, 从而加速分析过程. 本章将首先介绍如何创建函数, 然后介绍 R 环境, 接着讲解如何创建匹配参数. 本章的内容还会涵盖如何执行 R 语言函数式编程, 如何创建高级函数, 例如中缀操作符和替代, 以及如何处理错误和调试函数.

3.1　创建 R 函数

创建 R 函数时, 可以使用 function 函数. 下面通过具体的例子展示用法, 接下来演示建立一个求平均值的函数.

```
f1 <- function(x,y){
    z <- (x+y)/2
    return(z)
}
```

如果想求两个数的平均数, 只需要在 R 中输入函数名加参数即可, 例如, 如果想要求 682 和 735 的平均数, 只需输入 f1(682,735) 运行即可求得结果. 另外, 还可以使用 body 命令和 formals 命令来查看函数的函数体和形式参数.

3.2　匹配参数

在 R 函数中, 参数是激活函数的输入变量, 可以给函数传递一般参数、命名参数、带有默认值的参数或者不确定数量的参数. 在接下来的例子中, 本书将介绍如何给已经定义的函数传递参数.

首先, 向带有默认值的函数传递参数:

```
f2 <- function(x,y=3){
    y <- y*3
    z <- x+y
    return(z)
}
f2(3)
    [1] 12
f2(3:6)
    [1] 12 13 14 15
f2(x=3,y=6)
    [1] 21
```

在上述代码中, 前两个只向 x 传递了值, 后两个则分别向 x 和 y 传递了值, 并且传递的新值取代了原来定义的 y 值.

接下来, 通过添加 if-else 语句来给带有默认值的函数增加功能.

```
f3 <- function(x, y, type = "sum"){
    if(type == "sum"){
        sum(x, y)}else if(type == "mean"){
            mean(x, y)
        }else{
            x*y
        }
}
```

在上面定义的函数中, 可以通过控制 type 的值, 实现对 x 和 y 求和、求均值以及求积等操作.

最后, 通过一个例子, 来研究向函数传递不确定数量的参数.

```
f4 <- function (x, y, ...){
    x <- x*3
    y <- y*3
    sum(x,y,...)
}
f4 (3, 5)
    [1] 24
f4 (3,5,7,8)
    [1] 39
```

定义完函数后, 分别向其传递了两个和四个参数, 最终得到不同的结果. 要注意的是, 在向 f4 传递参数时, 必须向 x 和 y 传递值.

3.3 理解环境

环境是 R 管理和存储各类变量的地方，下面来介绍一些有关环境的操作.

```
# 函数environment()可以查看当前环境.
environment()
   <environment: R_GlobalEnv>
# 函数globalenv()可以浏览全局环境.
globalenv()
   <environment: R_GlobalEnv>
# 函数identical()可以比较环境.
identical(globalenv(),environment())
# 函数myenv可以创建新环境.
myenv <- new.env()
# 函数myenv$x可以找到不用环境的位置.
myenv$x <- 3
ls(myenv)
ls()
# 通过如下代码，查看新定义函数的环境.
f1 <- function(x,y){
    x*y
}
environment(f1)
   <environment: R_GlobalEnv>
# 查看函数的环境是否属于程序包.
environment(lm)
   <environment: namespace:stats>
# 在函数中打印环境.
f2 <- function(x,y){
    print(environment())
    x+y
}
f2(3,5)
   <environment: 0x0000028a3c52d728>
   [1] 8
# 实现对函数内部和外部环境的比较.
f3 <- function(x,y){
    fu1 <- function(x){
        print(environment())
    }
    fu1(x)
```

```
        print(environment())
        x+y
}
f3(4,6)
    <environment: 0x0000028a3c5712d8>
    <environment: 0x0000028a3c571498>
    [1] 10
```

■ 3.4 使用词法域

词法域又称静态绑定, 确定了一个取值如何绑定到函数的自由变量, 它是源于范式函数式编程语言的重要特征, 将通过下面的例子来理解词法域的工作.

```
x <- 3
tmpfunc <- function(){
        x+4
}
tmpfunc()
    [1] 7
```

在上面的代码中, 我们新建了变量 x 和 tmpfunc() 函数, 并最终返回 x+4 的值.

```
x <- 3
parentfunc <- function(){
        x <- 5
        childfunc <- function(){
            x
        }
        childfunc()
}
parentfunc()
    [1] 5
```

上面的代码定义了变量 x 和 parentfunc() 函数, 并在 parentfunc() 函数中嵌套了 childfunc() 函数, 在 parentfunc() 函数的最后再次调用了 childfunc() 函数, 最终返回的函数值是在函数中定义的 x 的数值.

```
x <- "string"
```

```
localassign <- function(x){
    x <- 5
    x
}
localassign(x)
  [1] 5
x
  [1] "string"
```

上面的代码在全局状态下创建了名为 x 的字符串, 并且在函数中对局部变量 x 指派为 5, 会发现调用函数时, 返回值为 5, 打印 x 时返回值为字符串.

```
x <- "string"
gobalassign <- function(x){
    x <<- 5
    x
}
gobalassign(x)
  [1] 5
x
  [1] 5
```

这段代码与上一段代码的区别是在函数中使用了 <<- 符号, 此符号的作用是在全局状态下修改 x 的值. 因此打印 x 时, 返回值变为 5.

■ 3.5 理解闭包

闭包, 可以理解为将父函数的数据和运算封装到一起的新函数, 主要通过匿名函数实现. 我们已经知道了如何定义和使用有名字的函数, 接下来通过例子来了解匿名函数及闭包的定义和使用.

```
(function(a,b){
a+b
})(3,5)
  [1] 8
```

这是一个简单的函数定义并使用匿名函数及闭包的例子, 闭包还可以在函数中调用. 例如:

```
f1 <- function(a,b){
    (function(a,b){
```

```
        return(max(a,b))
    }
    )(a,b)
}
f1(c(3,5,7),c(2,4,6))
  [1] 7
```

除此之外, 还可以在已知的 apply 族函数中使用闭包, 进行向量化计算.

```
x <- c(1,5,10)
y <- c(3,6,9)
z <- c(4,6,8)
a <- list(x,y,z)
lapply(a,function(e){e[1]*10})
  [[1]]
  [1] 10

  [[2]]
  [1] 30

  [[3]]
  [1] 40
```

上述代码的作用是列表中向量的第一个值与 10 的乘积.

```
x <- c(1,5,10)
f2 <- list(min1 = function(e){min(e)},
    max1 = function(e){max(e)})
f2$min1(x)
  [1] 1
lapply(f2, function(f){f(x)})
  $min1
  [1] 1

  $max1
  [1] 10
```

在这个例子中, 我们把函数存在了列表中, 并对给定的向量应用了这个函数.

3.6 执行延迟计算

R 语言中函数会以一种延迟的方式评估参数; 参数只在某些需要的时候才会被评估. 因此, 延迟计算会减少计算所需的时间. 延迟计算在工作时, 主要通过两种方法进行: 只返回部分参数; 定义函数时给参数默认值. 接下来, 通过例子来了解一下.

```
lazyfunc <- function(x, y){
    x
}
lazyfunc(6)
  [1] 6
lazyfunc2 <- function(x, y = 4){
    x+y
}
lazyfunc2(6)
  [1] 10
```

并且, 可以使用延迟计算在函数中执行 Fibonacci 计算, 例如:

```
fibonacci <- function(n){
    if(n == 0)
        return(0)
    if(n == 1)
        return(1)
    return(fibonacci(n-1)+fibonacci(n-2))
}
fibonacci(5)
  [1] 5
```

3.7 创建中缀操作符

前面介绍的函数主要是前缀函数, 即参数位于函数名后面的括号中, 而我们更习惯把操作符放到两个变量中间. 恰好, 通过中缀操作符就可以解决这个问题. 下面通过例子来看一下如何将中缀操作符转换为前缀操作符.

```
3+5
'+'(3, 5)
3:5*2-1
```

```
'-'('*'(3:5, 2), 1)
```

接下来通过例子练习如何创建中缀操作符.

```
x <- c(1,2,3,4,5)
y <- c(5,6,7)
'%match%' <- function(a,b){
    intersect(a,b)
}
x%match%y
  [1] 5
'%diff%' <- function(a,b){
    setdiff(a,b)
}
x%diff%y
  [1] 1 2 3 4
```

上面创建的操作符展示了如何找出两个向量的交集和差集, 类似地, 可以找出三个函数的交集, 或者是利用 Reduce() 函数把操作符应用到列表上.

```
z <- c(3,5,7)
x%match%y%match%z
  [1] 5
s <- list(x, y, z)
Reduce('%match%', s)
  [1] 5
```

■ 3.8 使用替代函数

在 R 语言的一些情况下, 可以为一个函数调用传值, 这就是替代函数的作用. 接下来, 通过例子演示替代函数如何工作, 以及如何创建替代函数.

```
x <- c(2, 4, 6)
names(x) <- c("a", "b", "c")
x
  a b c
  2 4 6
```

当然, 也可以创建自己的替代函数:

```
x <- c(1,2,3)
"erase<-" <- function(x,value){
```

```
        x[!x %in% value]
}
erase(x) <- 2
x
  [1] 1 3
```

我们可以像调用一般函数一样调用 erase() 函数, 并可用它移除多个值.

```
x <- c(1, 2, 3)
x <- "erase<-"(x, value = c(2))
x
  [1] 1 3
x <- c(1, 2, 3)
erase(x) <- c(1, 3)
x
  [1] 2
```

还可以创建替代函数, 来移除某个位置上的值.

```
x <- c(1, 2, 3)
y <- c(2, 2, 3)
z <- c(3, 3, 1)
a = list(x, y, z)
"erase<-" <- function(x, pos, value){
    x[[pos]] <- x[[pos]][!x[[pos]] %in% value]
    x
}
erase(a, 2) = c(2)
a
  [[1]]
  [1] 1 2 3

  [[2]]
  [1] 3

  [[3]]
  [1] 3 3 1
```

3.9　处理函数中的错误

在现代编程过程中, 可以使用 try、catch 以及 block() 函数解决可能存在的错误, R 语言中也存在类似的机制. 在下面的例子中, 将介绍 R 中基本的错误处理函数.

```r
addnum <- function(a, b){
    if(!is.numeric(a)||!is.numeric(b)){
        stop("Either a or b is not numric")
    }
    a+b
}
```

若把 stop 变成 warning, 则代码需要变成:

```r
addnum <- function(a, b){
    if(!is.numeric(a)||!is.numeric(b)){
        warning("Either a or b is not numric")
    }
    a+b
}
```

若把 warning 去掉, 则需要改为如下形式:

```r
options(warn = 2)
addnum(3,a)
```

为了防止报警, 可以把函数封装在 suppressWarnings 中.

```r
suppressWarnings(addnum(3, a))
```

我们也可以使用 try 来捕捉错误信息.

```r
errormsg <- try(addnum(3, a))
errormsg
```

通过设置静默选项, 可以抑制错误信息在控制台的展示.

```r
errormsg <- try(addnum(3, a), silent = TRUE)
```

我们可以使用 try 函数来避免跳出 for 循环, 首先, 写一个无 try 的 for 循环.

```r
iter <- c(1, 2, 3, 'o', 5)
res <- rep(NA, length(iter))
for(i in 1:length(iter)){
    res[i] = as.integer(iter[i])
}
  Warning message:
  In as.integer(iter[i]) : 强制改变过程中产生了NA
```

```
res
  [1]  1  2  3 NA  5
```

若插入 try 函数, 则会变成:

```
iter <- c(1, 2, 3, 'o', 5)
res <- rep(NA, length(iter))
for(i in 1:length(iter)){
    res[i] = try(as.integer(iter[i]), silent = TRUE)
}
  Warning message:
  In doTryCatch(return(expr), name, parentenv, handler) :
  强制改变过程中产生了NA
res
  [1]  1  2  3 NA  5
```

对于参数, 可以使用函数 stopifnot() 来检查.

```
addnum <- function(a, b){
    stopifnot(is.numeric(a),!isnumeric(b))
    a+b
}
addnum(3+a)
  错误: 找不到对象'a'
```

为了处理各种错误, 可以使用函数 tryCatch().

```
dividenum <- function(a, b){
    result <- tryCatch({
        print(a/b)
    },error = function(e){
        if(!is.numeric(a) | !is.numeric(b)){
            print("Either a or b is not numeric")
        }
    },finally = {
        rm(a)
        rm(b)
        print("clean variable")
    }
    )
}
dividenum(3, 5)
  [1] 0.6
  [1] "clean variable"
dividenum("hello", "world")
```

```
[1] "Either a or b is not numeric"
[1] "clean variable"
```

3.10 调试函数

调试, 是程序员的日常工作, 最简单的调试方法是在期望的位置插入一条打印语句, 但是这种方法很低效, 这里将展示如何使用一些 R 调试工具来加速调试过程.

首先创建函数 debugfunc, 其带有参数 x 和 y, 但是只返回 x.

```
debugfunc <- function(x,y){
    x <- y+2
    x
}
# 只把2的值传递给debugfunc函数.
debugfunc(2)
  Error in debugfunc(2) : 缺少参数"y", 也无缺省值
# 对函数debugfunc应用debug.
debug(debugfunc)
# 把2传递给debugfunc函数.
debugfunc(2)
  debugging in: debugfunc(2)
  debug at #1: {
      x <- y + 2
      x
  }
```

我们可以键入 help 查看所有命令, 键入 n 来进入下一个调试步骤, 再使用 object() 函数或 ls 列出所有变量, 然后通过键入变量来获取变量当前的值, 最后输入 Q 来跳出调试格式.

除此之外, 还可以通过 browser() 函数来调试.

```
debugfunc <- function(x, y){
    x <- 3
    browser()
    x <- y+2
    x
}
```

调试函数会直接进入 browser() 所在位置.

```
debugfunc(2)
  Called from: debugfunc(2)
Browse[1]> n
debug at #4: x <- y + 2
```

为了恢复调试过程, 可以在浏览过程中输入 recover.

```
Browse[2]> recover()
#Enter a frame number, or 0 to exit
1: debugfunc(2)
Selection: 1
Browse[4]> Q
```

3.11 函数式编程

R 语言是一种函数式编程语言, 也就是说函数这种对象和普通的向量一样, 可以有名字也可以无名字, 可以作为函数的输入或者输出. 下面通过例子来理解:

```
FuncList <- list(base = function(x) mean(x),
                 med = function(x) median(x),
                 manual = function(x){
                     n <- length(x)
                     x <- sort(x)[c(-1, -n)]
                     mean(x)
                 })
set.seed(100)
x <- sample(100,10)
FuncList$base(x)
  [1] 58.1
```

在上面的代码中, 我们在 list 中创造了三个函数, 分别用来取均值、中位数及去除两端数值的均值. 在这里, 调用某个函数和提取列表的内容是一样的方式. 如果想要同时使用三个函数, 可以使用 for 循环, 如:

```
for(f in FuncList){
    print(f(x))
}
```

函数式编程最大的特点就在于可以输入和输出函数, 下面的 sapply 就将一个匿名函数做输入.

```
sapply(FuncList,function(f) f(x))
  base    med    manual
  58.10  72.00   60.25
```

下面举一个计算标准差的例子, 可以用 mean() 函数计算数据的集中程度, 并由此计算数据的离散程度; 也可以换一种方式来计算集中程度, 比如中位数. 下面建立两个函数:

```
SdMean <- function(x, type = 'sample'){
    stopifnot(is.numeric(x),
              length(x) > 0,
              type %in% c('sample', 'population'))
    x <- x[!is.na(x)]
    n <- length(x)
    m <- mean(x)
    if(type == 'sample') n <- n-1
    sd <- sqrt(sum((x-m)^2)/(n))
    return(sd)
}
SdMed <- function(x, type = 'sample'){
    stopifnot(is.numeric(x),
              length(x) > 0,
              type %in% c('sample', 'population'))
    x <- x[!is.na(x)]
    n <- length(x)
    m <- mean(x)
    if(type == 'sample') n <- n-1
    sd <- sqrt(sum((x-m)^2)/(n))
    return(sd)
}
```

通过比较发现, 上面的两个函数只是在求 m 的值时产生区别, 为了使代码简单, 可以把函数当作一种输入参数, 如下所示:

```
SdFunc <- function(x, func, type = 'sample'){
    stopifnot(is.function(func),
              is.numeric(x),length(x) > 0,
              type %in% c('sample', 'population'))
    x <- x[!is.na(x)]
    n <- length(x)
    m <- func(x)
    if(type == 'sample') n <- n-1
    sd <- sqrt(sum((x-m)^2)/(n))
```

```
        return(sd)
 }
set.seed(100)
x <- sample(100, 30)
SdFunc(x, func = median, type = 'sample')
  [1] 30.71111
SdFunc(x, func = FuncList$manual, type = 'sample')
  [1] 30.50185
```

在这里将两个函数整合成一个函数, 进而使用 func 里面的参数去设置集中程度, 使函数具备了灵活性, 通过下面的具体例子来看一下:

```
SdFunc <- function(func, type){
    stopifnot(is.function(func),
              type %in% c('sample','population'))
    function(x){
        stopifnot(is.numeric(x),length(x) > 0)
        x <- x[!is.na(x)]; n <- length(x); m <- func(x)
        if(type == 'sample') n <- n-1
        sd <- sqrt(sum((x - m)^2)/(n))
        return(sd)
    }
}
SdMean <- SdFunc(func = mean, type = 'sample')
SdMed <- SdFunc(func = median,type = 'sample')
x <- sample(100, 30)
res1 <- SdMean(x)
res1
  [1] 29.02627
res2 <- SdMed(x)
res2
  [1] 29.45101
```

在上面的例子中, SdFunc() 函数的最后一项是一个匿名函数, 也就是 Sd-Func() 的输出, SdFunc 相当于一个工厂函数, 衍生出了其他函数, 在调用 Sd-Func 时, 输出了一个新的函数赋值给 SdMean. 之后可以再利用 SdMean 来得到结果, 这其实就是本书前文所介绍的闭包.

我们可以看到有两种常用的函数编写方式, 一种是使用大量控制参数和复杂的计算过程, 另一种是使用工厂函数或者闭包的方式, 一般情况下两者没有很大的区别, 但使用后者的好处是, 在某些情况下可以简化程序结构和计算过程, 接下来通过计算假设检验的 p 值是否显著来比较两种方式. 根据总体和方差是否已知, 检验应该使用不同的分布, 我们先熟悉 R 中的分布函数, 再以此建立一个 p 值的函数 Pv.

```
Pv <- function(cdf, x, side, ...){
    p <- cdf(x, ...)
    res <- switch(side,
    left = p, right = (1-p), double = ifelse(p < 0.5, 2*p, 2*
        (1-p)))
    return(res)
}
Pv(pt, -2, 'double', df = 10)
  [1] 0.07338803
```

分布函数是计算在密度曲线下某个值左侧的面积, 正态分布的分布函数是 pnorm, 而 t 分布的分布函数是 pt, 不同的分布函数对应着不同的参数设定. 因此, 在 Pv 函数中使用省略号可以将需要的参数传递给相应的分布函数, 计算 p 值还需要考虑的是单侧还是双侧, 所以使用 side 参数加以设置. 下面结合实际数据编写函数实现 Z 检验和 t 检验.

```
MeanTest1 <- function(x, mu = 0, sigma = FALSE, side){
    n <- length(x); xb <- mean(x)
    if(sigma){
    z <- (xb - mu)/(sigma/sqrt(n)); P <- Pv(pnorm, z, side =
        side)
    res <- c(mean = xb, df = n, Z =z, P_value = P)
    }else{
    t <- (xb - mu)/(sd(x)/sqrt(n))
    p <- Pv(pt, t, side = side, df = n-1)
    res <- c(mean <- xb, df <- n-1, T = t,P_value = P)
}
return(res)
}
x <- rnorm(100)
MeanTest1(x, sigma = 1, side = 'double')
        mean            df            Z         P_value
  0.07053632 100.00000000   0.70536323    0.48058422
```

Z 检验是在总体标准差已知的情况下使用的, 而 t 检验是在未知的情况下使用样本标准差来代替. 因此计算时分两种情况, 在使用函数时会自动根据 sigma 参数来判断, 若输入了 sigma 参数, 则在 if 条件中, 只要是不为 0 的 sigma 都被认为是 TRUE.

统计分析中会出现这样一种情况, 给定一组数据, 预处理之后再分别计算各种结果, 如果采用上面的函数方法, 在预处理阶段就会重复计算多次 x

的均值. 若采用下面工厂函数的方式编写函数, 则对于均值的计算只需要一次, 这样会更高效.

```
MeanTestF <- function(x){
    n <- length(x); xb <- mean(x)
    function(mu = 0,sigma = FALSE, side){
     if(sigma){
      z <- (xb - mu)/(sigma/sqrt(n)); P <- Pv(pnorm, z, side =
          side)
      res <- c(mean = xb, df = n, Z =z, P_value = P)
     }else{
      t <- (xb - mu)/(sd(x)/sqrt(n))
      P <- Pv(pt, t, side = side, df = n-1)
      res <- c(mean <- xb, df <- n-1, T = t,P_value = P)
     }
     return(res)
     }
}
x <- rnorm(1e5)
MeanTest2 <- MeanTestF(x)
MeanTest2(sigma = 1, side = 'double')
        mean              df             Z          P_value
  -1.449523e-03   1.000000e+05  -4.583795e-01   6.466798e-01
```

习题

1. 尝试定义一个函数, 使其返回结果为两个参数的乘积, 并对其赋值运算.
2. 尝试定义一个求和函数, 命名为 sum, 并使用你定义的求和函数对 1—100 进行求和运算.
3. 尝试查看当前的环境, 浏览全局环境. 创建任意一个函数, 查看当前函数的环境, 在你的函数中打印当前环境, 并比较函数内部和外部的环境.
4. 尝试理解全局变量与局部变量.
5. 在函数中创建闭包, 实现参数 a 和 b 的求余数运算, 并创建一个新的函数, 在函数中调用这个闭包函数.
6. 创建替代函数, 在数列 (1,2,3,4,5,6,7) 中消除所有的偶数.
7. 理解 try、catch 以及 block 函数, 并将其运用到检查和处理函数中出现的错误.

第四章　R 中的控制语句

在实际运用中, 我们会遇见多种顺序执行语句难以实现的情况. R 语言提供允许更复杂执行路径的各种控制结构. 例如, 条件判断语句对数据进行判断并得出结论; 循环语句可以多次执行一个语句或一组语句. 本章主要介绍条件判断及循环语句的用法.

■ 4.1　条件判断

R 语言的条件语句跟其他函数类似, 包括 if-else 和 switch 两种, 下面通过一些例子来了解一下它们的用法.

```
num <- 5
if(num %%2 != 0){
    cat(num, "is odd")
    }
  5 is odd
```

在这段代码中, 如果输入的是奇数, 会输出 "……is odd", 偶数不会有输出, 但如果想让偶数也会有输出, 可以通过下面代码实现.

```
num <- 6
if(num %%2 != 0){
    cat(num, "is odd")
 }else{
    cat(num, "is even")
 }
  6 is even
```

对于更复杂的条件判断语句, 可以使用多重嵌套的 if-else 函数, 例如, 计算某个数字和 3 相除的余数.

```
num <- 11
if (num %% 3 == 1){
```

```
    cat("mode is", 1)
}else if(num %% 3 == 2){
    cat("mode is", 2)
}else{
    cat("mode is", 3)
}
mode is 2
```

前面介绍了 if-else 函数, 利用这个函数, 可以方便地进行向量化计算, 例如:

```
num <- 4:8
ifelse(num%%2 == 0, yes = "even", no = "odd")
  [1] "even" "odd"  "even" "odd"  "even"
```

if-else 本身可以嵌套在自身的函数中, 可以用来进行多重分支的条件判断, 例如, 将球按体积分成大中小三类.

```
set.seed(100)
v <- sample(1:40, 20, replace = TRUE)
res <- ifelse(v > 30, "大", ifelse(v < 10, "小", "中"))
res
  [1] "中" "大" "中" "中" "中" "中" "小" "小" "小" "大"
 [11] "小" "小" "中" "中" "大" "小" "中" "中" "小" "小"
```

对于多重分支的条件判断语句, 还可以使用 switch() 函数, 该函数中的第一个参数负责判断, 参数如果是数值, 则会取出后面相应位置的参数, 例如:

```
switch(3,"大","小","中")
  [1] "中"
```

前面判断是否可以被 3 整除的例子, 也可以使用 switch() 函数, 并且这样的代码更简单, 如下所示:

```
num <- 8
Mode <- num%%3
cat("Mode is",switch(Mode + 1, 0, 1,2))
  Mode is 2
```

若 switch() 函数中的第一个参数为字符串, 则会与后面的参数精确匹配, 返回相应的数据, 例如:

```
fruits <- c("apple","orange","grape","banana","other")
price <- function(fruit){
    switch(fruit,
```

```
                apple = 10, orange = 13, grape = 15, banana = 9, 0)
    }
price("banana")
  [1] 9
```

■ 4.2 基本循环

　　循环, 即将一个固定的工艺流程重复有限次的做法, 在本节中, 主要介绍 for 循环、while 循环以及 apply 族函数的使用方法.

　　首先介绍 for 循环. for 循环的结构包括初始值、判别机制以及命令主体三部分. 其中, 初始值泛指在循环主体中用户需要对其执行操作的对象, 所以, 它既可以是一个数值, 也可以是一个网页链接, 还可以是一串字符或是更复杂的对象. 判别机制是用来检查当前执行变量是否在初始值范围内, 是否继续执行主体中的命令工具. 下面通过例子来学习和熟悉 for 循环的使用.

```
for(i in 1:5){
    cat("1 +", i, "=", 1 + i, "\n")
  }
  1 + 1 = 2
  1 + 2 = 3
  1 + 3 = 4
  1 + 4 = 5
  1 + 5 = 6
```

```
a <- c("This","is","my","first","loop")
for(i in 1:length(a)) print(a[i])
  [1] "This"
  [1] "is"
  [1] "my"
  [1] "first"
  [1] "loop"
```

　　在这两个例子中, 第一个 i 是直接使用其代表的整型数字, 而第二个出现在中括号的 i 则是作为位置索引值来使用的. 接下来, 再来看一个针对 for 循环较为复杂的应用, 这是一个用 for 循环读取一个文件夹内全部数据的代码.

```
filenames <- list.files("RawData/",pattern = "*.csv",full.names
    = T)
```

```
data <- list()
for(i in seq_along(filenames)){
    data[[i]] <- read.csv(filenames[i],stringsAsFactors = F)
    }
df <- do.call(rbind, data)
str(df)
  NULL
```

其次, 介绍 while 循环. for 循环只能用来进行已知次数的循环, 而 while 循环可以进行未知次数的循环, 下面通过一个例子来学习 while 循环的使用.

```
i <- 1
while(i <= 5){
    cat("1 + ", i, " ", 1+i,"\n")
    i <- i+1
    }
  1 +  1   2
  1 +  2   3
  1 +  3   4
  1 +  4   5
  1 +  5   6
```

最后, 我们进入 apply 族函数的学习. apply 家族函数是 baseR 包中的一组函数, 其中包括 apply、epply、lapply、mapply、rapply、sapply、tapply、vapply 等函数. 它们的共同点在于对 R 对象执行一个或多个功能函数, 然后返回各自特定的数据格式.

(1) lapply 函数

lapply() 函数是 list 和 apply 的组合, 该函数是对一个列表型或向量型数据应用的函数, 返回值的元素个数与处理对象中的元素个数相同, 该函数的用法如下:

lapply(列表或向量, 运行的函数, 函数的参数设置).

下面通过例子来了解一下.

```
x <- 1 : 10
y <- 10 : 20
z <- 20 : 30
lapply(list(x, y, z),mean)
  [[1]]
  [1] 5.5

  [[2]]
  [1] 15
```

```
[[3]]
[1] 25
```

(2) sapply 函数

sapply() 函数是 apply() 函数的加强版, 它的返回值为向量、矩阵或数组, 该函数的用法如下:

sapply(列表或向量, 运行的函数, 函数的参数设置, simplify = TRUE, USE. NAMES = TRUE).

其中, simplify 为逻辑值, 当默认它为真时, 计算结果返回为向量或矩阵; USE.NAMES 同样为逻辑值, 当它为真时, 返回值会携带运算之前的名称信息. 例如:

```
x <- 1 : 10
y <- 10 : 20
z <- 20 : 30
sapply(list(x, y, z),mean)
  [1]   5.5 15.0 25.0
```

(3) apply 函数

apply() 函数可专门用来处理 matrix 或 array 数据. 该函数的用法如下:

$$apply(X, MARGIN, FUN...).$$

X 为 matrix 数据或 array 数据, 通过把 MARGIN 参数代表 FUN 函数对数据按行操作还是按列操作, 其中 1 代表行, 2 代表列. 例如:

```
a <- matrix(1:64, 8, 8)
apply(a, 1, mean)
  [1] 29 30 31 32 33 34 35 36
```

(4) vapply 函数

vapply() 是安全版的 sapply(), 在处理相同的 R 对象时具有略微的速度优势. 该函数的用法如下:

$$vapply(X, FUB, VALUE, ...,USE.NAMES = TRUE).$$

在 vapply() 函数中, simplify = TRUE 且不可更改, 也就是说 vapply() 函数不会返回成列表格式. 在函数中参数 FUN.VALUE 是该函数的核心所在, 因为这个参数的存在, vapply 在调用参数 FUN 的具体值时, 检查参数 X 的每一个数据值, 以确保所有值的长度和类型均一致. 下面通过具体例子来比较 sapply 和 vapply 的区别.

```
number1<- list(as.integer(c(1:5)),as.integer(c(5, 2, 4, 7, 1)))
number2<- list(as.integer(c(1:4)),as.integer(c(5, 2, 4, 7, 1)))
sapply(number1, function(x) x[x == 5])
  [1] 5 5
sapply(number2, function(x) x[x == 5])
  [[1]]
  integer(0)

  [[2]]
  [1] 5

vapply(number1, function(x) x[x == 5], as.integer(0))
  [1] 5 5
vapply(number2, function(x) x[x == 5], as.integer(0))
  Error in vapply(number2, function(x)x[x == 5],as.integer(0)):
  值的长度必须为1，但FUN(X[[1]])结果的长度却是0
```

通过运行结果可以看出，对于 number2，sapply 将原本为整数的空值转换为列表，而 vapply() 函数则会报错，这两者的区别在于使用需要设置初始值的循环时，是否会出现意想不到的错误，这也是 vapply() 函数安全性所在.

(5) rapply 函数

rapply() 函数可以用来实现多层列表的处理，可以将它看作是 lapply() 的又一变形，其中的参数较多，不常用，但是在处理多层表型数据时适当使用 rapply() 函数可以节省很多时间，该函数的用法如下：

rapply(object, f, classes=ANY, defit=NULL, how = c("unlist","replace", "list"), ...).

其中，object 为所需要处理的对象，为多层列表；f 为所需调用的函数；参数 classes 可以设置任何类型，设置时需将类型以双引号引用；defit 设置后会将不符合 classes 的内容设置成 classes 形式. how 的设置包含三种类型 unlist、replace、list，其中，默认为 unlist，即计算后结果不再是列表格式，若为 replace，则返回值仍将保留列表格式；计算结果会将原有数值替换. 接下来，通过例子来了解 rapply() 函数的用法.

```
x <- list("1" = list(a = pi, b = list(c = c(1:2,NA))),"2" = "a
   list")
rapply(x, function(x) x+1, classes = "numeric", how = "unlist")
        1.a
  4.141593
rapply(x, mean, classes = "integer", how = "replace", na.rm =
```

```
   TRUE)
$`1`
$`1`$a
[1] 3.141593


$`1`$b
$`1`$b$c
[1] 1.5


$`2`
[1] "a list"
rapply(x, mean, classes = "integer", how = "unlist", na.rm=TRUE
   )
 1.b.c
   1.5
```

(6) mapply 函数

mapply() 函数可以对多个函数列表进行函数运算, 可以理解成是 sap-
ply() 的升级版, 其使用方法如下:

mapply(FUN,..., MoreArgs = NULL, SIMPLIFY = TRUE, USE.NAMES
= TRUE).

其中, 参数 "..." 是用来设置需要执行的多个列表对象, 同时也接受参数
命名的设置, 并且可以与 MoreArgs 互换设置内容; 对 FUN 参数中所指定的
功能函数的补充可以通过 MoreArgs 参数来进行设置, 这种同一类函数参数
上的变化有时会不便于记忆, 所以专家专门开发了 purrr 包来规范及补充具
有迭代功能的函数, 关于 purrr 包, 将在下一节具体来学习. 函数 mapply()
的 SIMPLIFY 与 USE.NAMES 的功能与 sapply 中一致, 下面通过例子来了
解一下.

```
mapply(rep, 1:4, 4:1)
 [[1]]
 [1] 1 1 1 1

 [[2]]
 [1] 2 2 2

 [[3]]
 [1] 3 3

 [[4]]
 [1] 4
```

```
mapply(rep,times = 1:4, x = 4:1)
   [[1]]
   [1] 4

   [[2]]
   [1] 3 3

   [[3]]
   [1] 2 2 2

   [[4]]
   [1] 1 1 1 1
```

```
mapply(rep,times = 1:4,MoreArgs = list(x = 42))
   [[1]]
   [1] 42

   [[2]]
   [1] 42 42

   [[3]]
   [1] 42 42 42

   [[4]]
   [1] 42 42 42 42
```

```
word = function(C, k) paste(rep.int(C,k),collapse = "")
utils::str(mapply(word,LETTERS[1:6], 6:1, SIMPLIFY = FALSE))
List of 6
   $ A: chr "AAAAAA"
   $ B: chr "BBBBB"
   $ C: chr "CCCC"
   $ D: chr "DDD"
   $ E: chr "EE"
   $ F: chr "F"
```

■ | 4.3 优雅的循环

由于使用方式的多变性和参数格式的不一致性, 初学者在使用 for 循环和 apply 家族的函数时可能会遇到很多困难, 而 purrr 包的出现很大程度上减少了初学者在使用循环时的难度, 下面主要通过对 map 家族的介绍一起来了解 purrr 包的应用.

map() 函数是整个 purrr 包的核心, 其功能简单却又异常强大, 即调用指定函数对目标数据中的每一个元素进行相同的运算, 然后返回值赋予目标函数, 该函数的格式如下:

map(.x, .f, ...), ".x" 为列表或是原子向量; ".f" 为任意函数, 公式或原子向量; "..." 这个参数为非必须设置项, 用户可以依照调用函数的不同情况来设置该参数.

表 4.1 将列出 map 函数家族中参数相同的子函数名称及中文释义, 表 4.2 列出了带有特定辅助参数的子函数.

函数	解释
map	返回值为列表, 内部接受一个函数或自定义公式
map_lgl	返回值为逻辑向量
map_char	返回值为字符串
map_int	返回值为整型
map_dbl	返回值为浮点型
map_dfc	返回值为数据框, 会按照列对数据进行合并
walk	对函数进行渲染, 以方便对运行结果或代码进行展示和保存

► 表 4.1 函数及解释

函数	解释
map_if	对指定类别进行函数运算
map_at	对指定成分进行函数运算, 可以按照向量名字或位置数字来指定希望进行运算的成分
map_dfr	返回值为数据框, 会按照行来整合数据, 该函数有一个可选的辅助参数 ".id", 该参数默认为 "NULL" 即不使用, 非 NULL 时, 则在新数据群中创建一个新变量, 标注被整合数据框来源

► 表 4.2 函数及解释

■ | 4.4 循环控制语句

循环控制语句是指 break 语句和 next 语句, 它们会改变循环执行的正常顺序, 下面简要了解一下.

(1) break 语句, 其作用是停止当前循环并将控制交给循环之后的下一个语句, 例如:

```
helo <- c("hello"); counter <- 5
repeat{
    print(helo); counter <- counter + 1
    if(counter > 8){break}}
  [1] "hello"
  [1] "hello"
  [1] "hello"
  [1] "hello"
```

由于 break 语句的存在, 上述代码只会打印 "hello" 4 次, 然后就退出循环. repeat 是另一类循环语句, 它会重复执行直至循环体内触发停止循环的条件.

(2) next 语句, 其作用并不是终止循环, 而是跳过当前循环, 直接进入下一个循环, 例如:

```
vec <- c(2, 3, 4, 5)
for(i in vec){
    if(i == 4){next}
    print(i)}
  [1] 2
  [1] 3
  [1] 5
```

习题

1. 尝试利用 for 循环实现整数 1 到 5 分别加 1 的计算, 并用 cat() 函数将等式和计算结果展示出来.
2. 尝试定义一个字符串, 用 strsplit 和 unlist 将其拆分后, 利用 for 循环将每个字符依次展示出来.
3. 尝试判断循环退出的条件, 并利用 while 循环, 实现题 1 中的操作.
4. 通过如下代码将向量 x、y、z 转换为一个列表 ls, 尝试利用 lapply() 和 sapply() 函数分别计算 x、y、z 的平均值和总和, 并比较两种函数计算结果的不同; 同时思考若 x、y、z 中含有缺失值 NA, 应如何处理.

```
x <- 1:10
y <- 10:20
x <- 20:30
ls <- list(x,y,z)
```

5. 用 matrix() 函数创建一个 2×3 的矩阵, 内容为 1 到 6 的整数, 再尝试用 apply() 函数分别按行和按列求平均值和总和.

6. 创建一个向量 a, 值为整数 1 到 10, 尝试利用 purr 包的 accumulate() 函数实现元素的逐步累加运算.

第五章 R 与其他系统

编程语言与其他系统交互使用往往会产生事半功倍的效果, 而 R 就提供了许多宏包, 以便用户更便捷地与其他系统交互使用. 本章主要介绍了使用 R 制作交互式报告、R 与办公软件的交互以及 R 与其他编程软件的交互使用方法.

■ 5.1 制作交互式报告

5.1.1 基于 Sweave 报告

TEX 是一个以排版文章及数学公式为目标的计算机程序. LATEX 是一个宏集, 它使用一个预先定义好的专业版面, 基于 TEX 程序作为排版引擎, 可以使作者高质量地排版和打印他们的作品, 它是目前最流行的科技文排版系统之一. 对于 TEX 的工作环境, 我们可以安装不同的系统. 通常最轻量化的应用为 MiKTeX, 可以直接在其主页下载发行版进行安装. 对于中文操作, 基于 MiKTeX 的最好版本是 CTeX, 不过现在基于 TeX Live 的套件越来越流行, 在 tug 官方主页上可以直接下载到常用操作系统下的版本.

R 的所有版本全部基于 LATEX 系统, 在安装 R 包时会被建议安装 MiK-TeX, 否则自己开发 R 包时无法编译文档. 如果希望学习使用 R 语言进行开发, LATEX 是必备的知识. 以下是一个最简单的 LATEX 文档的例子:

```
\documentclass[a4paper]{article}
\title{Sweave Example 1}
\author{Friendrich Leisch}
\usepackage{Sweave}
\begin{document}
\maketitle
In this example we embed parts of the examples from the \texttt
    {kruskal.test} help page into a \LaTeX{}document:
data(airquality, package = "datasets")
library("stats")
```

```
kruskal.test(Ozone ~ Month, data = airquality)
        Kruskal-Wallis rank sum test
data:  Ozone by Month
Kruskal-Wallis chi-squared = 29.267, df = 4, p-value = 6.901e
    -06
\end{document}
```

这段代码就是标准的 LATEX 代码, 本书进行一个简单的介绍.

文档的开头是 \documentclass 命令, 定义了文档的类型. 本例中表示 A4 纸张的 "article" 文档. "article" 是与 "book" 等文档格式相对的, 表示该文档是普通文章, 因此可以直接使用通常文章的格式.

在 \begin{document} 之前的部分是导言区, 可以在该部分定义一些格式方面的内容或者进行设置. 在本例中, 我们设定了文档的标题和作者名, 并指定了调用 "Sweave" 宏包. LATEX 的宏包类似于 R 语言中的第三方包, 用来扩展其功能.

\begin{document} 和 \end{document} 之间的部分是正文, 可以发现其主体几乎都是没有任何格式的普通文字. 当然也包含一些 LATEX 中特有的命令, 比如 \texttt 和 \LaTeX. LaTeX 中的命令通常是由 \ 开头, {} 表示作用的范围, \texttt 表示打印字体.

对于一篇普通的文档, 如之前的例子那样, 基于 TEX 直接排版当然没有问题, 但我们注意到该例子使用了 R 语言进行分析和作图. 假设这是每一个月都需要的分析报告, 到了下个月的时候, 如果数据发生了改变, 那么就需要在 R 中使用新数据进行 Kruskal-Wallis 检验, 并做出新图, 然后将检验结果复制在旧的文档模板中, 并更换图形文件, 相应地重新编译该文件. 可以发现, 在以上过程中所有的变化都是在 R 中发生的, 如果我们能够通过 R 来控制上述过程, 将自动实现报告的更新.

基于这个目的, R 提供了一种在 TEX 嵌入 R 代码的机制, 我们可以在普通的 TEX 文档中使用特殊标记来嵌入 R 语言代码, 并控制结果的输出和显示. 以下是一个简单的例子:

```
\documentclass[a4paper]{article}
\title{Sweave Example 1}
\author{Friendrich Leisch}
\usepackage{Sweave}
\begin{document}
\maketitle

In this example we embed parts of the examples from the \texttt
    {kruskal.test}
help page into a \LaTeX{}document:
```

```
<<>>=
data(airquality, package = "datasets")
library("stats")
kruskal.test(Ozone ~ Month, data = airquality)
@
which shows that the location parameter of the Ozone
    distribution varies
 signficantly from month to month, Finally we include a boxplot
     of the tata:

\begin{center}
<<fig=TRUE,echo=FALSE>>
library("graphics")
boxplot(Ozone ~ Month, data = airquality)
@
\end{center}

\end{document}
```

通过观察可以发现, 该文档实际上和前一个例子中的 TEX 文档是一致的, 区别在于这份文档中与 R 相关的部分被 «»= 和 @ 之间的 R 代码取代, 只包含可执行部分, 不包含任何输出结果. 默认情况下, 将会在生成的文档中原样输出 R 代码和输出结果. 我们可以在 «»= 设置输出的参数, fig = TRUE 代表在文档中显示 R 代码产生的图形, 反之则不显示. echo = FALSE 表示不显示 R 的输入代码, 只显示输出结果.

在 R 中可以调用 Sweave() 函数将一个 Rnw 文档转换成 TEX 文档, 这个例子来自 utils 包中自带的 Rnw 文件. 使用 Sweave() 函数将其转换成 TEX 文档后就是第一个代码的例子.

R 中的 Sweave() 除了可以在 R 环境下处理 Rnw 文档外, 还可以用于默认的文档机制. R 除了函数帮助文档外, 还鼓励在开发 R 包时编写 Vignettes 文档, 即小品文, 通常表示简短的使用说明, 用户可以利用该文档对这个包进行熟悉和操作. 若包中含有 Vignettes 文档, 则在 CRAN 上该包的下载页面中可以直接看到.

下载某个 R 包的源码后, 可以发现, 在有些 R 包中存在 Vignettes 文件夹, 该文件夹中通常包含 Rnw 文件. 编译 R 包时无须进行任何设置, 默认会将该 Rnw 文件编译成 PDF 格式的 Vignettes 文档. 若不想编译 Vignettes 文档, 则在编译包的时候加上–no-vignettes 参数. 用作 Vignettes 文档的 Rnw 文件与本书之前介绍的无任何不同, 但是如果要以注释的形式加入一行 \VignetteIndexEntry 命令, 将会在 R 中调用帮助文档时显示该文档的标题, 用户体验会更好.

5.1.2 基于 knitr 报告

LATEX 是一种极其强大而灵活的排版语言, 但是学习成本比较高, 初学者入门比较困难. 很多时候, 人们对排版的要求并不是排成专业的书籍或者论文的格式, 只是需要一个像普通网页那样简洁清爽的版面而已. Markdown 就是这样的轻量级标记语言, 非常易于学习. 它允许人们用纯文本格式编写文档, 然后转换成有效的 XHTML 或 HTML 文档, 下面是一个简单的例子:

```
Markdown是一种简单易学的标记语言，这是一个测试文档，学习
    Markdown和R代码的混编，构成一个Rmd文档.

项目符号只需要在前面加上横线

-第 一 点
-第 二 点
-第 三 点

使用三个点号，可以生成一个代码区块

...
library(ggplot2)
head(mpg)
...
```

打开 RStudio, 在当前工作空间新建一个 Rmd 文档, 在编辑器中输入上面的字符和代码, 保存后点击 knit HTML 图标, 可以生成一个排好版的 HTML 文件. 点击 save as 可将此文档保存为一个包含了所有结果的 HTML 文件. 用户可以将其发布到任何一个主机或网盘上.

Markdown 很适合于发布到网络, 并且语法也非常简单. 用户无须思考排版, 这样可以集中精力写作. 只包括 Markdown 代码的文档是以 md 为后缀的文件, 而 RStudio 提供的 Rmd 文件格式可以将 Markdown 和 R 混编, 两者区别在于其中的 R 代码能否执行, 下面修改一下之前的示例.

```
Markdown是一种简单易学的标记语言，这是一个测试文档，学习
    Markdown和R代码的混编，构成一个Rmd文档.

项目符号只需要在前面加上横线
```

```
-第一点
-第二点
-第三点

使用```{r}开头，可以生成一个R代码区块，下面来绘制cty和hwy两变量
    之间的散点图

```{r}
library(ggplot2)
p <- ggplot(data = mpg, mapping = aes(x = cty, y = hwy)) +
    geom_point(position = 'jitter') +
    theme_bw()
print(p)
```
```

从上面的代码可以看到, Rmd 文档使用 "···{r}" 和 "···" 之间的区域来记录 R 代码, 这和上一节中的 Sweave 有异曲同工之妙. 实际上, 这是 knitr 的实现方式. 而 knitr 本身就是用来替代陈旧的 Sweave 的工具, knitr 除了能够操作 Sweave 规则的 Rnw 文档之外, 还增加了对 Markdown 等多种格式的支持, 并且文档极其丰富, 一直在不断地更新. RStudio 中已经集成了 knitr, 并且最新版的 R 也支持使用 knitr 的命令进行选项.

Rmd 文档是使用三个点号 r 表示 R 代码的开始, 大括号内部是参数区, 可以设置 knitr 参数. 所有的代码和结果输出都整合到一个 HTML 文档中. 在 RStudio 中直接使用 Ctrl+Alt+i 组合键来增加一个 R 代码区域, 或者点击工具中的 Insert Chunks 也是同样的结果.

Rmd 文档可以生成 HTML 文件用于网络展示, 如果需要, 我们也可以利用 knitr 中的 pandoc() 函数将 md 文档转换为 Word 文档, 例如：pandoc('test.md',format = 'docx') . 然后我们可以在工作目录中看到一个名为 test.docx 的文件, 在 Word 中可以看到图文并茂, 格式整齐的 Word 文件. 需要注意的是, 使用 knitr 包中的 pandoc () 函数之前, 需要安装开源的 pandoc 软件, 可以到 johnmacfarlane 主页下载安装.

pandoc() 函数文件转换功能强大, 它可以把 Markdown、reStructured-Text、textile、HTML 或者 LATEX 格式的文件进行相互转换.

knitr 包提供了丰富的参数, 以应对各种需要, 可以在参数区设置的部分功能如表 5.1 所示：

下面介绍 knitr 和 LATEX. knitr 操作 LATEX 的方式与 Sweave 并无任何不同, 同样是通过解析 Rnw 文件, 然后转换成 TEX, 最后编译成 PDF. 例如, 之前的例子也可以使用 knitr 进行操作.

参数	功能
eval	是否执行代码段
echo	是否显示原代码
result	如何显示代码结果
warning	是否显示代码结果中的警告
error	是否显示代码结果中的报错
message	是否显示代码结果中的信息
include	是否将代码和结果集成在输出中
tidy	是否进行代码整理
prompt	是否显示提示符
comment	如何显示输出符

```
rnwfile <- system.file("Sweave", "example-1.Rnw", package =
          "utils")
knit(rnwfile)
tools::texi2pdf("example-1.tex")
```

虽然操作方式上没有任何差异, 但是 knitr 提供了更灵活的参数设置机制, 对于 Rnw 文件, 可以按照 knitr 的方式进行操作, 这与 Markdown 没有任何不同. 此外, knitr 提供了更为美观的格式.

接下来学习报告中的图片. 在统计报告中有两类图片, 一类是外来图片, 另一类是用 R 代码生成的图片. 对于外来图片, Markdown 可以将其插入到文档中, 但无尺寸重设的功能. 如果需要重设尺寸, 需要使用 HTML 中的 img 元素, 例如:

```
# 将某个图片设为高100px，宽100px.
<img src = "example.png" width = "100px" height = "100px"/>
# 用相对比例设置图片的大小，例如设置为原图的90%的大小.
<img src = "example.png" height = '90%'/>
```

对于 R 生产的图片, knitr 包中有以下几种设置:

(1) fig.path: 设置了图片生成的保存路径, 对于 Markdown 的输出图片格式将缺省存为 png 格式, LaTeX 的图片输出将缺省存为 pdf 格式.

(2) dpi: 设置了图片质量, 即每英寸的像素点个数. 对于网络文档输出, 只需要 100dpi 就足够了, 而对于高质量的印刷文档输出, 则需要 300dpi.

(3) fig.width 和 fig.heigth: 设置了图片保存的大小, 以英尺为单位.

(4) fig.align: 设置了图片的对齐方式.

(5) out.width 和 out. heigth: 设置了图片在输出文档中的大小, 相当于可以重设文档中的图片大小.

下面的例子展示了如何自动生成一个 ggplot2 包中图片的过程.

```
{r dpi = 100, fig.heigth = 4, out.height ='300px'}
library(ggplot2)
p <- ggplot(data = mpg, mapping = aes(x = cty, y = hwy)) +
    geom_point(position = 'jitter') +
    theme_bw()
print(p)
```

接下来我们来看 xtable 在表格生成方面的应用. 表格是一种常见而有效的展现方式, 而手工生成表格是比较麻烦的, 特别是要使用 LATEX 或 Markdown 这类代码方式建立表格, 幸运的是, 可以使用 R 中的 xtable 包, 在报告中自动建立表格以实现可重复的工作流程.

xtable 包支持以 LATEX 或是 HTML 两种格式输出表格, 下面我们来输出 tli 数据集的前六行生成一个 HTML 表格, 其用法如下:

```
```{r, result = 'asis', echo = FALSE}
library(xtable)
data(til)
M1Table <- xtable(head(tli),
                  caption = 'Head of tli dataset',
                  digits = 1)
print.xtable(M1Table, type = 'html',
             caption.placement = "top")
```
```

最后介绍一下 slidify 在生成幻灯片方面的应用. 除了撰写分析报告, 制作幻灯片也是数据分析的必要工作. 除了传统的 MS Powerpoint 之外, 在 R 环境下, 也有很多可以使用 slide 的方法.

在 HTML5 的发展背景下, 已经出现了大批以网页形式存在的幻灯片框架. 在这些框架下, 用户只需要懂一些 web 知识, 就可以将图片数据嵌入到一个 HTML 模板中, 生成一个动态可交互的幻灯片. 前面谈到 knitr 包可以将 R 代码、运算结果和分析文字融为一体, 自动生成一个 HTML 文档, 略微修改一下, 也可以将它们转换成一个 HTML 格式的幻灯片.

slidify 包就是一个效率极高的幻灯片制作工具, 它整合利用 knitr、RMarkdown 来生成 HTML5 格式的幻灯片, 有助于实现可重复地统计分析幻灯片, 下面来看如何使用它. 目前 slidify 还不在 CRAN 上, 需要安装 devtools 包后从 github 网站上下载它.

```
library(devtools)
install_github("slidify", "ramnathv")
install_github("slidifyLibraries", "ramnathv")
library(slidify)
```

```
author("example")
```

加载 slidify 后可以首先使用 author() 函数, 它会自动在当前工作目录下建立一个名为 example 的目录, 并自动拷贝需要的文件到该目录中, 而且会通过 R 的编辑器打开一个 index.Rmd 文档供用户编辑.

index.Rmd 文档的前几行是该文档的元数据, 用户可以填写标题、作者等信息, 然后在撰写内容时需要用三横杠作为分隔符, 来划分不同的幻灯片页面, 写完之后运行 slidify(index.Rmd), 即可在 Rmd 文档的目录中生成幻灯片, 推荐使用 Chrome 浏览器打开它.

5.1.3 基于 Office 报告

Office 报告, 尤其是 PPT 格式的报告, 已经深入到各行各业, 以至于 PPT 成为幻灯片的代名词. 即使基于 LATEX 的 beamer 和基于 HTML5 的幻灯片有着各种优势, 仍然无法替代 PPT 在行业中的地位. 因此, 任何时候提到可重复研究, 基于 Office 的自动化报告都是不容忽视的重要内容. 通常 Office 环境下的自动化报告都是通过 VBA 或 VSTO 来实现的, 但是如果分析是在 R 中进行的, 在 R 环境下实现自动化的报告是顺理成章的事情, 而 R 也可以非常方便地通过 DCOM 等接口来操作 Office 文档. 在这里我们介绍 R2PPT 和 REeporteRs 两个常用的 R 包, 并通过简单的例子来演示在 R 中创建 PPT 报告, 实现可重复的数据分析的过程.

首先, 我们来了解用 R2PPT 包来创建 PPT 报告的过程. R2PPT 使用 DCOM 的方式实现 R 与 PPT 的交互. R 中常用的 DCOM 客户端有两种, 分别是 rcom 包和 RDCOMClient 包. rcom 包虽然稳定而功能强大, 但是免费版只能用于非商业用途.

该包遵循 GPL2 开源协议, 可以商用, 在这里本书更推荐使用这个包, R2PPT 包可以使用这两个包的任意一种, 在使用效果上并无区别. 加载这两个包:

```
library(R2PPT)
library(RDCOMClient)
```

在 R 中操作 PPT 的第一步是建立 DCOM 对象, 该对象自动关联了一个新的 PPT 文件, 通过 RDCOMClient 可以使用 R 命令来操作 DCOM 对象, 从而对 PPT 文件进行修改. 当然这个过程由 R2PPT 完成, 我们只需要初始化一个 PPT 对象即可, 生成的 R 对象名为 "myPres":

```
myPres <- PPT.Init(method = "RDCOMClient")
```

PPT.AddTitleSlide 用来添加 PPT 的封面页, 该命令需要在其他命令之前执行, 可以用其设置幻灯片封面的主标题和副标题.

```
myPres <- PPT.AddTitleSlide(myPres, title = "PPT报告",
subtitle = "基于R2PPT")
```

对于普通的文本幻灯片, R2PPT 可以直接添加, 但需要注意的是, 文本的项目只能通过 "\t" 分隔符进行换行, 对于下一层级的子条目则无法实现. PPT.AddTextSlide() 函数可以添加一页文本幻灯片.

```
myPres <- PPT.AddTextSlide(myPres, title = "本报告包括",
text = "文字区域\r图形\r表格")
```

除了直接添加文本幻灯片以外, 更通用的方式是添加一个只包含标题的空白幻灯片页, 然后加入其他的元素, 比如表格. R2PPT 使用 R 中的数据框对应幻灯片的表格, 通过 PPT.AddDataFrame() 函数, 将一个数据框粘贴到幻灯片的某个位置, 通过 size 参数来指定表格左上角的位置和表格高宽信息, 其中四个参数分别是左上角距离幻灯片左侧、左上角距离幻灯片顶部、表宽、表高. 使用这种方式粘贴的表格在幻灯片中是可以编辑的, 这是 DCOM 的优势所在.

```
myPres <- PPT.AddTitleOnlySlide(myPres, title = "表格")
myPres <- PPT.AddDataFrame(myPres, df = head(iris), rownames =
    FALSE,
size = c(55, 150, 600, 300))
```

我们还可以将任意图片粘贴到幻灯片中. 如果要在 R 中生成图像, 可以先将图像存成某个文件, 然后使用 PPT.GraphicstoSlide() 函数将该文件粘贴到幻灯片上, size 参数与粘贴表格是相同的.

```
jpeg(file = "testReport1.jpeg")
hist(rnorm(100))
dev.off()
myPres <- PPT.AddTitleOnlySlide(myPres, title = "图形")
myPres <- PPT.GraphicstoSlide(myPres,file = "testRplot1.jepg",
  size = c(55, 150, 600, 300))
# 执行后需要关闭这个对象:
myPres <- PPT.Close(myPres)
```

通过以上的例子可以发现, R2PPT 的操作方式非常简便. 只需要不断地添加新的幻灯片, 然后将需要的元素插入到每一页的具体位置即可. 该包还支持幻灯片模板的设置. 然而, 我们无法进行更复杂的操作, 如定义文本字体等只能通过 RDCOMClient 包操作 DCOM 对象来解决. 因此, R2PPT 适合于新建对格式无复杂需求的 PPT 文档, 其优点是学习和使用都非常便捷.

接下来学习 ReporteRs, 它依赖于 Java 库实现对 PPT 的调用. 该包比起 R2PPT 要强大得多, 即使比商业软件也不会弱.

该包不仅仅能操作 PPT, 还能使用同样的方式操作 Word 和 Excel, 其功能的灵活性可以和在 Office 中直接使用 VBA 进行媲美. 本书以 PPT 为例对其进行简单的介绍:

在使用 ReporteRs 之前需要安装 JRE 环境和 rJava 包, 然后从 Github 进行安装:

```
library(devtools)
install_github("ReporteRsjars", "davidgohel")
install_github("ReporteRs", "davidgohel")
```

ReporteRs 包可以通过 options 设置全局的环境, 比如字体和字号. 其默认字体是 Mac X 的独有字体, 其他系统的用户需要首先将字体进行修改, 例如 "Arial".

```
library(ReporteRs)
options("ReporteRs-e" = 28)
options("ReporteRs-default-font" = "Arial")
```

pptx() 函数可以新建一个 PPT 的对象, 同时在硬盘上新建了一个 PPT 文件, R 可以通过这个对象来操作 PPT 文件.

```
pptx.file <- document_example.pptx
doc = potx(title = "title")
```

在 ReporteRs 中, 不会直接区分幻灯片页面的类型, 而是通过 slide.layout 参数来指定添加的页面类型. 这和在 PPT 中点击 "新建幻灯片" 然后选择主题效果是一样的, 比如下面我们选择了 "标题幻灯片" 并添加了主标题和副标题:

```
doc = addSlide(doc, Slide.layout = "Title Slide")
doc = addTitle(doc, "PPT报告")
doc = addSubtitle(doc, "基于ReporteRs")
```

对于文本的添加, ReporteRs 的功能要强大太多, addParagraph() 函数可以添加段落并设置段落的层次结构, 如果需对字体进行微调, 还可以通过 set_of_para graphs 函数来设置段落的组成部分, 对于不同部分的文字使用不同的字体和颜色, 实现了完全灵活的定制化, 下面是一个简单的例子:

```
doc = addSlide(doc, slide.layout = "Title and Content")
```

```
doc = addTitle(doc, "Texts demo")
doc = addParagraph(doc, value = "haha")
```

如果要添加表格, 可以使用 addTable() 函数, 它能够将 R 中的数据框直接添加到幻灯片页面中. 除拥有 R2PPT 对表格的功能外, ReporteRs 还可以设置表格的格式, 只是操作比较复杂.

```
doc = addSlide(doc, slide.layout = "Title and Content")
doc = addTitle(doc, "Table example")
doc = addTable(doc, data = iris[15:23,])
```

除了表格, ReporteRs 也能粘贴图形, 与 R2PPT 的区别是 ReporteRs 中的 addPlot() 函数不需要指定文件路径, 例如:

```
doc = addSlide(doc, slide.layout = "Title and Content")
doc = addTitle(doc, "Table example")
doc = addTable(doc, function()hist(rnrom(100)))
# 所有操作结束后需要保存幻灯片:
writeDoc(doc, pptx.file)
```

以上例子生成了包含四页 PPT 的文件.

ReporteRs 还有很多复杂的功能, 基本上在 PPT 中进行手动操作的内容都可以通过 ReporteRs 在 R 中实现.

■ 5.2   R 与其他系统的交互

R 语言是一个非常灵活而开放的平台, 虽然它作为一种编程语言功能不够完善, 但它具有强大的数据分析和处理功能, 在数学建模方面也有很强的优势. 在很多复杂的应用中, 与 R 进行集成是一种很好的解决方案, 可以综合各种工具的优势, 实现尽可能好的效果以及尽可能低的开发成本.

5.2.1   R 与 Excel

Excel 是最常见的数据分析和处理工具, 优势是简单直观, 缺点是分析功能不强. 若将 R 与 Excel 结合在一起, 则可以将两者的优势进行很好的融合. 关于 R 和 Excel 整合的工具比较多, 最方便直接的就是 RExcel.

如果平时很少用 R, 仅仅需要对 Excel 进行扩展, 旧版的 RExcel 提供了一个 RAndFriendsSetupXXX.exe 的文件, 集成了 R、rscproxy、rcom 和

RExcel. 双击安装后, 自动把包括 R 在内的所用模块内容都装好并自动配置 Excel, 然后就会发现 Excel 上多了一个菜单.

由于 CRAN 政策的变化, 当前版本的 RExcel 不再提供一体化的安装方式, 需要分别下载和安装. 由于 RExcel 的安装过程中某些套件还有其他作用, 因此本节会介绍各部分安装的具体过程.

RExcel 需要依赖 DCOM 环境, DCOM(microsoft distributed component object model, 分布式组件对象模型) 是 COM(component object) 的扩展, 用来支持不同的两台计算机上组件间的通信. COM 提供了一套允许同一台计算机上的客户端和服务器之间进行通信的接口, 而 DCOM 是一系列微软的概念和程序接口, 利用这个接口, 客户端程序对象能够请求来自网络中另一台计算机上的服务器程序对象.

RExcel 的主页上提供了一个非常方便的 DCOM 版本 statconn 的目录, 可直接连接 R, 还提供免费的非商业版本. 网站搜索可以下载最新版的 statconnDCOM.

默认安装后在 Windows 的开始菜单可以看到 statconn 的目录里面包含一些测试的例子. 比如 "Server 01 - Basic Test", 点击后会弹出一个测试的对话框, 如果 DCOM 能正常与 R 交互的话, 点击第一个名为 R 的按钮将能在对话框中成功执行一段 R 的代码. 如果系统报错, 说明无法连接到 R. 此时应该检查环境变量的设置. sataconnDCOM 默认会读取 RHOME 中的路径, 要确保该路径下的 R 中安装了 rcom 包, 如果没有安装的话可以使用管理员权限打开该版本的 R, 然后执行以下的安装命令:

```
install.packages(c("rscproxy", "rcom"),
repos = "http://rcom.univie.ac.at/download")
```

成功安装后, 再次执行 "Server 01 - Basic Test" 的例子会发现可以运行成功. 如果需要将 RExcel 绑定到某个版本的 R 上, 需要在该版本的 R 中执行以下命令来注册:

```
library(rcom)
comRegisterRegistry()
```

当然, 如果不需要绑定, 完全不用执行该命令.

RExcel 的主页提供了安装文件的下载, 非商业用途可以使用家庭和学生版. 下载安装后打开 Excel 就会看到多出来的 RExcel 的菜单. 注意, 如果是 Excel 2007 及之后的版本, 该菜单会出现在 "加载项" 的菜单中, 若为 Excel2003, 则会直接出现在顶层. 如果不需要 Excel 每次启动的时候都加载 RExcel, 可以在管理加载项的选项中去除 RExcel 的勾选. 需要注意的是, 该菜单随 Excel 启动后并没有立即开启一个 R 进程, 而是需要进入 RExcel 菜单, 点击 "Start R" 才会启动一个 R 的进程, 此时会发现很多功能按钮被激活.

RExcel 菜单中有一项是 "Set R server", 可以设置服务在后台执行, 这样就不会因为未注册或者冲突的原因而报错. 每次点击 "Start R" 后都会根据 RHOME 的路径在后台开启一个 R 的进程, 用来和 Excel 进行交互.

安装好 RExcel 后, 我们来学习 RExcel 的使用.

首先是执行 R 代码. 在 Excel 中, 使用 R 最简单的方式就是把 Excel 当成一个 R 的编辑器, 可以在任意单元格中输入 R 的代码, 然后选择所有代码后通过鼠标右击选择 "Run Code", 将会自动把选好了的代码发送到 R 进程中执行. 然后激活 Excel 中的某个空白单元格, 通过右键选择 "Get R Value", 将会弹出一个输入 R 表达式的对话框, 可以在对话框中输入 R 代码, 或者选择某个单元格中已经包含的 R 代码. 如果该代码能够输出结果, 则将会以该单元格为起点, 输出 R 中的结果.

这种方式最大的好处, 就是可以将一个 Excel 的数据表作为一个矩阵传入 R 中, 首先选择一个 Excel 中的数据作为一个矩阵传入 R 中, 然后选择一个 Excel 中的数值区域后, 右键选择 "Put R Var", 会弹出对话框要求输入该矩阵的名称, 输入一个英文字符串之后点击确认, 将会在后台的 R 进程中创建一个以该字符串为名的矩阵, 然后可以使用 R 代码对该矩阵进行各种操作, 并通过 "Get R Value" 得到相关的计算结果.

其次, 介绍内嵌 R 公式. 安装 RExcel 后, 进入 "插入函数" 对话框可以发现 "函数类别" 的最下面一行出现了 RExcel 的选项, 点击后会列出该类别下的函数, 里面包含多个新增的函数, 可以和 Excel 内置函数完全一样的方式使用. 最方便的地方在于, 这些函数还能自动地将 Excel 里的行或列的数值转换成 R 的向量, 将区域的数值转化成 R 中的矩阵.

这里主要介绍其中功能最强的函数 "RApply", 该函数主要有两个参数. 第一个参数是一个引号标准的字符, 代表一个 R 中存在的函数名, 第二个参数是 Excel 中的引用区域, 可以使用引用区域的空间从 Excel 中选择行、列或者区域中的数值. 如果该 R 函数还需要其他的参数, 可以在 RApply 中增加参数, 用法和 R 中的 apply() 函数比较类似.

最后介绍一下如何在 VBA 中调用 R. R 与 Excel 结合能产生最大效用的地方就在于 VBA, 通过 Excel 中的 VBA 程序, 可以完整地调用 R 中的任何函数, 理论上可以在 Excel 上开发出任意基于 R 的应用. 在 Excel 激活的状态下, 通过 Alt+F11 可以打开 VBA 的编辑器, 我们打开工具菜单中的 "引用", 引用列表中就会出现 RExcelVBAlib 选项, 勾选该选项后, 就可以在 VBA 中调用 R 了.

接下来, 利用 VBA 和 R 写一个简单的 Hello world 的程序: 第一步: 在 VBA 编辑器界面中新建一个窗体; 第二步: 在新建的窗体中添加一个 "按

钮"对象, 双击这个按钮可以出现 VBA 的编辑界面, 这个界面也称为 VBE
(Visual Basic 编辑器). 双击后默认产生一个名为 CommandButton1Click 的
过程; 第三步: 在该过程中添加如下代码:

```
Private Sub CommandButton1_Click()
    Dim outstr As String
    rinterface.StartRServer
    rinterface.RRun "x <- data()"
    outstr = rinterface.GetRExpressionValueToVBA("x")
    rinterface.StopRServer
    MsgBox("Hello world! " + outstr)
End Sub
```

从这段代码中可以发现, 在 VBA 中可以直接使用 rinterface 这个对象进
行接口的相关操作, 通过调用 rinterface 对象内置的 StartRServer 方法可以
在后台开启一个 R 的进程, 然后通过内置的 RRun 方法以字符串的形式传出
一段 R 代码并在后台的 R 进程中执行. GetRExpressionValueToVBA 方法可
以将 R 中的表达式的值取到 VBA 中, 将其赋给一个 VBA 中的字符串变量,
就能够在 VBA 中使用, 从而实现 R 与 VBA 之间的交互.

5.2.2　R 与数据库

R 操作数据库的方法与其他任何数据库的客户端没有不同. 所有的数据
库都会通过 API 供外部程序调用, 每个数据库都会有自己独特的方式, 因此
通过一种通用的操纵关系型数据库的方式是最好的选择, 能够保证建立了同
类型的连接之后, 不会因为数据库品牌的切换而大量地修改代码, 当前比较
流行的方式是 DBI、ONBC 和 JDBC.

DBI 的全称是"数据库接口"(database interface), 实际上, 该接口具体
指的是 Perl 的 DBI 模块. DBI 是一套基于 Perl 的连接数据库的规范, 但是
其他的语言也能在这个接口的基础上连接数据库. R 在早期和 Perl 走得非
常近, 因此 R 中最原生的调用数据库的方式就是基于 DBI. 各种常用的数据
库都有 R 语言的接口, 比如 Roracle、RMySQL 等, 这些接口的 R 包全都要
依赖 DBI 这个包. 它是一个基于 S4 开发的通用接口, 提供了很多虚类, 针对
不同的数据库产品, 可以在该包的基础上实现其专用的接口. DBI 是 R 的开
发者最喜欢的数据库连接方式.

ODBC 的全称是"开放数据库互联"(open database connectivity), 是
微软提供的一套标准的访问数据库的规范和接口, 该接口独立于厂商的数据
库, 也独立于具体的编程语言. 在操作系统中, 针对不同的数据库安装了相应
的 ODBC 驱动后, 就能在其他的语言环境中采用标准的方式来操作数据库.

ODBC 是 Windows 操作系统中通用的连接方式, 在 Linux 中也可以使用. 由于 ODBC 的连接可以非常方便地在操作系统中进行管理, 一旦建立连接, 在 R 中的操作方式就都是一样的, 因此 ODBC 是 R 中普通用户最常用的连接数据库的方式.

JDBC 的全称是 "Java 数据库连接" (Java data base connectivity), 功能和 ODBC 比较像, 但是基于 JAVA, 可以非常方便地跨平台和跨各种数据库. 不过 R 中的 JDBC 包也是依赖于 DBI 的, 然后基于 JAVA 实现跨平台的操作. 由于很多时候, 直接选用某个基于 DBI 的接口会更有效率, 因此 R 中的 JDBC 包不是很常用.

下面将针对 DBI 和 ODBC 的不同方式, 分别进行介绍, 并通过具体的例子来演示配置和使用的过程.

首先是 DBI 和 RSQLite. 基于 DBI 的数据库连接有很多种, 在这里以一个最简单的内存数据库 SQLite 为例. SQLite 是一个完备的小型数据库, 以文件的方式存储, 可以在内存中进行运算, 是一个非常轻量级的开源关系型数据库, 可以和其他数据库一样使用 SQL 语句和索引, 其核心程序不依赖任何第三方库也无须安装.

R 中的 RSQLite 包是一个基于 DBI 的 R 语言接口, 由于 SQLite 的核心程序非常小, 所以该 R 包直接内置了整个数据库, 无须进行任何安装就能够使用 SQLite 的所有功能. 每个 SQLite 的数据库对应一个文件, 通常使用的后缀名是.db, 也可以使用一些图形化的界面来管理.

下面利用 DBI 包中的 dbconnect() 函数来建立一个连接:

```
library(RSQLite)
dbfile <- system.file("examples","db","irisdb.db",package =
          "rinds")
conn <- dbConnect(dbDriver("SQLite"), dbname = dblife)
class(conn)
  [1] "SQLiteConnection"
attr(,"package")
  [1] "RSQLite"
```

对于 SQLite 数据库, 每个数据库对应一个文件, 因此需要传入一个文件的路径. 如果该文件不存在, 则这个命令表示新建一个数据库的连接, 对应地会在电脑磁盘上新建该文件. 如果该文件是一个有效的 SQL 数据库文件, 则这个命令将会在 R 中建立一个对该数据库的连接. 有了这个连接后, 就能通过 R 的内置的函数以及 SQL 语句和数据库进行交互. 比如, 我们想看一下数据库中有哪些表, 并将该表取出来存成 R 中的数据框:

```
dbListTables(conn)
  [1] "iris"
```

```
res <- dbSendQuery(conn, "SELECT * from iris")
class(res)
  [1] "SQLiteResult"
attr(,"package")
  [1] "RSQLite"
data.db <- fetch(res, n = -1)
dbClearREsult(res)
  [1] TRUE
head(data.db)
  Sepal.Length Sepal.Width Petal.Length Petal.Width Species
1          5.1         3.5          1.4         0.2  setosa
2          4.9         3.0          1.4         0.2  setosa
3          4.7         3.2          1.3         0.2  setosa
4          4.6         3.1          1.5         0.2  setosa
5          5.0         3.6          1.4         0.2  setosa
6          5.4         3.9          1.7         0.4  setosa
```

在 DBI 的操作中, 我们可以通过特定的函数来实现某个功能, 比如 db-ListTables() 函数可以用来列举该数据库中包含的所有表, 只需要将数据库的连接 conn 作为参数即可. 类似地, 可以通过 dbReadTable() 函数来读取某个数据表, 使用 dbWriteTable 来将某个 R 中的数据框写入到数据库中, 但是操作数据库更为一般的方式是通过 SQL 语句, 本书也更推荐这种方式. 我们使用 dbSendQuery() 函数对这个连接传入一个 SQL 命令, 其结果是一个 "SQLLiteResult" 的结果集对象. 如果该对象包含了取出的数据集, 可以使用 fetch() 函数将该结果集合中的数据取出来存入一个数据框. 参数 n 可以指定取出的行数, 负值表示取出所有. 在这里要注意的是, 当一个结果集不再被使用时, 需要通过 dbClearResult() 函数来清理.

当操作完数据库后, 需要关闭该连接, 从而中断 R 与该文件的关联:

```
dbDisconnect(conn)
  [1] TRUE
```

接下来是 ODBC. ODBC 是 R 中另一种连接数据库的方式. 与 DBI 的方式不同, 无须针对每个数据库安装不同的 R 包, 只需要一个 RODBC 就可以直接连接到该数据库. 为了便于和 DBI 方式对比, 依旧以 SQLite 数据库为例, 但是不再使用 RSQLite 包作为接口.

首先需要在操作系统中安装 SQLite 数据库的 ODBC 驱动. 以 Windows 为例, 在 ODBC 的管理界面下会自动出现新安装好的驱动. 选择 SQLite 驱动, 新建一个连接, 对于 SQLite 数据库, 只需要制定数据库文件的路径即可, 为该连接命名为 "irisodbc", 则能够使用这个连接名在 R 中实现数据库的交互. 如果将 "irisodbc" 的连接改成其他数据库, R 代码无须进行任何修改, 将能直接进入到新的数据库.

仍然以上文用过的这个 SQLite 数据库为例, 加载 RODBC 包后就可以直接新建一个连接, 与 DBI 的连接不同, 此时的 "conn" 对象表示一个 RODBC 连接. 在这里需要注意的是, 对于 Oracle 以及本例中的 SQLite 数据库, 需要将 believeNRows 的值设成 FALSE.

```
library(RODBC)
conn <- odbcConnect("irisodbc",believeNRows = FALSE)
class(conn)
  [1] "RODBC"
```

在 ODBC 中, 我们同样可以使用一些内置的函数进行数据库的操作, 比如 sqlTables 可以列出数据库中已有的数据表, 其功能和 DBI 中的 dbListTables 是类似的, 但返回值的格式有所不同. 同样的, 本书推荐使用 SQL 语句来实现数据库的交互.

```
sqlTables(conn)
    TABLE_CAT TABLE_SCHEM TABLE_NAME TABLE_TYPE REMARKS
  1     <NA>        <NA>        iris      TABLE    <NA>
data.db <- sqlQuery(conn,"SELECT * from iris")
class(data.db)
head(data.db)
    Sepal.Length Sepal.Width Petal.Length Petal.Width Species
  1          5.1         3.5          1.4         0.2  setosa
  2          4.9         3.0          1.4         0.2  setosa
  3          4.7         3.2          1.3         0.2  setosa
  4          4.6         3.1          1.5         0.2  setosa
  5          5.0         3.6          1.4         0.2  setosa
  6          5.4         3.9          1.7         0.4  setosa
```

虽然具体的函数名不同, 但在 ODBC 中的操作方式与 DBI 是类似的. 同样, 在结束操作后, 也需要关闭 ODBC 的连接:

```
odbcClose(conn)
```

5.2.3 R 与 JAVA

首先要安装 JDK 环境, 并在 JDK 1.6.0-32 下测试通过, 建议安装 SUN 的 JDK 版本. 如果操作系统中无 JDK 环境, 可以到 Oracle 的站点下载.

假设 JDK 的安装目录为 D:/jdk.1.6.0-32, 则需要在系统中建立一个名为 JAVA(HOME) 的环境变量, 其值为 JDK 的安装路径, 如下所示:

```
D:\jdk.1.6.0_32
```

接着建立名为 ClassPath 的环境变量, 其值需要包含:

```
.;%JAVA_HOME%\lib;
```

然后添加以下路径到 PATH 环境变量中.

```
%JAVA_HOME%\bin;
%JAVA_HOME%\jre\bin;
%JAVA_HOME%\jre\bin\server;
%JAVA_HOME%\jre\bin\client;
```

注意查看 JRE 的安装目录中 jvm.dll 是位于 server 还是 client 子文件, 确保该文件夹位于 PATH 环境变量即可. 如果 R 环境已经安装, 并且系统环境变量中已经添加了一个名为 R (HOME) 的环境变量, 则需要在 R 的控制台中安装 rJava 包:

```
install.packages ("rJava")
```

然后确保以下路径也添加到了 PATH 环境变量中.

```
%R_HOME%\bin\i386
%R_HOME%\library\rJava\jri
```

接下来学习用 Java 调用 R. Rserve 是最简单的交互方式, 基于 TCP/IP 协议传递信息, 实现 Java 对 R 的调用, 在使用之前, 需要先安装 Rserve 包.

```
install.packages("Rserve")
```

如果是 Windows 系统, 安装完包之后还需要将可执行文件复制到 R 的主目录, 进入到%R_HOME%\library\Rserve\lib\i386 文件夹, 将 Rserve.exe 和 Rserve_d.exe 这两个文件复制粘贴到%R_HOME%\bin\i386 文件夹中, 然后把复制后的 Rserve.exe 文件建立一个快捷方式到桌面. 每次开启工程的时候, 可以通过双击桌面上的 Rserver 快捷方式来启动 Rserve.

安装了 Rserve 和 RJava 包之后, 可以在 Java 中直接新建 R 的连接, 然后以字符串的形式传入 R 的代码, 例如:

```java
public class Rtest {
    public static void main(String[] args)
    throws REXPMismatchException, REngineException {
    RConnection c = new RConnection();
    REXP x = c.eval("R.version.string");
    System.out.println(x.asString());
```

```
        }
}
```

以上代码可以在 Java 中调用 R 并打印当前 R 的版本, 从而实现了 Java 和 R 的交互.

Java 中调用 R 的另一种方式是 JRI, 全名是 Java/R Interface, 这是一种完全不同的方式, 通过调用 R 的动态链接库从而调用 R 中的函数. 目前该项目已成了 rJava 的子项目, 不再提供单独的 JRI 的版本. 因此使用时简单地通过 install.packages("rJava") 安装 rJava 就行, 在安装文件夹中, 可以看到一个 jri 的子文件夹, 里面有自带的例子可以用来测试. 使用时需要在 eclipse(以 eclipse 为例, 其他 IDE 方法类似) 里导入外部的 jar 包 (在 rJava 目录下的 jri 子文件夹中), jri 中的 examples 文件夹里有现成的例子 (rtest.java 和 rtest2.java), 可以测试是否成功.

注意, 不管使用哪种方式, 设计时尽量少进行频繁的数据交互, 在逻辑上把系统和计算分开, 使得 R 成为纯粹的运算引擎.

在通常的实际应用中, 通过 Java 来调用 R 的情况比较多, 因为 Java 适合开发大型的系统, 而 R 适合做统计分析的运算引擎, 在 Java 开发的系统中, 调用后台的 R 是顺理成章的事. 但是有些时候, 我们也需要在 R 中调用 Java. 一般来说, 如果是统计或者数学模型, 在 R 社区可以找到很多有用的包, 但是一些其他领域的应用, R 的社区不一定有现成的包可以使用, 而 Java 社区中经常可以找到很多方便的包, 通常都是以 jar 包的方式发布的.

要在 R 中使用 Java 对象或者方法, 在 rforge 主页的相关页面上有清晰的例子.

首先加载 rJava 包, 然后利用.jinit() 打开 JVM 虚拟机, 在该命令下可指定 classpath 等启动参数, 有些类似在 IDE 中的设置. .jinit () 可以建立一个 Java 对象, .jcall(参数包括 R 中建立的 Java 对象、输入类型、方法、参数) 可以调用建立好的对象. 其实能够建立对象调用的方法就已经足够, 面向对象的编程直接用 Java 写比较好.

rJava 中自带的例子很多都是 R 和 Java 在对象层面的交互, 其实实际开发一般都是利用某个 Java 工程 (通常是 jar 包) 而不是 Java 内置的对象或方法. 一般来说, 需要导入外部的 jar 包, 还需要 import 相关的类. 在 rJava 中, 会直接找到系统环境变量中的 jar 包, 不需要单独导入. 因此可以将需要的 jar 文件路径, 写入系统环境变量的 classpath 中, 直接.jinit("D:/xxx.jar") 的方式添加. 至于 Java 开发中需要的 import 某些类, 在 R 中不需要事先声明, 只要 classpath 中有的对象直接拿来用就行.

最好的方法是将 Java 的对象封装在 R 中, 然后使用 R 的函数调用 Java 的方法. 开发 R 包的时候, 如果在 inst 文件夹内添加一个名为 java 的文件夹, 然后将 jar 包放在该文件夹内, R 就可以自动引用其中的 R 包, 非常方便.

5.2.4 R 与 Microsoft Visual Studio

微软的 Visual Studio 也是开发系统的利器, 最常用的语言包括 VB 和 C#, 本小节基于 Visual Studio Express 2013 版展开介绍.

首先, 介绍 R 与 VB. VB 的操作方式与 Excel 中内置的 VBA 非常类似, 都可以通过 DCOM 的方式来连接. 假设 DCOM 环境已经安装好, 打开 Visual Studio, 新建一个 VB 的窗体应用程序的工程. 为该工程命名为 vbtest1, 在右侧的资源管理器窗口可以看到工程的详情, 双击工程图标可以打开工程的窗口. 如果成功安装了 statconn, 可以在引用标签下成功添加 StatConnectorCommon 1.6 Type Library 和 StatConnectorSrv 1.3 Type Library. 看到开发环境中还有一个 Form1.vb 的界面, 切换到设计模式, 打开工具箱, 添加一个 "按钮". 双击该按钮后会打开一个 VB 的程序编辑页面, 在 sub 过程中间的代码区域块输入以下测试代码:

```
Dim conR As STATCONNECTORSRVLib.StatConnector
conR = New STATCONNECTORSRVLib.StatConnector
conR.Init("R")
MsgBox(conR.Evaluate("paste('hello world',date())").ToString)
conR.Close()
```

我们新建了一个 DCOM 的连接 conR, 使用该连接初始化 R, 在后台打开一个 R 的进程, 然后调用 Evaluate() 函数将一个 R 的表达式以字符串的形式传入 R 中执行, 并将结果返回到 VB 中转换成字符串, 将这个字符串用消息的方式显示出来.

VB 与 R 之间使用 DCOM 的方式进行通信, 我们安装的 statconn 会从系统环境变量中读取 R(HOME) 的信息, 并在后台调用该版本的 R, 所以不需要显示制定 R 的版本. 如果需要切换 R 版本, 直接修改环境变量即可; 如果需要引用第三方的 R 包, 需要在该版本的 R 中安装这些包.

下面, 介绍 R 与 C#. 旧版本的 C# 和 statconn 也可以通过 DCOM 的方式来调用 R, 但是最新版的 C# 与当前版本的 statconn 在兼容性方面存在一些问题. 在这里, 使用另一种连接方式: .net 连接. rdotnet.codplex 网站上提供了一个 R.NET 的项目, 可以很方便地通过 .net 来连接 R.

这里以 Windows 系统为例, 从该主页上下载最新的 Windows 安装包, 将得到的 zip 包解压到某个路径, 可以发现其中包括 RDotNet.dll 和 RDotNet.Native-Library.dll 等文件, 记下该安装文件夹的路径.

我们可以在 Visual Studio 中新建一个 C# 的工程, 然后在资源管理器的引用模块添加应用, 到刚才解压缩 R.NET 的文件夹选择 RDotNet.dll 和 RDotNet.NativeLibrary.dll 这两个文件即可.

在 C# 的开发界面下采用与 VB 相同的方式新建一个按钮, 双击按钮进入 C# 源码的编辑界面, 首先在导言区的最后添加以下两行代码:

```
using RDotNet;
using System.IO;
```

然后在对象的代码区输入以下代码:

```
var envPath = Environment.GetEnvironmentVariable("PATH");
var rBinPath = @"D:\R\R-2.15.3\bin\i386";
Environment.SetEnvironmentVariable("PATH",
    envPath + Path.PathSeparator + rBinPath);
using (REngine engine = REngine.CreateInstance("RDotnet"))
{
    engine.Initialize();
    engine.Evaluate("x <- date()");
    string outstr = engine.GetSymbol("x").AsCharacter().First()
        ;
    MessageBox.Show("Hello world! " + outstr);
    engine.Close();
}
```

基于 R.NET 项目, 我们需要手工指定 R 的目录, 通过修改系统环境变量来指定版本. 然后新建一个 REngine 的连接, 通过 Evaluate () 函数来将 R 语言表达式传入后台运行的 R, 整个机制与 DCOM 的方式相同, 只是具体的实现方式有差异, 通过这段代码也可以得到和之前例子相似的结果.

5.2.5 R 与 C 或 C++

为了提高 R 程序的运行效率, 可以尽量使用向量化编程, 减少循环, 尽量使用内建函数. 对于效率的瓶颈, 尤其是设计迭代算法时, 可以采用编译代码, 例如将 R 代码完成的程序中运行速度瓶颈部分改写成 C++ 代码.

Rcpp 可以很容易地把 C++ 代码与 R 程序连接在一起, 可以从 R 中直接调用 C++ 代码而不需要用户关心那些烦琐的编译、链接、接口问题, 可以在 R 数据类型和 C++ 数据类型之间轻易转换.

因为涉及编译, 所以 Rcpp 比一般的扩展包有更多的安装要求: 除了要安装 Rcpp 包之外, Windows 用户还需要安装 RTools 包, 该包是用于 C、C++、Fortran 程序编译链接的开发工具包, 是自由软件. 用户的 PATH 中必须有 RTools 包可执行程序的路径 (安装 RTools 可以自动设置). 如果 Rcpp 不能找到编译器, 可以把编译器安装到 Rcpp 默认的位置. Mac 操作系统和 Linux 操作系统中可以用操作系统自带的编译器.

在 Windows 系统中, 从 CRAN 网站下载 RTools 工具包, 并将其安装到默认位置 C: 中, 否则 RStudio 中使用 Rcpp 可能会出错.

Rcpp 支持把 C++ 代码写在 R 源程序文件内, 执行时自动编译连接调用; 也支持把 C++ 代码保存在单独的源文件中, 执行 R 程序时自动编译连接调用; 对较复杂的问题, 应制作 R 扩展包, 利用构建 R 扩展包的方法实现 C++ 代码的编译连接, 这时接口部分也可以借助 Rcpp 属性功能或模块功能完成.

R 程序与由 Rcpp 支持的 C++ 程序之间需要传递数据, 就需要将 R 的数据类型经过转换后传递给 C++ 函数, 将 C++ 函数的结果经过转换后传递给 R.

在两者的数据转换过程中, 可以使用 wrap() 函数把 C++ 变量返回到 R 中, 该函数的声明为: template <typename T> SEXP wrap(const T& object); 该函数能进行的转换有:

(1) 把 int、double、bool 等基本类型转换为 R 的原子向量类型 (所有元素数据类型相同的向量);

(2) 把 std::string 转换为 R 的字符型向量;

(3) 把 STL 容器如 std::vector<T> 或 std::map<T> 转换成基本类型为 T 的向量, 条件是 T 能够转换;

(4) 把 STL 的映射 std::map<std::string, T> 转换为基本类型为 T 的有名向量, 条件是 T 能够转换;

(5) 可以转换定义了 operator SEXP 的 C++ 类的对象;

(6) 可以转换专门化过 wrap 模板的 C++ 对象.

还可以用 as 函数, 把 R 变量转换成 C++ 类型, 该函数的声明为: template <typename T> T as(SEXP x); as 可以把 R 对象转换为基础的类型如 int、double、bool、std::string 等, 可以转换到元素为基础类型的 STL 向量如 std::vector 等. 除此之外, 还存在 as 和 warp 的隐含调用:

(1) 当 C++ 中赋值运算的右侧表达式是一个 R 对象或 R 对象的部分内容时, 可以隐含地调用 as 将其转换成左侧的 C++ 类型;

(2) 当 C++ 中赋值运算的左侧表达式是一个 R 对象或其部分内容时, 可以隐含地调用 wrap 将右侧的 C++ 类型转换成 R 类型.

1. 结合后续章节内容尝试使用 R 写数据分析报告.
2. 基于 knitr 包和 slidify 包制作 HTML 格式的幻灯片.
3. 尝试使用 R2PPT 包制作 PPT.
4. 尝试建立 R 与 Excel 的交互, 使用 R 代码处理 Excel 表格.
5. 分别通过 DBI 接口和 ODBC 接口实现 R 与 SQL 数据库的交互.
6. 仔细阅读 5.2.3—5.2.5 小节, 感兴趣的同学可自行实践操作.

2

第二部分

数据管理与预处理

第六章 读取或存储数据

在使用 R 进行数据分析之前, 首先要对数据进行读取; 而数据处理结束后, 要对新的数据进行存储. R 语言支持的数据类型很多, 包括 Excel 文件、CSV 文件、TXT 文件等. 本章主要介绍 R 语言中多种类型数据的读取及存储的常用方法.

■ 6.1 读取和存储 CSV 以及 TXT 文本文件

6.1.1 读取文本文件

在之前的教程中, 我们从网站上下载了标普 500 历史价格数据. 现在我们可以读取数据, 并加载到 R 进程中, 以备后续查看和操作. 本节将介绍如何使用 R 函数读取文件.

(一) 准备工作

在本节中, 我们需要完成之前的教程, 并把标普 500 历史价格文本文件下载到当前目录.

(二) 实现步骤

执行下列步骤, 从 CSV 文件中读取文本数据.

步骤 1: 使用 getwd 确定当前目录, 使用 list.files 查看文件的位置.

```
getwd()
list.files('./')
```

步骤 2: 使用函数 read.table() 指定逗号为分隔符, 读取数据.

```
stock_data <- read.table('snp500.csv', sep=',', header=TRUE)
```

步骤 3: 选取前 6 行, 并且列为 Date, Open, High, Low 和 Close 的数据.

```
subset_data <- stock_data[1:6, c("Date", "Open", "High", "Low",
    "Close")]
```

步骤 4: 使用 head() 函数查看加载的前 6 行数据.

```
head(stock_data)
```

步骤 5: 因为文件以 CSV 格式加载, 也可以使用 read.csv 读取文件.

```
stock_data2 <- read.csv('snp500.csv', header=TRUE)
head(stock_data2)
```

(三) 运行原理

通过之前的学习, 我们已经把数据下载到当前目录了. 因为下载的数据以表的形式组织, 可以使用函数 read.table() 来读取文件中的数据, 并加载到 R 的数据框中.

由于下载的数据使用逗号分隔并包含列名, 可以在函数参数中设定 header 等于 TRUE, ","为分隔符. 读取 snp500.csv 到 stock_data 数据框后, 可以选取数据的前 6 行, 并使用函数 head 进一步查看.

与函数 read.table() 类似, 也可以使用 read.csv 读取文本文件. read.table 和 read.csv 唯一不同是, read.csv 使用逗号作为默认分隔符来读取文件, 而 read.table() 使用空格作为默认分隔符, 可以使用函数 head() 查看加载的数据框.

以上读取的数据集都是规整的数据集, 即每一行数据都有类似的观测值. 不过在实际生活中, 原始数据难免会存在空白行、空白值、默认值, 或者某一行数据存在多余观测值却无与之对应的变量名称, 抑或元数据和原始数据在同一个文件中等各种问题. 这里暂且称这些问题数据集为不规则数据集, 简单说就是, 实际列的个数多余列名的个数. read.table() 函数为这些问题准备了相应的参数.

(四) 更多技能

如果下载的数据是字符向量, 我们可以在函数参数中设定 text 等于字符向量 rows, 使用 read.csv 读取文件到 R 进程中.

6.1.2 存储文本文件

要想把一个数据框保存成 CSV 文件, 需要使用 write.table() 函数. 如果数据框名是 stock_data, 只需要输入:

```
write.table(stock_data, file = "stock_data.csv")
```

这就会把一个名为 stock_data.csv 的文件保存到 R 工作目录中, 这个操作也可以用 write.csv 函数完成.

读取后缀名为.txt 的文本文件也可以用 read.table() 函数和 read.csv 函数完成, 类似地, 存储后缀名为.txt 的文本文件也可以用 write.table() 函数和 write.csv 函数完成.

6.2 读取和存储 XLSX 文件

6.2.1 读取 XLSX 文件

Excel 是另一种存储和分析数据的常用电子表格软件, 扩展名为.xls 或 .xlsx. 当然, 可以把 Excel 文件转化为 CSV 文件或者其他文件格式. 也可以在 R 中安装加载 xlsx 程序包, 来读取和处理 Excel 数据. 安装 xlsx 包依赖于 Java, 所以系统中要安装 Java.

(一) 准备工作

在本小节学习中, 需要给开发环境安装 R, 同时确保计算机可以访问互联网.

(二) 实现步骤

执行下列步骤, 读取 Excel 文档.

步骤 1: 首先, 安装加载 xlsx 程序包.

```
install.packages("xlsx")
library(xlsx)
```

步骤 2: 访问世界银行网站, 找到世界经济指标 Excel 文件.

步骤 3: 使用 download.file 从下列 URL 中下载世界经济指标数据.

```
download.file("http://api.worldbank.org/v2/en/
  topic/3?downloadformat=excel","worldbank.xls",mode="wb")
```

步骤 4: 使用 Excel(或 Open Office) 查看下载的文件.

步骤 5: 可以使用 read.xlsx2 从下载的 Excel 文件中读取数据.

```
options(java.parameters = "-Xmx2000m")
wb <- read.xlsx2("worldbank.xls", sheetIndex = 1, startRow = 4)
```

步骤 6：从读取的数据中选取国家名、国家码、指标名、指标码以及 2014 年度.

```
wb2 <- wb[,c("Country.Name","Country.Code","Indicator.Name", "
    Indicator.Code","x2014")]
```

步骤 7：可以使用函数 dim() 查看文件的维度.

```
dim(wb2)
```

步骤 8：可以把过滤的数据写入名为 2014wbdata.xlsx 的文件中.

```
write.xlsx2(wb2, "2014wbdata.xlsx", sheetName = "Sheet1")
```

(三) 运行原理

在本节中, 我们介绍如何使用 xlsx 程序包读取和写入包含世界经济指标的 Excel 文件. 首先, 需要安装加载 xlsx 程序包. 它允许用户通过 R 命令、使用 Java POI 包, 读取和写入 Excel 文件. 因此, 要使用 Java POI 包, 我们也需要同时安装 rJAVA 和 xlsxjars. 读者可以在 <R installed path>\library\xlsx\jars\java 下找到 Java POI 的 .jar 文件.

然后, 我们使用函数 download.file() 从链接中下载世界经济指标数据. download.file 默认下载文件为 ASCII 编码. 要下载二进制文件, 需要设定下载模式为 wb.

下载 Excel 文件之后, 可以使用 Excel 查看, 也可以使用函数 read.xlsx() 从这个位置读取数据. xlsx 程序包提供了两个函数来读取 Excel 中的数据, 分别是 read.xlsx() 和 read.xlsx2(). 因为函数 read.xlsx2() 主要处理 Java 中的数据, 因此 read.xlsx2() 的性能要好些 (特别地, read.xlsx2() 在处理多于 100000 个数值的数据集时相当快).

当把工作单的内容都读取到 R 的数据框中时, 我们可以从 R 数据框中选取变量 Country.Name、Country.Code、Indicator.Name、Indicator.Code 和 X2014, 然后使用函数 dim() 查看数据框的维度. 最后, 可以使用 write.xlsx2() 把转换后的数据写入一个 Excel 文件 2014wbdata.xlsx 中.

(四) 其他包——readxl、RODBC 和 xlsReadWrite

readxl 是读取微软 Excel 文件的必备 R 包, 是由 Hadley Wickham、Jennifer Bryan 以及其他 6 名成员合作完成的经典程序包之一. 值得一提的是,该包的开发者之一兼实际维护者 Jennifer Bryan, 可以称得上是与 Hadley 齐名且为数不多的 R 语言女性专家级人物. 她总能够用很生动有趣的方式将复杂的问题简化成通俗易懂的知识传递给"小白", 强烈建议有英文基础的读者搜集一些她的主题演讲或者书籍.

更新后的 readxl 包中虽然只有 5 个函数, 不过功能却比以前的版本更强大了. 对于起初的版本, 数据会被读取成常见的 data.frame 格式, 而现在的版本, 读取后的数据集格式则为 tibble, 可以理解为提升版的 data.frame. readxl 包括两个探测性函数 excel_format() 和 excel_sheets(), 一个引用例子的函数 readxl_example(), 新加入的读取特定单元格的函数 cell-specification() 以及最重要的 read_excel() 函数. 关于函数的具体用法, 读者可以根据 readxl 包自带示范文件自行学习.

在 Windows 系统中, 也可以使用 RODBC 包中的函数 odbcConnectExcel() 来读取 Excel 文件, 更多详情参见 help(RODBC). xlsReadWrite 包中的 read.xls() 函数也可以读取 Excel 文件, 需要了解的读者可以自行学习这个包.

6.2.2　存储 XLSX 文件

类似地, 也可用 xlsx 包中的 write.xlsx() 函数将 R 数据对象直接存储为.xlsx 格式的文档 (输出结果从略).

```
write.xlsx(dat, "data/ch01_result.xlsx", row.names = FALSE)
# 重新读入数据，看看数据输出是否正确.
output <- read.xlsx("data/ch01_result.xlsx", sheetIndex = 1)
```

■ 6.3　读取 PDF 和 JSON 文件

(一) pdftools—PDF 文件

学术期刊、网络杂志和电子书籍一般都会以 PDF 格式的文件呈现. 一般的计算型数据分析很少会遇到读取 PDF 文件的情况, 不过在进行文本挖掘 (text mining) 和主题模型 (topic modeling) 预测中, pdftools 包绝对是必备 R 包之一. 该包只有两个母函数, 一个用来从 PDF 中提取数据 (此处的数据包包括数字型和文字型数据), 另一个则用来将文件渲染成 PDF 格式. 本节只讨论第一个母函数——pdf_info.

pdf_info() 函数下面一共包含 6 个子函数, 功能各不相同, 但是 6 个子函数的参数完全一致, 分别是 pdf、opw 和 upw.

由于篇幅有限, 下面的代码只截取了部分结果进行解释. 这里所用的
PDF 文档是 pdftools 包的帮助文档, 读者可以自行到 R 官网上搜索下载.
帮助文档是开放 PDF 文件, 无须提供密码. 读取文档代码如下:

```
library(pdftools)
pdf_info(pdf = "./helpDocs/pdftools.pdf")
```

当使用 pdf_text 提取文档内容时, 全部内容都被提取为一个字符串向
量, 每页的内容都被单独放置于一个字符串中. 帮助文档的 PDF 格式一共包
含 5 页, 所以这里会得到一个长度为 5 的字符串向量. 有两种方式可用于查
看提取的文本: 可以直接将结果显示在 console 中 (通过执行 print(text) 或
直接运行 text), 也可以通过 "[ ]" 来指定显示某一页的内容. 空白的位置都会
以空格的字符格式显示, "\r\n" 代表换行符号. 提取文档内容的代码如下:

```
text<- pdf_text("./helpDocs/pdftools.pdf")
length(text)
class(text)
text[1]
pdf_attachments(pdf = "./helpDocs/pdftools.pdf")
```

该文档无附件, 所以会显示一个空列表.

```
pdf_attachments(pdf = "./helpDocs/pdftools.pdf")
```

文档中一共包含了 6 种字体, pdf_fonts 会给出字体的名称、类型、是否
嵌入文档中这三类信息, 具体如下:

```
pdf_fonts(pdf = "./helpDocs/pdftools.pdf")
```

目录读取的子函数会将所读取的内容返回到一个列表中, 如果直接将该
列表显示在 console 中很可能会让人不知所云, 读者可以自行实践. 最好的办
法是将读取的内容使用 jsonlite 包转换成 JSON 列表的格式进行显示, 以帮
助理解文档的架构. jsonlite 包转换成 JSON 列表的示例代码如下:

```
jsonlite::toJSON(x = pdf_toc(pdf = "./helpDocs/pdftools.pdf"),
    pretty = TRUE)
```

(二) jsonlite–JSON 文件

JavaScript Object Notation(JSON) 通常是作为不同语言之间互相交流
信息的文件, JSON 文件不但节省存储空间, 其简洁明了的形式也很容易理
解. jsonlite 包既能够完整地将 JSON 格式的文件解析和读取到 R 语言中来,

也可以将任何常见的 R 对象 (object) 输出成 JSON 格式. toJSON() 函数可用来将 PDF 文档目录转换成 JSON 格式, 以便于理解各层级之间的关系.

读取 JSON 文件的 fromJSON() 函数共包含 6 个参数, 通常情况下, 除了指定文件路径之外, 其他参数使用默认设置即可.

首先以 JSON 常见的数组形式创建一个字符串向量, 保存为 example. 中括号代表数组的起始, 双引号中的内容代表值, 值与值之间以逗号进行分隔, 然后再用单引号将这一数组格式保存到字符串向量中. 因为 example 中数组是按照 JSON 格式输入的, 所以直接使用 fromJSON() 函数即可. 在默认的参数设置下, 可以得到一个包含 4 个值的 R 对象——字符串向量. 运行 fromJSON 前后的这两个字符串向量, 虽然名字一样, 但内容完全不同, 感兴趣的读者可以单独运行 example 来对比其区别所在. fromJSON 示例代码如下:

```
example <- '["a","b",0,"c"]'
fromJSON(example)
```

当参数 simplifyVector 被指定为假时, 返回结果为一个包含 4 个元素的列表. 4 个元素即代表共有 4 个值, 每一个值都以列表的形式返回. 当 JSON 格式的原始数据文件有多重嵌套时, 可以通过设置参数来查看数据结构和正确读取数据. 不过, 一般情况下还是建议读者使用非嵌套数据来练习和使用 R 语言与 JSON 格式数据进行交互, 待有一定了解后再提高难度. 返回结果如下:

```
fromJSON(example, simplify = F)
```

■ 6.4 从 SQL 数据库中读取数据

由于 R 会把数据读入内存中, 因此这对于处理和分析小型数据集很合适. 然而, 由于企业每天积累的数据量要远远多于个人, 数据库文档在存储和分析大型数据时就变得更加常用. 为了使用 R 访问数据库, 可以使用 RJDBC、RODBC 或者 RMySQL 作为通信桥梁. 在这一部分中, 本书将介绍如何使用 RJDBC 连接储存在数据库中的数据.

(一) 准备工作

首先需要准备 MySQL 环境. 如果机器 (Windows) 上有一个环境, 则可以从 MySQL 通知器中检查服务器状态. 如果本地服务器正在运行, 服务器状态应该弹出 localhost(Online).

数据库服务器在线后, 我们需要验证是否获得授权, 可以通过任意数据库连接客户端使用给定的用户名和密码访问数据库.

(二) 实现步骤

执行下列步骤, 使用 RJDBC 连接 R 和 MySQL.

步骤 1: 我们需要安装加载 RJDBC 程序包.

```
install.packages("RJDBC")
library(RJDBC)
```

步骤 2: 从 dev.mysql 网站下载 MySQL 的 JDBC 驱动.

步骤 3: 解压下载的 mysql-connector-java-5.0.8.zip, 并把解压文件 mysql-connector-java-5.0.8-bin.jar 放在对应的位置. 例如, 在作者的计算机上, 解压的.jar 文件放在 C:\Program Files\MySQL\ 路径下.

步骤 4: 下载 MySQL 驱动, 以便连接 MySQL.

```
drv <- JDBC("com.mysql.jdbc.Driver",
    "C:\\Program Files\\MySQL\\mysql-connector-java-5.0.8-bin.
        jar")
```

步骤 5: 使用注册的 MySQL 驱动, 建立 MySQL 连接.

```
conn <- dbConnect(drv,
    "jdbc:mysql://localhost:3306/finance",
    "root","test")
```

步骤 6: 使用基本操作, 从链接中获取表列.

```
dbListTables(conn)
```

步骤 7: 使用 SELECT 操作获取数据.

```
trade_data <- dbGetQuery(conn,"SELECT*FROM majortrade")
```

步骤 8: 从 MySQL 断开连接.

```
dbDisconnect(conn)
```

(三) 运行原理

R 可以使用两大标准访问数据库, 即 ODBC 和 JDBC.

(四) 更多技能

在 R 中, 也可以使用 RODBC 和 RMySQL 来连接数据库. 下面会介绍如何通过 RMySQL 访问数据库. 执行下面的步骤, 安装加载 RMySQL 程序包, 然后给 MySQL 数据库提交查询.

1. 安装加载 RMySQL 程序包.

```
install.packages("RMySQL")
library(RMySQL)
```

2. 使用合法的用户名和密码访问 MySQL.

```
mydb <- dbConnect(MySQL(),user='root',
password='test',host='localhohst')
```

3. 给数据库提交查询, 并从 finance 数据库中选取交易数据.

```
dbSendQuery(mydb, "USE finance")
fetch(dbSendQuery(mydb, "SELECT*FROM majortrade;"))
```

(五) SQL 数据库

企业数据的常见来源是 SQL 数据库. SQL 数据库是大大小小各种企业的生命线. 很多情况下, 数据存储在企业级的数据仓库或是部门级的数据集市中. 虽然 SQL 数据库的应用相当广泛, 但是最常用的思路是将数据存储在由行、列组成的 "表格" 中. 事实上, 大多数数据库应用软件将数据存储在多个表中, 利用 SQL 数据的目的是写新的 SQL 查询语句 (或者使用现有的) 来得到一个平面文件, 其中包含在分析中想使用的数据. 鉴于大多数 SQL 数据库处理工具将数据导成 CSV 格式, 使用上面章节提到的工具来读取 SQL 数据库产生的 CSV 文件是一个有效的解决方案. 但是, 读者或许认为直接从 SQL 数据库中读取数据更吸引人.

当连接保存在 SQL 数据库中的数据内容时, 有一个好消息是: R 拥有几乎每一种数据库的驱动. 这多亏了有各种各样的 R 包. 即使现在使用的是一个无单独驱动的数据库, 也可以使用一个通用的 ODBC (开放数据库关联, open database connectivity) 进行连接. 下面是一些比较流行的 SQL 数据库 R 包:

RMySQL

RMongo

Roracle

RPostgresSQL

RSQLite

RODBC

为了展示从 SQL 数据库中读取数据的过程, 将使用容易获取的工具, 如 Microsoft SQL Server 2012 Express, 这是 Microsoft 企业关系型数据库的一个免费版本. 将所有的原始数据文件读入 SQL 表格中, 然后在 SQL Server 中做大部分数据处理. 可以使用大量存储过程来管理这个过程, 这是建议大家在执行复杂连接时使用的方法, 尽管复杂的数据转换最好是在 R 环境中进行.

这里概括了如何建立一个到 SQL 数据库的连接, 执行了一个简单的 SELECT 查询来把数据从表格中提取出来, 然后将数据保存在 R 数据框中. 这些步骤应用到使用的 SQL 数据库和开发环境中, 也就是在 Windows 电脑上运行的 SQL Server 2012 Express. 我们必须仔细研究所用的 SQL 数据库和开发环境的细节, 不过上面这些步骤至少能熟悉处理过程. 鉴于 SQL Server 无自己的 R 包, 可使用 RODBC 包进行处理.

1. 在 Administrative Tools 下的 Windows Control Panel 中, 使用 ODBC Data Source Administrator 工具来创建一个用户 DSN (数据源名字). 笔者将 "Heritage" 这个名字赋给用户 DSN.

2. 加载 RODBC 库.

3. 使用 odbcConnect() 函数建立一个到 DSN 时 "Heritage" 的数据库的连接.

4. 向数据库传递一个 SQL SELECT 查询语句, 用 sqlQuery() 函数进行连接, 然后将结果集保存在数据框中.

5. 关闭连接.

下面是完成这些操作的 R 代码. 最后, 我们在结果数据框中展示所有的变量名, 并计算选中变量 PayDelayI 的平均值, 来展示从 SQL 数据库中传递过来的数据是完整的.

```
library(RODBC)
con <- odbcConnect("Heritage", uid="dan")
df <- sqlQuery(con, "SELECT TOP 1000 [MenberID]")
odbcClose(con)
names(df)
```

(六) R 中的 SQL 等价表述

类似于 SQL 的功能, R 有很多种方法能够连接保存在数据框中的数据集. 如果读者已经了解 SQL 的用法, 那么就可以很容易理解与 SQL 命令具有相同功能的 R 语言命令. 在本节中, 我们将看到一些在连接数据时会派上用场的工具. 为了对这些工具进行举例说明, 我们将使用在基础 R 系统里即可获取的 CO_2 数据集. 下面将查看这个数据集的结构和内容:

```
data(CO2)
head(CO2)
```

这个 CO2 数据集包含了 84 条观测值和 5 个变量: Plant、Type、Treat-ment、conc 和 uptake. 通常, 要对数据集做的第一件事是基于一个过滤器筛选数据行.

```
SELECT * FROM CO2 WHERE conc>400 AND uptake>40
```

R 中的等价表述使用了下面这种简单的语法:

```
CO2_subset <- CO2[CO2$conc>400 & CO2$uptake>40, ]
head(CO2_subset)
dim(CO2_subset)
```

然后, 将看到一条 SQL SELECT 语句的 ORDER BY 字句. 在这里, 我们希望将结果集根据变量 conc 进行排列 (升序序列), 然后根据变量 uptake 进行排列 (降序序列). 下面是 SQL 的表述:

```
SELECT * FROM CO2 ORDER BY conc,uptake DESC
```

R 中的等价表述使用了下面这种简单的语法. 已经加了一些附加的 R 语句将结果限制在前 20 行, 但是这只是为了方便起见, 因为我们不想在这里展示 CO2 数据集全部的 84 行观测值.

```
CO2[order(CO2$conc, -CO2$uptake),][1:20,]
```

另一个强大的 SQL 结构是 GROUP BY 子句, 用来计算聚合值, 例如平均值. 在这种情况下, 我们想要计算每个不同的 Plant 值对应的 uptake 的平均值. 下面是完成这个的 SQL 表述:

```
SELECT plant, AVG(uptake) FROM CO2 GROUP BY Plant
```

R 中的等价表述基于 aggregate() 函数, 使用了下面的语法来主导处理过程. 第一个自变量 x, 对于 aggregate 来说是 CO2[,c("uptake")], 将 uptake 这一列从 CO2 数据框中分离出来. 第二个变量 by, 是 data.frame(CO2$Plant), 是一个组变量. 最后, R 函数中的 FUN 变量用于计算摘要统计量, 在这个例子中, 代表的是 mean.

```
aggregate(x=CO2[,c("uptake")],by=data.frame(CO2$Plant),FUN=
          "mean")
```

下面将举一个如何用 R 做 SQL 多表查询的例子来结束讨论. 考虑这样一种情况: 从一张标注了州和省的次表中查找国家. 下面是完成这个任务的 SQL 语句:

```
SELECT c.Type,
c.Plant,
c.Treatment,
c.conc,
c.uptake,
g.country
FROM geo_map g
LEFT JOIN CO2 c ON(c.Type = g.Type)
```

R 中的等价表述使用了下面这种基于 merge() 函数的语法. 看看 CO2
数据集中的前几行观测数据, 可以了解到变量 Type 中包含了植物最初生活
的州或省. 我们使用这个变量作为通用的键值. 下一步, 将创建一个新的数
据框 geo_map, 它会扮演将国家和州/省配对的查找表的角色. 然后, 在为
geo_map 设定了合适的列名之后, 使用 merge 来生成和 SQL 多表查询得到
相同的结果集 joinCO2. 注意, 新的数据框含有一个变量 country, 它是基于
Type 的查找值, 这和 SQL 多表查询有相同的效果.

```
head(CO2)
stateprov <- c("Mississippi", "California", "Victoria", "New
    South Wales", "Quebec", "Ontario")
country <-c("United States", "United States", "Australia",
        "Australia","Canada","Canada")
geo_map <- data.frame(country=country, stateprov=stateprov)
geo_map
colnames(geo_map)<- c("country","Type")
joinCO2 <- merge(CO2, geo_map, by=c("Type"))
head(joinCO2)
```

■| 6.5 爬取网络数据

在多数情况下, 数据并不会存在于数据库中, 相反它们以各种形式遍布
于互联网上. 为了从这些数据源中挖掘更有价值的信息, 我们需要知道如何
在网络上访问和爬取数据. 本节介绍如何使用 rvest 程序包从 Bloomberg 网
站上收集财经数据.

(一) 准备工作

在本节学习中, 需要给开发环境安装 R, 同时确保计算机可以访问互联网.

(二) 实现步骤

执行下列步骤, 从 Bloomberg 网站上爬取数据.

步骤 1: 访问网页, 浏览标普 500 指数.

步骤 2: 页面出现后, 可以安装加载 rvest 程序包.

```
install.packages("rvest")
library(rvest)
```

步骤 3: 使用 rvest 程序包中的 html 函数爬取和解析 Bloomberg 网站中指向标普 500 指数的 HTML 网页.

```
spx_quote <- html("http://www.bloomberg.com/quote/SPX:IND")
```

步骤 4: 使用浏览器的内置网页查看器, 查看指标图中的具体报价位置;

步骤 5: 可以移动鼠标查看具体报价, 单击希望爬取的目标元素, <div class= "cell" > 部分包含所有所需的信息;

步骤 6: 使用函数 html_nodes 抽取 cell 类中的元素.

```
cell <- spx_quote %>% html_nodes(".cell")
```

步骤 7: 使用 cell_label 类中的元素解析具体报价的标签, 从爬取的 HTML 中抽取文本, 并清理抽取文本中的空格和换行符:

```
label <- cell %>%
   html_nodes(".cell_label") %>%
   html_text() %>%
   lapply(function(e) gsub("\n|\\s+", "", e))
```

步骤 8: 使用 cell_value 类中的元素抽取具体报价的值, 从爬取的 HTML 中抽取文本, 同样清理空格和换行符.

```
value <- cell %>%
   html_nodes(".cell_value") %>%
   html_text() %>%
   lapply(function(e)gsub("\n|\\s+", "", e))
```

步骤 9: 可以设定抽取的 label 作为 value 的名称.

```
names(value) <-title
```

步骤 10: 通过链接访问能源和石油市场指数页面.

步骤 11: 使用网页查看器查看表元素的位置.

步骤 12: 使用 html_table, 通过 data-table 类抽取元素.

```
energy <- html("http://www.bloomberg.com/energy")
energy.table <- energy %>%
    html_node(".data-table") %>% html_table()
```

(三) 爬取澎湃新闻网站

以澎湃新闻网站为例, 展示 R 爬取网络数据具体过程. 执行下列步骤,
读取网站内数据:

步骤 1: 导入包, 读取 HTML 文档.

```
library(rvest)
# 网页地址
url <- "https://www.thepaper.cn/"
web <- read_html(url)
```

步骤 2: 找到要爬取内容的结点.

```
node <- web %>% html_nodes('ul li')
```

步骤 3: 提取这些结点里包含的文字并展示.

```
text <- node %>% html_text()
head(text)
```

下面是 R 此次爬取的内容:

```
[1] ""
[2] "中疾控: 去年12月以来共发现本土重点关注变异株15例"
```

(四) 运行原理

从网站上爬取数据最困难的是数据使用不同的格式进行发布和结构化.
在开展工作之前, 读者需要完全理解数据在 HTML 中是如何结构化的.

由于 HTML(超文本标记语言, hypertext markup language) 拥有和 XML
类似的语法, 可以使用 XML 程序来读取和解析 HTML 网页. 但是, XML 程
序包只提供了 XPath 方法. 它有如下两个缺点:

(1) 不同浏览器上行为不一致.

(2) 读取和维护都很困难.

由于这些原因, 在解析 HTML 的时候本书推荐使用 CSS 选择器, 而不是
XPath.

```
```

(五) 更多技能

除了使用浏览器内置的网页查看器, 也可以考虑使用 SelectorGadget 来查找 CSS 路径. SelectorGadget 是一个强大而且易用的谷歌 Chrome 扩展, 它允许用户只需单击几次就抽取出目标元素的 CSS 路径.

1. 为使用 SelectorGadget, 访问链接. 然后, 单击绿色按钮给 Chrome 安装插件.

2. 单击网页右上角图表打开 SelectorGadget, 选取需要爬取的区域. 被选区域会变成绿色. 这个工具会展示区域的 CSS 路径, 以及与路径匹配的元素数目.

3. 我们可以粘贴抽取的 CSS 路径给 html_nodes, 作为输入参数来解析数据.

除了 rvest, 也可以使用 Rselenium 连接 R 和 Selenium 来爬取网页. Selenium 最初是支持用户给浏览器发送命令的, 并通过脚本自动执行过程的一个网络应用. 但是, 我们也可以使用 Selenium 来爬取互联网上的数据. 下面的介绍展示了使用 Rselenium 爬取 Bloomberg 网站的过程.

1. 首先, 访问相关链接下载 Selenium 单机服务器.

2. 然后, 使用下列命令启动 Selenium 单机服务器:

```
$ java -jar selenium-server-standalone-2.46.0.jar
```

3. 如果成功地启动了 Selenium 单机服务器, 意味着我们可以通过端口连接服务器了.

4. 使用下列命令安装加载 RSelenium:

```
install.packages("RSelenium")
library(RSelenium)
```

5. 安装 RSelenium 之后, 注册驱动并连接 Selenium 服务器.

```
remDr <- remoteDriver(remoteServerAddr = "localhost",
  port = 4444,browserName = "firefox")
```

6. 查看服务器的状态.

```
remDr$getStatus
```

7. 然后, 我们换到 Bloomberg 网站.

```
remDr$open()
remDr$navigate("http://www.bloomberg.com/quote/SPX:IND ")
```

8. 最后, 使用 CSS 选取器爬取数据.

```
webElem <- remDr$findElements('css selector', ".cell")
webData <- sapply(webElem, function(x){
    label <- x$findChildElement('css selector', '.cell_label')
    cbind(c("label" = label$getElementText(),
    "value" =  value$getE1ementText())))
  }
  )
```

习题

1. 思考如何通过半结构化的数据格式 (例如 JSON) 来读取和解析部分知名网站上的数据.

2. 尝试理解并实践: 做数据挖掘工作时批量读入数据的方式.

3. 新建一个.txt 文档, 尝试用 R 语言读入一些数据, 并把.txt 文档转换为相应的.csv 文档.

4. 尝试使用 XML 程序来读取和解析 HTML 网页, 并思考 XML 程序包提供的 Xpath 方法有何种缺陷, 如何快速解析 HTML 网页.

5. 使用 rvest 采集表格数据, 尝试爬取标准普尔 500 财经数据的具体报价, 然后使用网络元素查看器找到表格数据元素位置, 并读取表格内容, 传给一个数据框.

6. 思考如何通过 DBI 包来实现 R 语言的处理数据库数据和统计分析能力. 理解使用 DBI 包与数据库建立交互时需要哪些必备的前提.

7. 尝试使用 pdftools 包提取 PDF 文件中的数字型和文字型数据, 并继续把 jsonlite 包转换成 JSON 列表的格式进行显示.

8. 尝试使用 SelectorGadget 来查找 CSS 路径, 并使用 CSS 选取器爬取数据.

9. 思考当输入 R 语言代码时, 显示"多字节字符串有错"应采取何种解决方案转换格式.

第七章　数据预处理

数据预处理是指在主要的处理以前对数据进行的一些处理, 主要包括更换变量名称、转换数据类型、过滤和舍弃数据、拆分和合并数据、处理缺失数据、异常值检测等. 本章将较为全面地总结数据预处理的基本过程及方法, 并介绍一些比较热门的数据管理包.

■ 7.1　更换变量名称

数据框允许用户根据行名和列名选取和过滤数据. 由于并不是所有的数据集都包含行名和列名, 因此有时需要使用内置函数重命名数据集.

(一) 准备工作

安装 R 语言的开发环境, 同时确保计算机可以访问互联网.

(二) 实现步骤

执行下列步骤, 重命名数据集.

```
# 步骤1: 从GitHub链接下载employees.csv:
download.file("https://github.com/ywchiu/rcookbook/blob/master/
    chapter3/employees.csv", "employees.csv")
# 步骤2: 从GitHub链接下载salaries.csv:
download.file("https://github.com/ywchiu/rcookbook/blob/master/
    chapter3/salaries.csv", "salaries.csv")
# 步骤3: 使用函数read.csv()读取文件:
employees <- read.csv('employees.csv',head=FALSE)
salaries  <- read.csv('salaries.csv',head=FALSE)
# 步骤4: 使用函数names()查看数据集的列名:
names(employees)
  [1] "V1" "V2" "V3" "V4" "V5" "V6"
```

```
names(salaries)
  [1] "V1" "V2" "V3" "V4"
# 步骤5: 使用给定的名称向量重命名列:
names(employees) <- c("emp_no", "birth_date", "first_name",
    "last_name", "gender", "hire_date")
names(employees)
  [1] "emp_no"   "birth_date" "first_name" "last_name"
  [5] "gender" "hire_date"
```

除了使用函数 names()，还可以使用函数 colnames()、rownames() 改变行名和列名.

```
# 用colnames()函数改变列名:
colnames(salaries) <- c("emp_no", "salary", "from_date", "to_
    date")
colnames (salaries)
  [1] "emp_no" "salary" "from_date" "to_date"
# 用函数rownames()改变行名:
rownames (salaries) <- salaries$emp_no
```

这里介绍了如何使用函数 names() 重命名数据集. 首先, 使用函数 download.file() 从 GitHub 下载所需数据 salaries.csv 和 employees.csv, 然后使用函数 names() 查看两个数据集的列名. 若要修改这两个数据集的列名, 只需要把字符向量赋值给数据集的名称. 此外, 也可以使用函数 colnames() 修改列名. 最后, 函数 rownames() 把数据集的行名修改为 emp_no.

(三) 更多知识点

除了使用 colnames() 和 rownames() 两个函数分别修改行名和列名, 我们也可以使用函数 dimnames() 在一次操作中同时修改行名和列名.

```
dimnames(employees) <- list(c(1,2,3,4,5,6,7,8,9,10),
c("emp_no", "birth_date", "first_name", "last_name", "gender",
    "hire_date"))
```

在上述代码中, list 的第一个输入向量代表行名, 第二个输入向量代表列名.

■ 7.2 转换数据类型

7.2.1 转换数据类型

(一) 准备工作

参考上一节的内容, 读入文件 employees.csv 和 salaries.csv, 并分别给两个数据集指定列名.

(二) 实现步骤

执行下面的步骤, 转换数据类型.

步骤 1: 使用函数 class() 查看每个属性的数据类型.

```
class(employees$birth_date)
  [1] "factor"
# 也可以通过函数str()查看所有属性的数据类型.
str(employees)
```

步骤 2: 把 birth_date 和 hire_date 转换为日期格式.

```
employees$birth_date <- as.Date(employees$birth_date)
employees$hire_date <- as.Date(employees$hire_date)
```

步骤 3: 把 first_name 和 last_name 转换为字符类型.

```
employees$first_name <- as.Date(employees$first_name)
employees$last_name <- as.Date(employees$last_name)
# 再次使用函数str()查看数据集:
str(employees)
  'data.frame': 10 obs. of 6 variables:
  $ emp_no : int 10001 10002 10003 10004 10005 10006
  10007 10008 10009 10010
```

步骤 4: 把 salaries 中的 from_date 和 to_date 类型转换为日期类型.

```
salaries$from_date <- as.Date(salaries$from_date)
salaries$to_date <- as.Date(salaries$to_date)
```

(三) 说明

上面演示了如何对数据集中的属性进行数据类型转换. 在转换之前, 首先需要确认属性的类型. 这里, 可以使用函数 class() 或 str() 来查看属性的数据类型. 从输出结果可以看到 birth_date 和 hire_date 都是因子类型. 若想通过 birth_date 属性计算一个人的年龄, 则需要把它转换成日期格式, 这里使用了函数 as.Date().

由于因子类型限制了属性在取值上的选择, 因而并不能随意地为数据集添加新纪录. 另外, 为便于查找, 这里将 last_name 和 first_name 转换成了字符类型. 最后, 将 salaries 数据集中的 from_date 和 to_date 也转换成了日期类型以便于以后进行日期的计算.

(四) 更多技能

除了使用 as 类函数转换数据类型, 也可以在数据导入阶段就指定数据类型. 以函数 read.csv() 为例, 可以在 colClasses 参数中直接指定数据的类型. 如果希望 R 语言自动选择数据类型 (即将 emp_no 自动转换为整型), 则只需要在 colClasses 中指定 NA.

```
employees <- read.cav('-desktop/employees.csv',colClasses =
c(NA,"Date", "character","factor", "Date"), head=FALSE)
str(employees)
  'data.frame': 10 obs. of 6 variables:
  $ V1: int 10001 10002 10003 10004 10005 10006 10007 10008
      10009 10010
  $ V2: Date, format: "1953-09-02" ...
  $ V3: chr "Georgi" "Beralel" "Parto" "Chirstian"
  $ V4: chr "Facello" "Simmel" "Bamford" "Koblick"
  $ V5: Factor w/ 2 levels "F", "M": 2 1 2 2 2 1 1 2 1 1
  $ V6: Date, format: "1986-06-26" ...
```

通过指定 colClasses 参数, emp_no、birth_date、first_name、last_name、gender 和 hire_date 会分别转换成整型、日期类型、字符类型、因子类型和日期类型.

7.2.2 数据转换

数据转换的目的是使数据更容易理解和建模. 例如, 生活成本会有地区差异, 一个地区的高工资在另一个地区可能仅够勉强度日. 如果用收入作为保险模型的输入, 则使用客户居住地的典型收入对其收入进行规范化就显得更有意义. 数据转换也依赖于你打算使用的建模方法. 例如, 对于线性和逻辑斯谛回归, 首先需要确保输入变量和输出变量之间的关系是接近线性的, 并且输入变量是常数方差 (输出变量的方差独立于输入变量), 其次需要对一些输入变量进行转换.

这一小节将介绍一些有用的数据转换方法以及实际的案例, 内容包括: 连续变量的离散化、变量的规范化和转换.

(一) 连续变量离散化

对于一些连续变量, 它们是否属于某个范围有时比它们的精确值更加重要. 例如, 收入不到 20000 元的客户与更高收入的客户相比有不同的健康保险模式; 25 岁以下的客户和 65 岁以上的客户具有较高的保险覆盖率, 因为他们往往是父母买保险, 或者是退休保险, 而介于二者之间的客户则有不同的模式.

在这些情况下, 你可能希望将连续的年龄和收入转换为范围或离散变量. 当输入和输出的关系不是线性的时候, 可以对连续变量进行离散化, 在建模时则假设它们之间是线性的关系. 即使不对数值进行离散化处理, 仍然需要对它进行转换, 以便更好地显示它与其他变量之间的关系.

(二) 规范化和比例变换

当绝对数量不如相对数量更有意义时, 可以使用规范化处理. 上面的例子中, 对相对于收入来说另一个更有意义的量 (即收入的中位数) 进行了规范化. 在这种情况下, 有意义的量可以是外部的 (来源于分析人员的领域知识), 也可以是内部的 (来源于数据本身).

例如, 你可能对一个客户的绝对年龄并不感兴趣, 而对于 "典型" 客户是年长还是年轻更感兴趣. 因此我们将客户的平均年龄作为参照来进行规范化.

典型客户的年龄分布可以使用标准差来概括. 使用标准差作为一个距离单位重新调节数据. 在平均值的一个标准差之内的客户年龄不会比大多数客户年龄大很多或小很多. 在平均值的一个或两个标准差之外的客户就要比大多数的客户年龄大很多或小很多.

(三) 针对倾斜分布和宽分布的对数变换

货币量对应着收入、客户价值、账户或购买力大小等变量, 是数据科学应用中最常遇到的倾斜分布. 事实上, 货币量的数据常常是对数正态分布的, 也就是数据的对数是正态分布的. 这就启发了我们提取数据的对数来得到数据的对称性.

就建模而言, 使用哪一种类别——自然对数、以 10 为底或以 2 为底等, 通常是不重要的. 例如, 在回归建模中, 对数的选择会影响相应的取对数变量系数的数量级, 但不影响结果的值. 通常用以 10 为底的对数来转换金额, 因为货币就是以数量级 10 的方式表示的: 100 元、1000 元、10000 元等. 转换后的数据很容易阅读.

(四) 关于绘图的说明

使用 ggplot 层的 scale_x_log10 绘制收入密度图与绘制 log10 收入密度图的差异主要在于坐标轴的标记方法不同. 使用 scale_x_log10 以美元数量标记 x 轴, 而不是以对数金额.

将具有几个量级取值范围的数据做对数变换也是一个好主意. 首先, 因为建模技术对很宽的数据范围很难解决; 其次, 因为这样的数据通常产生于乘法过程, 所以对数单位在某种意义上更合理.

例如, 当考虑减肥时, 体重的自然单位经常用磅或千克. 假设你的体重是 75kg, 你的朋友体重是 80kg, 你们都同样积极并且进行完全相同的限制卡路里的节食, 你们可能会减轻相同的重量. 换句话说, 你减轻的重量 (第一次) 不取决于你初始时的重量, 而仅取决于你的卡路里摄入量, 这是一个加法过程. 当管理部门给该部门的每一个员工加薪, 不可能额外地给每个人 5000 元. 相反, 而是给每个人都加薪 2%, 不是绝对的数. 当一餐厅菜单变化后, 每晚的就餐人数提高了 5%, 这样转换可以使建模更加容易. 这是一个乘法过程.

当然, 取对数只在数据是非负的情况下才有效. 还有另外一些转换规则, 比如反双曲正弦 (arcsinh). 当数据中有零或者负数的时候, 可以用这种转换来减少数据的范围. 我们不经常使用反双曲正弦, 因为转换后的数据值并无意义. 在实际应用中, 当数据是货币时 (比如账户余额或者客户价值), 使用一种称为带符号对数的方法. 带符号对数是通过取变量的绝对值的对数并且乘以恰当的符号得到的. 在区间 $[-1, 1]$ 上的值被严格地映射为零. 下面是计算以 10 为底的带符号对数的代码:

```
signedlog10 = function(x) {
    ifelse(abs(x) <= 1, 0, sign(x)*log10(abs(x)))
    }
```

显然, 如果低于单位量级的值重要的话, 就不能使用该方法了. 但是在实际应用中, 对于很多货币型变量 (元), 值小于 1 元. 没有太大差别. 例如, 将账户中小于或等于 1 元的余额映射为 1 元大概是可行的 (相当于每一个账户都有最少一元的余额).

一旦得到了清洗和转换后的合适数据, 就为启动建模阶段做好了准备.

7.3.1 使用日期格式

把每一个数据属性转换成合适的数据类型之后, 可以看到 employees 和 salaries 中的一些属性是日期类型的. 因此, 可以计算雇员的出生日期和当前日期之间的年份数, 进而得出每个雇员的年龄. 这里会介绍如何使用内置日期函数和 lubridate 程序包来操作日期格式的数据.

(一) 准备工作

按照之前的教程, 首先需要把导入数据的每个属性转换成正确的数据类型; 其次, 按照 7.1.1 节 "重命名数据变量" 中的步骤, 命名 employees 和 salaries 数据集的列名.

(二) 实现步骤

执行以下代码, 使用 employees 和 salaries 中的日期格式数据.

```
# 加上或者减去日期格式属性的一些天数:
employees$hire_data + 30
# 获取hire\_date和birth\_date之间的时间间隔:
employees$hire_date - employees$birth_date
Time difference in days
  [1] 11985 7862 9765 11902 12653 13192 11586 13357
  [9] 11993 9581
# 使用函数difftime()获取以周为单位的时间间隔:
difftime(employees$hire_date, employees$birth_data,
unit="weeks")
Time difference in weeks
  [1] 1712.143 1120.286 1395.000 1700.286 1807.571
  [6] 1884.571 1655.143 1908.143 1713.286 1368.714
# 安装和加载lubridate 程序包来操作日期:
install.packages("lubridate")
library(lubridate)
# 使用函数ymd()把日期数据转换成POSIX 格式:
ymd(employees$hire_date)
# 使用函数as.period()查看hire\_date 和birth\_date 之间的时长:
```

```
span <- interval(ymd(employees$birth_date), (ymd(employees$hire
    _date)))
time_period <- as.period(span)
# 也可以使用函数year()获取时间间隔:
year(time_period)
# 计算每一个雇员的年龄:
span2 <- interval(now() , ymd(employees$birth_date))
year(as.period(span2))
```

(三) 运行原理

通过 employees 数据和 salaries 数据完成了重命名, 每一个属性转换成了合适的数据类型. 由于一些属性是日期类型, 我们可以使用日期函数来计算属性之间的日期间隔.

(四) 更多技能

在使用 lubridate 程序包 (版本 1.3.3) 的时候, 可能会收到下列报错信息:

```
Error in (function (..., deparse.level = 1) :
(converted from warning) number of columns of result is not a
    multiple
of vector length (arg 3)
```

这个报错信息是由于本地配置问题而产生的. 可以通过设定 locale 为 English_United States.1252 来解决:

```
Sys.setlocale(category = "LC_ALL", locale = "English_United
    States.1252")
  [1] "LC_COLLATE=English_United States.1252;LC_CTYPE=English_
      United States.1252;LC_MONETARY=English_United States
      .1252;LC_ TIME=English_United States.1252"
```

7.3.2 lubridate 日期时间处理

(一) 使用 lubridate 的原因

通常传感器记录的数据, 是为了避免闰年导致的错误, 纯数字形式的日期格式很常见 (例如 19710101). 这些纯数字形式日期的可读性通常都较差,所以需要经过解析变成更容易理解的格式. 还有另外一种比较普遍的情况是不同国家使用不同的日期制式和时区, 比如英联邦国家偏向使用"日月年"或"月日年"的形式记录日期, 以及 12 小时制来表达时间, 而国内则倾向使用"年月日"的形式和 24 小时制. 由于以上这些情况的存在, 在处理与时间有关的数值时, 解析日期和时间变量往往无可避免.

对于日期时间的处理看似简单直接, 但该问题却是数据分析当中与默认值处理难度相当的另一大挑战. 在 lubridate 包出现之前, 尽管已有其他功能强大的 R 包, 诸如 zoochron 等, 但都因为种种原因而无法达到与 lubridate 包一样简单明了的效果. lubridate 包的出现, 极大地提高了用户解析日期数据的效率, 从而使得开发人员能将更多时间用于分析数据而不是微调代码本身. lubridate 包的最大优势可以总结为如下三点.

(1) 使用人类语言书写的编程语法, 易于用户理解和记忆.

(2) 总结并融合了其他 R 包中的时间处理函数, 并且优化了默认设置, 更利于用户上手使用.

(3) 能够轻松完成时间日期数据的计算任务.

(二) ymd/ymd_hms

一般情况下, ymd() 及其子函数可以完整地解析以数字或字符串形式出现的日期形式, 只有当日期中对不同的成分以类似双引号作为分隔符的情况, 或者对象为奇数的情况时 (详见代码演示), ymd() 等函数可能会无法直接进行解析, 而是需要进行额外处理. ymd() 函数代表年月日, ymd_hms() 函数则代表年月日时分秒. 两类函数的参数名称、结构和位置完全一致. 默认时区为世界标准时间 UTC. 读者在解析时间时应当注意时区, 因为北京时间比 UTC 早 8 小时, 所以是 UTC+8. 所有对象经过解析后都会输出为年月日 (时分秒) 的标准日期格式, 并且类别为"Date".

lubridate() 函数可以仅使用默认设置轻松解析偶数位的字符型向量, 必须要注意的是, 偶数位必须大于 6 位, 否则会产生 NA. 在下列的代码中, "2018 1 2"因为其中存在空格, 所以被默认解析为 6 位. 同样的逻辑也适用于解析日期时间对象. 参数 tz 用于设置时区. 示例代码如下:

```
library(lubridate)
ymd(c (20180102, "2017-01-02","2018 1 2")
  [1] "2018-01-02" "2017-01-02" "2018-01-02"
dmy_h(c(1802201810, "20-10-2018 24"),tz = "Asia/Shanghai")
  [1] "2018-02-18 10:00:00 CST" "2018-10-21 00:00:00 CST"
```

需要注意的是, 如果函数无自动解析正确的时区, 则读者可以使用 Sys、

timezone 或 OlsonNames 来寻找正确的时区, 并传参设置时区.

(三) year/month/week/day/hour/minute/second——时间单位提取

气象领域通常会计算若干年的月、日平均降雨量或气温等指标, 这时就会涉及月和日的提取要求. lubridate 包中的函数, 包含了提取从年到秒所有单位的功能. 而为了方便记忆, 这些函数的名称也都与相应的组件一一对应. 需要读者注意的是, 该组函数只能提取时间日期格式的对象, 这些对象可以是常见的 "Date" "POSIXct" "POSIXlt" "Period" 等, 或者是其他日期时间处理 R 包中的格式 "chron" "yearmon" "yearqtr" "zoo" "zooerg" 等.

下面的代码演示了最基本的使用方法, 详细的参数微调可以提供一些额外的信息, 读者可以自行参阅帮助文档.

```
date <- ymd(c(20180102, "2017-02-07","20180711"))
year(date)
  [1] 1 2 7
week(date)
  [1] 1 6 28
day(date)
  [1] 2 7 11
hour(date)
  [1] 0 0 0
```

(四) guess_formats/parse_date_time——时间日期格式分析

当遇到使用英文月份简写的日期, 比如 24 Jan 2018/Jan24, 或者其他更糟糕的情况时, 如果使用传统的 baseR 中的函数, 诸如 strptime 或是 format 之类, 则用户可能会浪费很多时间去猜测和调整正确的日期时间格式, 因为只有顺序和格式都正确的时候, baseR 中提供的相应函数才可以正确解析日期时间, 否则就会不停地返回 NA 值. 幸运的是, guess_formats 和 parse_date_time 两个函数的存在, 完全颠覆了以往的解析模式, 从而使得这一过程变得简单有趣.

用这两个函数解析日期时间的思路具体如下:

(1) 执行 guess_formats() 函数用于猜测需要解析对象的可能日期时间顺序及格式, 用户必须指定可能存在的格式顺序.

(2) 复制 guess_formats() 函数的返回结果.

(3) 执行 parse_date_time, 并将复制的内容以字符串向量的格式传给函数.

(4) 若遇到解析不成功或不彻底的情况, 则需要手动组建日期时间格式, 并加到 guess_formats 的 order 参数中.

下面的代码解释了 guess_formats 和 parse_date_time 两个函数配合使用以解析日期时间的流程. 首先生成一个名为 example_messyDate 的练习字符串向量, 然后对该向量运行 guess_formats, 第二位参数 orders 中包含了可能存在的日期时间格式, 函数的返回结果中会报告匹配的顺序格式, 并将报告结果复制到 parse_date_time 的第二位参数中.

```
example_messyDate <- c("24 Jan 2018",1802201810)
guess_formats(example_messyDate,c("mdY","BdY","bdY","bdY","bdy"
    ,"dbY","dmYH"))
        dObY          dOmYH          dmYH
   "%d %Ob %Y" "%d%Om%Y%H" "%d%m%Y%H"
parse_date_time(example_messyDate,orders = c("dObY","dOmYH","
    dmYH"))
   [1] "2018-01-24 00:00:00 UTC" "2018-02-18 10:00:00 UTC"
```

■ 7.4 过滤和舍弃数据

7.4.1 过滤数据

对于希望分析部分数据而不是全部数据集的读者来说, 数据过滤是最常见的需求. 在数据库操作中, 我们可以使用带有 where 语句的 SQL 命令获取数据子集. 在 R 中, 也可以使用方括号来执行过滤操作.

(一) 准备工作

按照 7.2.1 节 "转换数据类型" 教程, 把导入数据的每个属性转换成合适的数据类型. 同时按照 7.1.1 节 "重命名数据变量" 中的步骤, 命名 employees 和 salaries 数据集的列名.

(二) 实现步骤

执行下列步骤, 过滤数据.

步骤 1: 使用 head 和 tail 获取 employees 数据集的前 3 行和最后 3 行.

```
head(employees, 3)
   emp_no birth_date first_name last_name gender hire_date
```

```
    1  10001   1953-09-02   Georgi      Facello     M       1986-06-26
    2  10002   1964-06-02   Bezalel     Simmel      F       1985-11-21
    3  10003   1959-12-03   Parto       Bamford     M       1986-08-28
tail(employees, 3)
     emp_no  birth_date  first_name  last_name  gender  hire_date
    8  10008   1958-02-19   Saniya      Kalloufi    M       1994-09-15
    9  10009   1952-04-19   Sumant      Peac        F       1985-02-18
   10  10010   1963-06-01   Duangkaew   Piveteau    F       1989-08-24
```

步骤 2: 使用方括号并给定从 1 到 3 的序列获取数据的前 3 行.

```
employees[1:3,]
     emp_no  birth_date  first_name  last_name  gender  hire_date
    1  10001   1953-09-02   Georgi      Facello     M       1986-06-26
    2  10002   1964-06-02   Bezalel     Simmel      F       1985-11-21
    3  10003   1959-12-03   Parto       Bamford     M       1986-08-28
```

步骤 3: 指定要选取的列序号.

```
employees[1:3, 2:4]
  birth_date    first_name  last_name
  1953-09-02    Georgi      Facello
  1964-06-02    Bezalel     Simmel
  1959-12-03    Parto       Bamford
```

步骤 4: 除了从数据集中抽取行、列序列, 也可以指定具体的行和列, 通过索引向量抽取数据子集.

```
employees[c(2,5), c(1,3)]
     emp_no    first_name
    2  10002     Bezalel
    5  10005     Kyoichi
```

步骤 5: 如果知道列的名称可以使用给定的名称向量选取列.

```
employees[c(2,5), c(1,3)]
       first_name   last_name
    1    Georgi       Facello
    2    Bezalel      Simmel
    3    Parto        Bamford
```

步骤 6: 使用反向索引排除一些列.

```
employees[1:3, -6]
```

```
   emp_no birth_date  first_name  last_name  gender
1  10001  1953-09-02   Georgi      Facello       M
2  10002  1964-06-02   Bezalel     Simmel        F
3  10003  1959-12-03   Parto       Bamford       M
```

步骤 7: 使用 in 和! 操作符排除一些属性.

```
employees[1:3, !names(employees) %in% c("last_name", "first_
    name")]
   emp_no birth_date  gender  hire_date
1  10001  1953-09-02     M    1986-06-26
2  10002  1964-06-02     F    1985-11-21
3  10003  1959-12-03     M    1986-08-28
```

步骤 8: 设置等号条件获取数据子集.

```
employees[employees$gender == 'M',]
   emp_no birth_date  first_name  last_name  gender  hire_date
1  10001  1953-09-02   Georgi      Facello       M    1986-06-26
3  10003  1959-12-03   Parto       Bamford       M    1986-08-28
4  10004  1954-05-01   Chirstian   Koblick       M    1986-12-01
5  10005  1955-01-21   kyoichi     Maliniak      M    1989-09-12
8  10008  1958-02-19   Saniya      Kalloufi      M    1994-09-15
```

步骤 9: 使用比较操作符获取数据子集.

```
salaries[salaries$salary >= 60000 & salaries$salary < 70000,]
```

步骤 10: 用函数 substr() 抽取部分数据记录.

```
employees[substr(employees$first_name,0.2)=="Ge",]
   emp_no birth_date  first_name  last_name  gender  hire_date
1  10001  1953-09-02   Georgi      Facello       M    1986-06-26
```

步骤 11: 正则表达式是另一种获取数据子集的有用而强大的工具.

```
employees[grep('[aeiou]$', employees$first_name),]
   emp_no birth_date  first_name  last_name  gender  hire_date
1  10001  1953-09-02   Georgi      Facello       M    1986-06-26
3  10003  1959-12-03   Parto       Bamford       M    1986-08-28
5  10005  1955-01-21   kyoichi     Maliniak      M    1989-09-12
6  10006  1953-04-20   Anneke      Preusig       F    1989-06-02
8  10008  1958-02-19   Saniya      Kalloufi      M    1994-09-15
```

(三) 运行原理

在本教程中, 我们介绍了如何使用 R 来过滤数据. 在第 1 步中, 我们使用函数 head() 和 tail() 查看前几行和后几行. 函数 head() 和 tail() 会默认返回数据集的前 6 行和后 6 行数据. 在函数的第 2 个输入参数中指定返回记录的行数.

除了使用函数 head() 和 tail(), 也可以使用方括号来获取数据子集. 使用方括号时, 逗号左边的值表示要抽取的行, 逗号右边的值表示要抽取的列. 在第 2 步中, 我们通过在逗号左边给出从 1 到 3 的序列抽取数据集的前 3 行. 如果不在逗号右边指定任何值, 意味着会抽取数据集的所有变量. 或者, 也可以在逗号右边指定相关列. 与第 3 步类似, 可以通过在逗号右边给定序列, 选取第 2 列到第 4 列的数据, 或者使用给定的索引向量 c(3,5) 选取相关列. 我们还可以使用给定的属性名称向量 c("first_name","last_name") 选取相关列.

除了选择所需的变量, 也可以使用反向索引排除不需要的列. 所以, 我们在逗号右边放置 −6 来排除数据集的第 6 列, 使用 in 和! 操作符排除某些列名下的数据. 在第 7 步中, 排除 first_name 和 last_name 属性下的数据.

我们可以使用给定的条件来过滤数据, 类似于 SQL. 这里, 由于需要使用条件来过滤数据记录, 所以在逗号左边放置过滤标准. 例如在第 8~10 步中, 使用等号条件来过滤男性雇员数据, 抽取薪水在 60000~70000 范围内的数据, 并使用函数 substr() 获得前两个字母为 Ge 的雇员. 最后, 使用函数 grep() 和正则表达式, 通过判断名称末尾是否为元首字母, 获得雇员数据子集.

(四) 更多技能

除了使用方括号, 我们也可以使用函数 subset() 来获取数据子集.

(1) 选取雇员数据前 3 行的 first_name 和 last_name.

```
subset(employees, rownames(employees) %in% 1:3, select=c("first
    _name","last_name"))
     first_name  last_name
1    Georgi      Facello
2    Bazalel     Simmel
3    Parto       Bamford
```

(2) 也可以设置条件, 按照 gender 过滤数据:

```
subset(employees, employees$gender == 'M')
   emp_no birth_date first_name  last_name gender hire_date
1 10001  1953-09-02  Georgi      Facello   M      1986-06-26
3 10003  1959-12-03  Parto       Bamford   M      1986-08-28
```

```
4  10004   1954-05-01   Chirstian  Koblick    M      1986-12-01
5  10005   1955-01-21   Kyoichi    Maliniak   M      1989-09-12
8  10008   1958-02-19   Saniya     Kalloufi   M      1994-09-15
```

7.4.2 舍弃数据

在之前的教程中, 我们介绍了如何修改和过滤数据集. 这些步骤基本上涵盖了数据预处理和数据准备的主要过程. 若我们还想找出数据集中的坏数据. 那些坏数据或者不想要的数据应该丢弃, 避免生成误导的结果. 本节介绍一些移除无用数据的实用方法.

(一) 准备工作

按照 7.2.1 节 "转换数据类型" 教程, 把导入数据的每个属性转换成合适的数据类型. 同时按照 7.1.1 节 "重命名数据变量" 中的步骤, 命名 employees 和 salaries 数据集的列名.

(二) 实现步骤

执行下列步骤, 舍弃当前数据集的一个属性:

```
# 在过滤条件中排除last\_name , 舍弃该列:
employees <- employees[,-5]
# 给舍弃的属性分配NULL值:
employees <- employees[c(-2,-4,-6),]
```

(三) 运行原理

舍弃行数据的想法与数据过滤很类似, 只需要在过滤阶段给出要舍弃行的反向索引, 然后再使用过滤后的数据替换原来的数据. 由于 last_name 列是第 5 个索引, 可以在方括号中的逗号右边给定 −5 来移除这个属性. 除了重新赋予非空值, 也可以给要舍弃的属性指定 NULL 值. 要移除行, 需要在方括号的逗号左边放置反向索引, 然后用过滤的数据子集替换原来的数据集.

(四) 更多技能

除了使用数据过滤或给具体属性指定 NULL 值, 也可以使用函数 within() 移除不需要的属性. 所需的操作只是在函数 rm 中放置不需要的属性名称.

```
within(employees, rm(birth_date, hire_date, emp_no))
   emp_no first_name last_name gender
1  10001   Georgi     Facello    M
1  10002   Bezalel    Simmel     F
3  10003   Parto      Bamford    M
4  10004   Chirstian  Koblick    M
5  10005   Kyoichi    Maliniak   M
6  10006   Anneke     Preusig    F
7  10007   Tzvetan    Zielinski  F
8  10008   Saniya     Kalloufi   M
9  10009   Sumant     Peac       F
10 10010   Duangkaew  Piveteau   F
```

■ 7.5 合并和拆分数据

7.5.1 合并数据

数据合并让我们理解不同数据源是如何互相关联的. R 中的 merge 操作与数据库中的 join 操作类似, 它使用两个数据集中相同的值来连接两个数据集.

(一) 准备工作

按照 7.2.1 节 "转换数据类型" 教程, 把导入数据的每个属性转换成合适的数据类型. 同时按照 7.1.1 节 "重命名数据变量" 中的步骤, 命名 employees 和 salaries 数据集的列名.

(二) 实现步骤

执行下列代码, 合并 salaries 和 employees:

```
# 由于salaries和employees都有emp\_no, 可以使用emp\_no 作为连接
    键合并两个数据集:
employees_salary <- merge(employees, salaries, by="emp_no")
head(employees_salary,3)
   emp_no birth_date first_name last_name salary  from_date
      to_date
```

```
1 10001   1953-09-02 Georgi      Facello    60117    1986-06-26
         1987-06-26
2 10001   1953-09-02 Georgi      Facello    62102    1987-06-26
         1988-06-25
3 10001   1953-09-02 Georgi      Facello    66596    1989-06-25
         1990-06-25
# 可以给舍弃的属性指定NULL值:
merge(employees, salaries, by="emp_no", all.x =TRUE)
# 可以安装加载plyr程序包来操作数据:
install.package(*plyr*)
library(plyr)
# 可以使用plyr中的函数join()来合并数据:
join(employees, salaries, by="emp_no")
```

(三) 运行原理

与数据库中的数据表类似, 有时候也需要合并两个数据集, 进而进行数据关联. 在 R 中, 只需要使用函数 merge() 合并相同列值下的两个数据框.

在函数 merge() 中, 我们使用 salaries 和 employees 作为输入数据框. 对于 by 参数, 我们指定 emp_no 作为键合并这两个表. 然后, 看到在 emp_no 上取值相同的数据合并到了一个新的数据框中. 但是, 有时我们希望执行左连接或者右连接, 以达到保留 employees 或 salaries 所有数据值的目的. 要执行左连接, 设置 all.x 为 TRUE. 发现 employees 所有行都在合并结果中保留了下来. 相反, 如果希望保留 salaries 的所有行, 可以设置 all.y 为 TRUE.

除了使用内置的 merge() 函数, 可以安装加载 plyr 程序包来合并数据集. join() 的用法与 merge() 类似, 只需要指定要合并的数据以及 by 参数中相同值所在的列.

(四) 更多技能

在 plyr 程序包中, 我们可以使用函数 join_all() 在一个列表中递归地连接数据集. 这里, 使用 join_all() 按照 emp_no 合并 employees 和 salaries 数据集.

```
join_all(list(employees, salaries), "emp_no")
```

当获得两个或多个结构相似的数据集时, 有时需要把它们合并到一起, 生成用于机器学习的数据集. 数据处理阶段通过合并数据集, 生成包含所有有效记录的新数据集. R 中有非常有用的 merge() 函数, 可以基于公共变量将数据框合并到一起. merge() 函数和连接操作非常相似, 区别在于 merge() 不但可以执行内部和外部的连接, 还可以进行左连接和右连接.

merge() 函数允许 4 种合并数据的方式:

内连接 (inner join): 只保留两个数据框中一致的行, 指定 all=FALSE.

外连接 (outer join): 保留数据框中所有的行, 指定 all=TRUE.

左外连接 (left outer join): 包含数据框 x 的所有行加上数据框 y 中能匹配到数据框 x 的所有数据, 指定 all.x=TRUE.

右外连接 (right outer join): 包含数据框 x 的能匹配到数据框 y 的所有数据, 加上数据框 y 中所有的行, 指定 all.y=TRUE.

例如下面两个数据框, 分别包含了年龄和名字两种信息, 现在要按 id 号将它们合为一个数据框.

```
datax <- data.frame(id = c(1,2,3),gender = c(23,34,41))
datay <- data.frame(id = c(3,1,2),name = c('tom','john','ken'))
merge(datax, datay, by = 'id')
     id    gender    name
  1   1        23    john
  2   2        34     ken
  3   3        41     tom
```

上例不能使用 cbind 来合并, 因为 id 的顺序不一样, 所以需要使用 merge() 函数, 按照 id 来合并两组数据, 这种操作思路和数据库操作中的 join 是类似的. 如果用户对数据库非常熟悉, 也可以在 R 中用 SQL 语句来操作数据框, 前提是需要安装加载 sqldf 包.

在下面的例子中, 我们介绍一个简单的数据框中用 merge() 函数对 4 种连接进行演示.

```
df1 = data.frame(CustID=c(1:6),Product=c(rep("Mouse",3),rep("
    Keyboard",3)))
df2 = data.frame(CustID=c(2,4,6),State=c(rep("California",2),
    rep("Oregon",1)))
# 外连接
merge(x = df1, y = df2, by = "CustID", all = TRUE)
# 左外连接
merge(x = df1, y = df2, by = "CustID", all.x = TRUE)
# 右外连接
merge(x = df1, y = df2, by = "CustID", all.y = TRUE)
# 内连接
merge(x = df1, y = df2, by = "CustID", all = FALSE)
```

7.5.2 拆分数据

数据可长可宽, 同样数据可分可合, 也就是数据的拆分与合并. 常规的数据拆分其实就是取子集, 使用 subset() 函数即可完成. 非常规的则是按照某个分类变量进行的. 例如, 需要对 iris 数据按不同的花的属性来拆分数据.

```
library(reshape2)
library(plyr)
iris_splited <- split(iris, f = iris$Species)
class(iris_splited)
  [1] "list"
```

split() 函数可以将一个数据框拆分成多个数据框, 存放在一个列表对象中. 合并这个列表, 只需要使用 unsplit() 函数即可进行逆操作了.

```
iris_all <- unsplit(iris_splited, f = iris$Species)
```

下面来看一个拆分数据并进行计算的例子, 对 tips 数据集, 按照性别变量拆分数据, 然后计算每个部分的统计指标, 在本例中就是小费和总餐费的比率.

```
ratio_fun <- function(x) {
  sum(x$tip)/sum(x$total_bill)
}
pieces <- split(tips, tips$sex)
result <- lapply(pieces, ratio_fun)
do.call('rbind', result)
         [,1]
  Female 0.1569178
  Male   0.1489398
```

在上面的代码中, 首先建立了一个计算比率的函数; 然后使用 split() 拆分数据, 由于拆分后的数据为一个列表, 列表中每个元素是一个数据框, 所以使用 lapply() 函数对列表进行向量化计算, 计算每个数据框中的指标; 最后用 do.call 将结果合并. 整个步骤可以归纳为三步, 即拆分、计算、合并.

正如一开始所谈到的, 单纯的拆分数据是很少见的, 多数情况下我们的目的是要计算拆分数据后的结果. 如果能将上面的三个步骤合在一个步骤内完成, 就不需要 split() 函数, 只需要强大的 plyr 包就可以了.

```
library(plyr)
     sex          V1
  1 Female   0.1569178
  2   Male   0.1489398
```

在加载 plyr 包之后, 使用 ddply() 函数一步完成拆分、计算和合并. 其中第一个参数是拆分计算的对象, 第二个参数是按照哪个变量来拆分, 第三个变量是拆分计算的函数. 当然也能使用两个变量的拆分数据, 并直接得到 4 种分类情况下的小费比率.

```
ddply(tiips, sex? smokers, ratio_fun)
     sex       smoker       V1
  1  Female     No          0.1569178
  2  Female     Yes         0.1630623
  3  Male       No          0.1573122
  4  Male       Yes         0.1369188
```

到目前为止我们已经讨论了三种功能相似的函数, aggregate()、dcast()、ddply(). 它们的基本思路都是按照某个分类变量来划分数据, 然后计算出结果. 从能力上来讲, aggregate() 是最弱的, 它只能按单个变量划分数据, 计算单个数值对象. dcast() 要强一些, 它可以按多个变量划分数据, 但也只能计算单个数值对象, 但它适合于生成格式整齐的表格形式. ddply() 是最强的数据整理函数, 它可以按多个变量划分数据, 并计算整个数据框的所有变量, 在自定义函数的配合下极为灵活.

ddply() 函数是 plyr 包中的一个主力函数, 它的第一个字母 d 表示输入的数据是数据框, 第二个字母 d 表示输出的数据也是数据框. plyr 包还有一些其他函数, 例如 adply 即表示输入的是 array, 输出的是 dataframe. 有兴趣的读者可以自行阅读 plyr 包的帮助文档了解其用法.

■| 7.6 排列和重塑数据

7.6.1 数据的排列

对数据进行排列有利于更有效地分析数据. 在数据库中, 可以使用 order by 语句按照指定的列对数据进行排序. 在 R 语言中, 可以使用函数 order() 和 sort() 进行排序.

(一) 准备工作

按照 7.2.1 节 "转换数据类型" 中的步骤, 把导入数据的属性转换成合适的数据类型. 同时按照 7.1.1 节 "重命名数据变量" 中的步骤, 对 employees 和 salaries 数据集中的列进行命名.

(二) 执行步骤

按照下列步骤, 对 salaries 中的数据进行排序.

步骤 1: 使用函数 sort() 对数据进行排序.

```
a <- c(5,1,4,3,2,6,3)
sort(a)
  [1] 1 2 3 4 5 6
sort(a, decreasing = TRUE)
  [1] 6 5 4 3 2 1
```

步骤 2: 使用函数 order() 对数据进行排序.

```
order(a)
  [1] 2 5 4 7 3 1 6
order(a, decreasing = TRUE)
  [1] 6 1 3 4 7 5 2
```

步骤 3: 为了按照指定的列进行排序, 首先需要获取排序索引, 然后通过索引获得排序好的数据集.

```
sorted_salaries <- salaries[order(salaries$salary, decreasing =
    TRUE),]
head(sorted_salaries)
      emp_no    salary    from_date      to_date
  684  10068    113229    2001-08-03    9999-01-01
  683  10068    112470    2000-08-03    2001-08-03
  682  10068    111623    1999-08-04    2000-08-03
  681  10068    108345    1998-08-04    1999-08-04
  680  10068    106204    1997-08-04    1998-08-04
  679  10068    105533    1996-08-04    1997-08-04
```

步骤 4: 除了按照一个列进行排序, 还可以按照多个列进行排序.

```
sorted_salaries2 <- salaries[order(salaries$salary,
salaries$from_date, decreasing = TRUE),]
head(sorted_salaries2)
      emp_no    salary    from_date      to_date
  684  10068    113229    2001-08-03    9999-01-01
  683  10068    112470    2000-08-03    2001-08-03
  682  10068    111623    1999-08-04    2000-08-03
  681  10068    108345    1998-08-04    1999-08-04
```

```
680    10068      106204   1997-08-04   1998-08-04
679    10068      105533   1996-08-04   1997-08-04
```

(三) 说明

sort() 函数对向量进行排序并返回排序后的结果. 在第 1 步中, 首先生成了一个包含 7 个整数的向量, 然后使用 sort() 函数对其进行排序. sort() 函数默认按升序排列, 若需要按照降序排列则可以设置 decreasing 参数为 TRUE; order() 函数返回值为一个索引序列, 即排序后的各个数据在原数据中的索引. 同样地, order() 函数默认按升序排列, 若设置 decreasing 参数为 TRUE, 则数据按降序排列.

对向量进行排序, 可以使用 sort() 函数. 若要按照数据中的某一列排序, 则应当使用 order() 函数. 上述例子中, 首先得到了按照 salary 属性值排序的 salaries 记录. 进一步, 还可以按照多个属性值进行排序, 如上述示例中在 order() 函数中指定依次按照 salary 和 from_date 属性值进行排序, 即先按照 salary 列的值进行排序, 若值相同则再按照 from_date 的值进行排序.

(四) 更多技能

还可以使用 plyr 包中的 arrange() 函数, 按照 salary 升序和 from_date 降序对 salaries 数据集进行排序, 如下所示:

```
arranged_salaries <- arrange(salaries,salary, desc(from_date))
head(arranged_salaries)
    emp_no   salary   from_date    to_date
1   10048    39507    1986-02-24   1987-01-27
2   10027    39520    1996-04-01   1997-04-01
3   10064    39551    1986-11-20   1987-11-20
4   10072    39567    1990-05-21   1991-05-21
5   10072    39724    1991-05-21   1992-05-20
6   10049    39735    1993-05-04   1994-05-04
```

7.6.2 数据的重塑

重塑数据类似于创建列联表, 允许用户聚合特定值下的数据, reshape2 程序包可以完成这个任务. 本小节将介绍如何使用 reshape2 程序包, 借助 dcast() 函数把长数据转换成宽数据. 此外, 还会介绍如何使用 melt() 函数把宽数据转换回长数据.

(一) 准备工作

按照 7.5.1 节 "合并数据" 中的步骤, 把 employees 和 salaries 融合为 employees_salary.

(二) 实现步骤

执行下列步骤, 重塑数据.

步骤 1: 使用 dcast() 函数把长数据转换成宽数据.

```
wide_salaries <- dcast(salaries, emp_no ~ year(ymd(from_date)),
    value.var="salary")
wide_salaries[1:3, 1:7]
```

步骤 2: 通过保留 emp_no 和格式化的名称字符串作为两个属性. 转换数据后, 设置薪水支付的年份作为列名, 薪水作为它的值.

```
wide_employees_salary <- dcast(employees_salary, emp_no + paste
    (first_name,last_name) ~ year(ymd(from_date)), value.
var="salary", variable.name="condition"
wide_employees_salary[1:3, 1:7]
```

步骤 3: 使用函数 melt() 把宽数据转换成长数据.

```
long_salaries <- melt(wide_salaries, id.vars=c("emp_no"))
head(long_salaries)
```

步骤 4: 若要移除 long_salaries 中带有缺失值的数据, 可以使用 na.omit() 函数.

```
head(na.omit(long_salaries))
```

(三) 说明

上面演示了如何使用 reshape2 程序包重塑数据. 首先, 使用函数 dcast() 将长数据转换成宽数据. 其次, 这里指定 salaries 作为第 1 个参数并设定 emp_no 为行, 薪水支付年份为列, 设置 salary 为宽数据中的值.

若要使用多个列重塑数据, 则需要使用 + 操作符并在其左边添加另一个列的信息. 在第 2 步中, 设置 employees_salary 数据上的重塑公式, 形式为

emp_no + paste(first_name,last_name)　year(ymd(from_date)).

可以看到输出数据的左边部分是 emp_no 和格式化的名称, 薪水支付年份在右边部分, 薪水作为值.

把长数据重塑为宽数据后, 可使用函数 melt() 将宽数据转变回长数据. 可以以 emp_no 为基础, 把 wide_salaries 重塑为长数据. 对于存在缺失值 (表示为 NA) 的记录, 使用 na.omit() 函数移除.

(四) 更多技能

除了使用 plyr 程序包中的 dcast() 和 melt() 函数, 还可以使用 stack() 和 unstack() 函数对数据进行分组以及取消分组.

(1) 使用函数 unstack() 按值对数据分组.

```
un_salaries <- unstack(long_salaries[,c(3,1)])
head(un_salaries, 3)
```

(2) 使用函数 stack() 把多个数据框或列表拼接起来.

```
stack_salaries <- stack(un_salaries )
head(stack_salaries)
```

7.6.3 数据集的排列

数据集的排列具有很多的应用场景. 例如, 在为一个新的数据科学项目评估数据集时, 经常会发现排序的数据对解决机器学习问题很有帮助. 例如, 对于全国各地房屋价格数据, 若其已经按照地理位置, 即省份和城市名, 进行了排序, 则浏览起来比随机排序的数据更加直观. 通常情况下, 记录的顺序是其最初加入数据集时的顺序. R 语言中可使用 order() 函数, 根据一个或多个变量的值对数据集进行排序.

下面以 ToothGrowth 数据集为例进行排序. 首先查看数据框的前几行.

```
data(ToothGrowth)
head(ToothGrowth)
```

这个数据集由 60 条观测值组成, 其中包含 3 个数值变量 (即 len、supp 和 dose). 若要详细了解该数据集, 可键入 ToothGrowth 命令. 下面根据 len 变量对数据集进行排序, 然后显示排序后新数据框的前 10 条记录. 可以看到, 这时 len 列是有顺序的.

```
sortedData <- ToothGrowth[order(ToothGrowth$len),]
sortedData[1:10,]
```

下面根据两个变量 supp 和 len 对 ToothGrowth 数据集进行排序, 其中 supp 为主要排序关键字, len 为次要排序关键字.

```
sortedData <- ToothGrowth[order(ToothGrowth$supp,ToothGrowth$
    len),]
sortedData[1:10,]
```

7.6.4　数据集的重塑

很多时候, 用于机器学习算法的数据集是 "畸形" 的, 即数据的格式或结构不便于算法的使用, 这种情况下就需要重塑数据集. R 语言中可以使用 reshape2 包中的 melt() 函数, 这个函数是重塑数据集的通用函数. 下面通过一个简单的例子来说明这一过程.

首先创建一个测试数据框, 假设它是从外部数据源获得的. 这个数据集中包含了 3 个学生两次测试的成绩. 这个数据集的问题是, 在同一行中, 每个学生有两个成绩. 对于机器学习来说, 每行只有一个成绩处理起来会更加方便 (行的数目会变为两倍).

```
library(reshape2)
misShaped <- as.data.frame(matrix(c(NA,5,1,4,2,3),byrow=TRUE,
    nrow=3))
names(misShaped) <- c("Quiz1", "Quiz2")
misShaped$student <- c("Ellen", "Catherine", "Stephen")
```

为了解决这个问题, 使用 melt() 函数对数据集进行重塑. 在这里, 将数据框 misShaped 和用于存储数量的变量名 (即 score) 传递给函数. 这时, melt() 函数可输出需要的结构.

```
library(reshape2)
melt(misShaped, id.vars="student", variable.name="Quiz",value.
    name="score")
```

7.7 处理缺失数据

7.7.1 检测缺失数据

造成数据缺失的原因有很多, 例如, 可能是录入或者数据处理过程中的瑕疵导致的. 数据分析过程中如果使用了缺失数据, 则结果可能有误导性. 因此, 在做进一步分析之前, 检测缺失数据尤为重要.

(一) 准备工作

按照 7.2.1 节 "转换数据类型" 中的步骤, 将导入数据的属性转换成合适的类型. 同时, 按照 7.1.1 节 "重命名数据变量" 中的步骤, 对 employees 和 salaries 数据集中的列命名.

(二) 实现步骤

执行下列代码, 检测缺失数据.

```
# 把to\_date属性设置为一个超过2100-01-01 的日期:
salaries[salaries$to_date > "2100 -01 -01",]
# 把超过2100-01-01的日期变成缺失值:
salaries[salaries$to_date > "2100-01-01","to_date"]=NA
# 使用函数is.na()找出哪一行包含缺失值:
is.na(salaries$to_date)
# 步骤4: 也可以使用函数sum()对to\_date中的缺失值计数:
sum(is.na(salaries$to_date))
# 还可以计算缺失值的比例:
sum(is.na(salaries$to_date) == TRUE)/length(salaries$to_date)
# 如果想知道每一列中缺失值的比例，可以使用函数sapply():
wide_salaries <- dcast(salaries, emp_no ~ year(ymd(from_date)),
    value.var="salary")
wide_salaries[1:3, 1:7]
sapply(wide_salaries, function(df){
    sum(is.na(df)==TRUE)/length(df);
    })
# 可以安装加载Amelia程序包:
install.packages("Amelia")
library(Amelia)
# 使用函数missmap()绘制缺失值地图,如图7.1所示:
missmap(wide_salaries, main="Missingness Map of Salary")
```

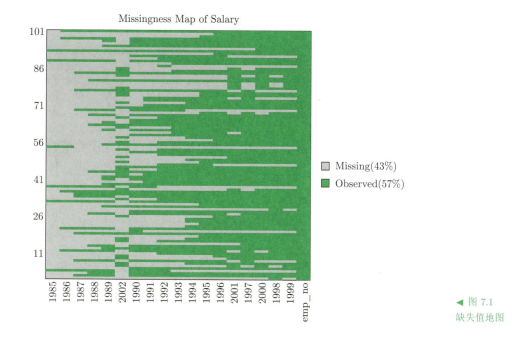

◀ 图 7.1
缺失值地图

(三) 说明

在 R 语言中, 缺失值一般使用 NA 表示, 意思是不可用 (not available). 大多数函数 (例如 mean() 或 sum()) 在遇到数据集中的 NA 值时, 会输出 NA. 尽管可以设置参数如 na.rm, 来移除 NA 的影响, 但是最好还是在数据集中估计或移除缺失值, 以避免缺失值带来的深远影响.

在上例中, 首先找出日期 2100-01-01 之后的数据记录. 由于一个人的工资不可能在 2100-01-01 之后支付, 因此可以把这些日期值看成是录入或者系统错误所导致的. 所以, 首先把这些值设置为缺失值 NA, 然后使用内置函数搜索数据内部的缺失值.

为了找到数据集中的缺失值, 首先对所有 NA 值的个数加和, 除以每个属性里的数值个数, 然后使用 sapply() 函数计算所有属性中的缺失值.

为了展示计算的结果, 可以使用 Amelia 程序包, 在图中绘制每个属性缺失值地图. 缺失值的可视化可以让用户更好地理解每个数据集的缺失比例. 从图 7.1 中我们可以看出, 1985 年包含的缺失值最多.

(四) 更多技能

对于缺失值处理, 上面介绍了使用 Amelia 来可视化缺失值. 除了在控制台输入命令, 也可以使用 Amelia 的交互式 GUI, 即 AmeliaView. 要运行 AmeliaView, 只需在控制台中键入命令 AmeliaView().

```
AmeliaView()
```

7.7.2　估计缺失数据

之前介绍了如何检测数据集中的缺失数值. 由于包含缺失值的数据并不完整, 所以要采用启发式的方法来补全数据集. 下面介绍一些估计缺失值的方法.

(一) 准备工作

按照 7.2.1 节 "转换数据类型" 中的步骤, 把导入数据的属性转换成合适的数据类型. 同时按照 7.1.1 节 "重命名数据变量" 中的步骤, 对 employees 和 salaries 数据集的列命名.

(二) 实现步骤

执行下列代码, 估计缺失值.

```
# 设置emp\_no为10001, 抽取用户数据子集:
test.emp <- salaries[salaries$emp_no == 10001,]
# 故意把第8行的salary设置为缺失值:

test.emp[8,c("salary")]=NA
# 第一个估计方法使用函数na.omit()移除带有缺失值的记录:
na.omit(test.emp)
# 计算雇员10001的平均薪水:
mean_salary <- mean(salaries$salary[salaries$emp_no == 10001],
    na.rm=TRUE)
mean_salary
# 使用雇员10001的平均薪水来估计缺失值:
salaries$salary[salaries$emp_no == 10001 &
    is.na(salaries$salary)] = mean_salary
mean_salary
# 除了上述方法, 还可以使用mice程序包来估计数据:
install.packages("mice")
library(mice)
# 使用函数mice()来估计数据的步骤如下:
test.emp$from_date = year(ymd(test.emp$from_date))
```

```
test.emp$to_date = year(ymd(test.emp$to_date))
imp = mice(test.emp, meth=c('norm'), set.seed=7)
complete(imp)
```

(三) 说明

估计缺失值的方法通常有 3 种: 移除缺失值、平均值估计和多重估计. 本小节使用了一个雇员的数据作为例子. 首先设置 emp_no 为 10001, 抽取数据子集; 然后将某个薪水值替换为缺失值 NA; 接着使用一种估计方法进行缺失值估计.

首先, 介绍了如何使用函数 na.omit() 移除缺失值, 该函数会自动地移除带有缺失值的记录. 移除缺失值是最直接和简单的做法, 适用于缺失值所占比例很小的情况. 如果缺失值在数据集中所占比例较大, 移除这些缺失值会使分析结果产生偏差, 并导致错误的结论.

其次, 使用平均值来估计缺失值. 使用函数 mean(), 同时忽略缺失值 (na.rm 表明计算过程不会考虑缺失值), 计算平均薪水. 这种估计不会影响平均值的整体估计, 但是可能会引起数据集标准差和平方误差的偏差, 并进一步导致偏差估计. 因此, 这并不是一个值得推荐的方法.

最后, 使用函数 mice() 进行多重估计. 安装并加载 mice 程序包; 从 from_date 和 to_date 属性中抽取整数年份. 考虑到雇员薪水每年都会增加, 这里选择贝叶斯线性回归作为估计方法 (通过给 meth 参数设置 norm 实现) 来估计缺失值. 使用 complete() 函数获取完整数据. 多重估计方法使用数据之间的关系来预测缺失值, 并使用蒙特卡洛方法生成可能的缺失值, 是一种常用的估计缺失值的手段.

(四) 更多技能

除了使用 mice 程序包预测数据集中的缺失值, 还可以使用回归的方法来预测缺失值.

```
# 将test.emp设置为默认处理的数据集:
attach(test.emp)
# 拟合salary和from\_date的回归曲线:
fit = lm(salary ~ from_date)
# 预测缺失值的薪水值:
predict(fit, data.frame(from_data = 1993))
```

函数 lm() 会生成一个 salary 对 from_date 的拟合回归曲线, 我们可以使用这个拟合模型来预测 1993 年的可能薪水值.

7.7.3 处理缺失数据

对于使用企业数据集的数据科学家, 经常会对收到的数据状态感到惊奇 (有时候甚至是挫败). 由于对数据管理的不善导致企业提供的数据通常是很 "脏" 的. 一个常见的问题便是数据缺失, 从而导致记录不完整. 这时需要验证每一条记录, 确保它包含了所有字段的数据, 并且每个字段数据的类型都是正确的. 此外, 还需要一个处理缺失数据的方案. 如果一条记录不完整, 那么可以丢弃整条记录, 或者基于其他记录的数据推断出缺失的字段值. 一种常用的方案是用其他数据值的平均值或者中位数填补缺失的数据, 也被称为输入数据值 (inputing datavalue).

为了演示处理缺失数据的方法, 这里使用 iris 数据集, 并有选择地将一些数据值设置为 NA. 使用 e1071 包中的 impute() 函数将缺失值设置为这列的平均值. 需要注意的是, impute() 函数返回一个矩阵, 而不是一个数据框, 所以这里必须多加一步, 即将结果中的对象 iris_repaired 转换为数据框. 此外, e1071 包中还提供了很多处理数据的函数.

```
library(e1071)
iris_missing_data <- iris
iris_missing_data[5,1] <- NA
iris_missing_data[7,3] <- NA
iris_missing_data[10,4] <- NA
iris_missing_data[1:10, -5]
iris_repaired <- impute(iris_missing_data[,1:4], what='mean')

iris_repaired <- data.frame(iris_repaired)
iris_repaired[1:10,-5]
```

如果有缺失值的记录数量比记录总数少得多, 那么丢弃这些有缺失值的记录也是一种有效的方式. 下面的例子展示了用 complete.cases() 函数执行移除操作的方法.

```
df <- iris_missing_data
nrow(df)
iris_trimmed <- df[complete.cases(df[,1:4]),]
iris_trimmed <- na.omit(df)
nrow(iris_trimmed)
```

还有另一种方法, 即首先确定多少条记录有缺失值, 如果数量合适的话, 再删除它们.

```
df.has.na <- apply(df,1,function(x){any(is.na(x))})
sum(df.has.na)
iris_trimmed <- df[!df.has.na,]
```

7.8 异常检测

R 语言中可以对数据集的异常进行检测. 异常检测可用于入侵检测、欺诈检测、系统健康状态等多个领域. 出现异常的值被称为异常值, R 语言提供了多种对异常值进行检测的方法, 包括: 统计测试、基于深度的方法、基于偏差的方法、基于距离的方法、基于密度的方法和高维方法.

7.8.1 显示异常值

R 语言中可以使用 identify() 函数显示异常值: identify(in boxplot). boxplot() 函数用于生成一个箱线图. boxplot() 函数有若干图形选项, 但本例未做任何其他设置. identity() 函数用于标记散点图中的点, 箱线图就是散点图的一种.

(一) 示例 1

在此例中, 首先生成 100 个随机数, 随后将生成的点绘制成箱线图, 然后用第一个异常值的标识符来对其进行标记.

```
y <- rnorm(100);boxplot(y)
identify(rep(1, length(y)), y, labels = seq_along(y))
```

(二) 示例 2

boxplot() 函数同样也会自动计算数据集的异常值.

```
x <- rnorm(100)
# 可通过使用下列代码查看摘要信息:
summary(x)
# 然后，通过使用下列代码显示异常值:
boxplot.stats(x)$out
# 下列代码会用图表示数据集，并且突出显示异常值:
```

```
boxplot(x)
# 可以使用mtcars内置的数据生成含有更常见数据的箱线图. 这些数据
    与异常值存在相同的问题, 如下所示:
boxplot(mpg~cyl,data=mtcars, xlab="Cylinders", ylab="MPG")
```

(三) 示例 3

当有两个维度时, 同样可以使用箱线图检测异常值. 注意: 异常点包括 x 坐标和 y 坐标中异常值的并集而非交集, 代码如下所示:

```
x <- rnorm(1000)
y <- rnorm(1000)
f <- data.frame(x,y)
a <- boxplot.stats(x)$out
b <- boxplot.stats(y)$out
list <- union(a,b)
plot(f)
px <-f[f$x %in% a,]
py <-f[f$y %in% b,]
p <- rbind(px,py)
par(new=TRUE)
plot(p$x, p$y,cex=2,col=2)
```

7.8.2 计算异常

考虑到构成异常的多样性, R 语言中带有完全控制异常的机制, 即编写用于决策的函数.

(一) 用法

使用 name() 函数创建异常, 如下所示:

```
name <- function(parameters,···) {
    # determine what constitutes an anomaly return(df)
    }
```

这里, 参数是需要在函数中使用的数值.

(二) 示例 1

此示例需要使用 iris 数据, 如下所示:

```
data <- read.csv("https://archive.ics.uci.edu/ml/
    machine-learning-databases/iris/iris.data")
```

如果确定当萼片低于 4.5 或高于 7.5 时存在异常, 则可以使用下列函数:

```
outliers <- function(data, low, high) {
    outs <- subset(data,data$X5.1 < low | data$x5.1 > high)
    return(outs)
    }
# 得出下列输出数据:
outliers(data, 4.5, 7.5)
```

为了获得预期的结果, 可以为函数传送不同的参数以灵活地对准则进行微调.

(三) 示例 2

另一个常用的功能包是 DMwR. 它包括可以用于定位异常值的 lofactor() 函数.

```
install.packages("DMwR")
library(DMwR)
# 因为它是根据数据进行分类的, 我们从数据上移除 "种类" 列:
nospecies <- data[,1:4]
# 确定框中的异常值:
scores <- lofactor(nospecies, k=3)
# 查看异常值的分布:
plot(density(scores))
```

7.8.3 异常值检测

异常值 (outliers) 指远离其他数据的值. 它可能导致统计分析结果出现偏差, 因此在分析中考虑异常值的存在并对其加以处理是非常重要的. 在 R 语言中存在多种检测异常值的方法, 本节讨论其中最常用的一种方法.

(一) 箱线图

通过 Sampledata 数据集中的 Volume 变量生成箱线图, 代码及示意图 (图 7.2) 如下:

```
boxplot(Sampledata$Volume, main = "Volume",boxwes = 0.1)
```

从图 7.2 中我们可以清楚地看到落在箱线图的虚线之外的两个异常值.

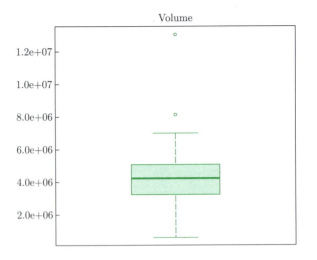

▶ 图 7.2
箱线图

(二) LOF 算法

局部异常值因子 (local outlier factor, LOF) 用来识别基于密度的局部异常值. 在 LOF 分析中, 将样本点的局部密度与其邻居的局部密度进行比较. 如果与其邻居相比, 该样本点落在更加稀疏的区域, 则该样本点被视为异常值. 使用 DMwR 程序包中的 lofactor() 函数计算 Sampledata 数据集中某些变量的 LOF, 代码如下, 示意图如图 7.2 所示.

```
Sampledata1 <- Sampledata[,2:4]
outlier.scores <- lofactor(Sampledata1, k = 4)
plot(density (outlier.scores))
# 提取出排名前5的异常值:
order(outlier.scores, decreasing = TRUE)[1:5]
```

代码结果显示的是排名前 5 异常值所在的行号.

7.8.4　数据采样

有时候解决问题所需要的数据量很大, 例如机器学习问题. 在 R 语言环境中处理大量数据可能会出现问题, 因为 R 语言是基于内存的, 并且用户可使用的数据处理能力也是有限的. 这时, 对数据集进行取样以减少需要处理的数据量是很重要的.

在诸多采样模型中, 随机采样是最常用的, 它给每个记录分配一个 "选中" 的概率. 采样可以是不可重复的 (每条记录最多被抽取一次), 也可以是

可重复的 (同一条记录可以被多次抽取). 以 iris 数据集为例, 用 sample() 函数随机选择 10 行可重复的记录. 生成的 sample_index 是一个整型向量, 包含了指向 iris 数据集中被选中记录的索引. 然后, 使用这个抽样索引来创建一个新的抽样数据集 samplet_set, 代码如下所示:

```
sample_index <- sample(1:nrow(iris), 10, replace=T)
sample_index
sample_set <-iris [sample_index,]
sample_set
```

7.8.5 取子集和编码转换

对数据框取子集是最常见的一种操作. 通常可以使用方括号加索引来取子集, 不过 R 语言还提供了一种更简洁函数, 即 subset(). 下面尝试用它来取出 iris 数据集中种类为 setosa 的鸢尾花的子集, 并列出后三列数据.

```
data_sub <- subset(iris, Species == 'setosa', 3:5)
data_sub <- with(iris, iris[Species == 'setosa', 3:5])
```

subset() 函数的第一个参数是要取子集的数据对象, 第二个参数是用一个逻辑判断确定需要的行, 第三个参数是确定需要的列. 第二行的代码是一样的效果, 只不过略为繁琐一点.

另一种常见的数据处理是编码转换, 即对数据框中的值进行映射, 例如对 iris 数据集中的第一列求对数, 建立新的变量名为 v1, 将结果存到新的数据框中.

```
iris_tr <- transform(iris, v1 = log(Sepal.Length))
```

变量离散化可以看作是编码转换的一种, 下面将变量 v1 根据数值大小分为四组, 而且要求每组的样本数大体一样.

```
q25 <- quantile(iris_tr$v1, 0.25)
q50 <- quantile(iris_tr$v1, 0.50)
q75 <- quantile(iris_tr$v1, 0.75)
groupvec <- c(min(iris_tr$v1), q25, q50, q75, max(iris_tr$v1))
labels <- c('A', 'B', 'C', 'D')
iris_tr$v2 <- with(iris_tr, cut(v1, breaks = groupvec,
     labels=labels, include.lowest = TRUE))
```

上面代码中, 首先使用 quantile() 函数计算第 25、50 和 75 百分位数, 这三个百分位数可以将数据等分为四组; 然后使用 cut() 函数将数据进行切分, 并转换为因子变量.

当原始数据是数字时, 需要转为因子变量, 这时可以使用前面提及的 factor() 函数, 例如下面将数字转为性别.

```
vec <- rep(c(0,1), c(4,6))
vec_fac <- factor(vec,labels = c('male', 'female'))
levels(vec_fac)
```

factor() 函数将数值变量转换为因子变量, 同时其中的 labels 参数控制了因子的取值. levels() 函数可以用来查看或设置因子的取值. 例如有三种因子, 但将其中两种归为一类, 即可直接在 levels 中设置.

```
vec <- rep(c(0,1,3), c(4,6,2))
vec_fac <- factor(vec)
levels(vec_fac) <- c('male', 'female', 'male')
```

在转为因子类型时, levels() 函数的缺省顺序是按照数字大小或是字符顺序. 这在无序因子中并无多大影响, 但在统计建模中, 排第一位的因子会被设定为基础参考因子. 如果对此有不同要求, 可通过 relevel() 函数进行重新设定.

```
vec <- rep(c('b','a'), c(4,6))
vec_fac <- factor(vec)
levels(vec_fac)
  [1] "a" "b"
relevel(vec_fac, ref = 'b')
  [1] b b b b a a a a a a
  Levels: b a
```

7.9 数据计算和探测工具

7.9.1 计算工具

1. 基本数学函数

表 7.1 中列出了常见的数学运算函数. 对于三角函数部分, 读者可自行查阅帮助文档. 完整的数学函数列表可以通过执行 'S3groupGeneric' 或 'S4group-Generic' 命令来查看. 使用这些基本数学函数时, 缺失值的处理方

式对计算结果往往有很大的影响. 诸如 'mean'、'max' 和 'min' 等这类常用函数可以在计算前设置移除缺失值, 但是像 'cumsum' 这类对数值进行累积运算的函数, 则需要在计算前手动处理缺失值, 否则会因为缺失值的累积而导致计算错误.

函数	功能
abs	求绝对值, 既可以是单一数字或复杂型向量, 也可以是数组
ceiling	向上取整数
cummax	累加最大值
cummin	累加最小值
cumprod	阶乘
cumsum	累加
diff	求差值
exp	求指数
floor	向下取整数
log	求对数
max	最大值
min	最小值
mean	均值, 使用时注意默认值
median	中位数
range	数值向量区间
rank	排列
round	四舍五入
sqrt	平方根
sign	辨别正负, 整数返回值 1, 负数返回值 0, 若为 0 则返回 0
signif	保留有效数字
sum	求和

◀ 表 7.1
基本数学运算函数及
功能说明

下列代码中自定义向量 x 并调用 cumsum() 函数求累积和. 结果中当计算到第 11 位数值, 也就是缺失值的时候, 所有后续结果全都变成了 NA. 去除 NA 的方式有很多种, 读者可以根据实际情况自行选择. 一般对于数据框中某一列中的 NA, 可以使用 drop_na() 函数. 这里使用了 which() 函数配合子集选取 "[" 来去除 NA. 第三行代码的解读顺序由内而外依次如下:

```
x <-c(1:10,NA, 11:20)
cumsum(x)
[1] 1 3 6 10 15 21 28 36 45 55 NA NA NA NA NA NA NA NA NA NA NA
cumsum(x[-which(is.na(x))])
[1] 1 3 6 10 15 21 28 36 45 55 66 78 91 105 120 136 153 171 190
   210
```

(1) is.na: 对向量 x 进行默认值辨别.

(2) which: 定位默认值位置.

(3) x[-which(...)]: 按位置移除对应的默认值.

(4) 累加运算.

差值计算函数 diff() 是另外一个很实用的函数. 这个函数可以按照用户自定义的间隔来计算间隔两端数值之间的差. 下列给出了该函数使用默认设置时的计算规则及结果的代码.

代码解读具体如下:

(1) 第 1—3 行, 调用差值函数计算向量 b 各个数值之间的差值并显示结果, 这里使用的是默认参数设置, 也就是计算相邻两个数值之间的差值.

(2) 第 5 行, 计算相隔一位的两个数值的差值.

(3) 第 8—10 行, 显示 b 和 a 中的数值个数, 这里的 a 要比 b 少一个数值, 而第 6 行的计算结果比 b 少两个数值, 也就是说差值计算的结果比原始值少, 少的数量为计算间隔. 只计算单一向量, 或者对数据框、矩阵的全部列进行整体计算时, 直接使用 'diff' 函数一般不会出现问题. 但是, 当对数据框或矩阵的某一列进行差值计算, 并希望将计算结果作为新列出现在同一个数据框或阵列时, 因为差值结果的长度小于原始数据的长度, 因此必须要补齐少的部分, 只有补齐了, 函数才不会报错.

(4) 第 11 行中给出了最简单的补齐方式, 使用 NA 填补第一位. 计算的结果则可以解释为: b 中的第一位数值前无数值可减, 所以为 NA, 第二位与第一位数值的差为 1, 第三位与第二位数值的差为 1, 以此类推.

代码实现具体如下:

```
b <- c(1:3,5,7:11,13)
a <- diff(b)
a
[1] 1 1 2 2 1 1 1 1 2
diff(b,lag = 2)
[1] 2 3 4 3 2 2 2 3
length(b)
[1] 10
length(a)
[1] 9
a <- c(NA,diff(b))
a
[1] NA 1 1 2 2 1 1 1 1 2
```

2. 基本运算符号

表 7.2 列出了 R 语言中常用的数学运算符号. 除了常见的加减乘除之

外, 逻辑和比较运算符会在数据清洗过程中频繁使用. 比如, 为了筛选非缺失值的数据, 在函数 is.na() 前使用逻辑非符号 "!"; 或者在使用 filter() 函数过滤数据框时, 为了筛选特定的值, 通常会使用 "列名" == X 来实现.

符号	含义
+,-,*,/	加减乘除
^	平方
%%	余数
%/%	除数
$,|,!	逻辑运算符
==, !=, <, <=, >=, >	比较运算符
%in%	查询匹配

◀ 表 7.2
数学符号及含义

同时筛选多个值时, 查询匹配运算符 "%in%" 特别有用. 该运算符能够为查询运算符左侧的向量是否匹配右侧指定的向量. 下面的代码展示了如何使用该运算符.

```
df <- tibble(a = 1:6,    b = letters[1:6])  %install.packages('
  tibble')
df %>%
filter( a %in% c(1,3,4))
df %>%
filter( !a %in% c(1,3,4))
```

代码解读具体如下:

(1) 随机自定义一个数据框 df, 然后对其进行查询匹配数据筛选.

(2) 筛选出列 a 中值为 1、3 和 4 的行.

(3) 筛选出列 a 中非 1、3 和 4 的行.

3. 基本统计函数

R 语言基本包 (即 base 包) 中最常用的统计函数为 summary(). 一般会在数据分析前给出统计汇总的结果, 以展示数据中每个变量的分位数、平均值、中间值等基本信息. 但这些信息并不能对学习或是实际应用数据分析产生事半功倍的效果, 有些情况反而会因为信息太多而干扰分析的过程. 所以建议读者在进行真正的数据分析之前, 先想好自己分析的问题及方向, 从而确定好所需的函数, 尽量避免对数据进行过度解读. 当然, 如果只是为了了解函数的特征, 则无须考虑这条建议.

另外两个常见的统计模型函数 anova() 和 lm() 在使用过程中需要注意参数 formula 的排列顺序. 其中, 线性回归模型 lm 中 formula 的设置格式一般为 y~x. 一般情况下, 波浪线左侧多为因变量, 而右侧多为自变量. 右侧可以同时设置多个变量, 代表多个变量均对左侧的因变量产生影响. 也可以通过将 formula 参数设置为 y~x+0, 使回归线 (regression line) 通过原点.

使用卡方检验 chisq.test 时需要注意对照表的构建, 对照表中若有一整列缺失值或 0, 则卡方检验结果或许会无法得到准确的显著性异值 'p-value'.

在生物统计学绘制结果图表时, 通常需要计算标准误差来标注抽样误差的大小情况. R 语言中并无直接计算标准误差的函数, 所以通常需要用户自行计算该指标.

4. 向量操作工具箱

purrr 包中含有一部分专门用来操作向量的函数, 这部分函数将其他包中已存在的函数进行整理加工, 使其变得更加规整易用. 这部分函数的原理与 dplyr 包中的操作函数非常相似, 只是处理对象多为列表型数据, 而处理列表型数据也是 purrr 包最大的优势. 虽然 purrr 包中的列表操作函数非常强大, 但是对于初学者来说, 这部分内容可能只会带来更多的困惑, 因此这里仅介绍各个函数的基本原理而不再进行代码演示.

(1) accumulate 和 reduce 家族——元素累积运算

accumulate() 和 reduce() 这两组函数的功能是一致的, 都是将列表中的元素按照指定的条件函数进行运算, 两组函数之间的区别在于函数 accumulate() 会保留所有的中间值和最后的累积值, 而 reduce() 则是直接给出最后的计算结果.

下列示例代码通过随机创建一个数值向量 a 演示了 accumulate() 函数的基本操作. 向量 a 中共包含 10 个数字, 为方便读者理解, 在每次运行 accumulate() 函数之前, 向量 a 都被单独列出以方便对照. 示例代码具体如下:

```
a <-1:10
```

首先演示最简单的参数设置, 这里用到 sum() 函数对向量中的数值进行求和计算. accumulate() 函数会从第一位数字 1 开始, 将上一步的计算结果与执行位置的数值相加. 实现代码具体如下:

```
a
a %>%
accumulate(sum)
```

参数 ".init" 为可选项, 当选择设置该参数时, accumulate() 会将该值作为起始数值, 向量 a 中的第一位数值 1 加 0 得 1 后将置于结果的第二位. 因为初始值的原因, 计算结果将向后错一位. 实现代码具体如下:

```
a
a %>%
accumulate(sum, .init = 0)
```

```
a %>%
accumulate(sum, .init = 1)
```

函数 reduce() 与 accumulate() 的功能一致, 但仅显示最后的计算结果. 读者可以将 accumulate() 函数理解为 cumsum() 或 cummean() 等函数的循环迭代版. 相应的, reduce() 函数也可以理解为 dplyr 包中 summary() 函数的升级版. 实现代码具体如下:

```
a %>%
reduce(sum)
```

(2) cross 家族——排列组合

这一家族的函数均为 R 语言基本包中 expand.grid() 函数的升级优化版, 即将两组向量中所有可能的排列组合都列举出来. cross 家族函数一般在涉及地理坐标上的应用比较多, 比如已知一个地区的地理坐标范围, 在这一地区内部有一部分地点的数据已经采集完毕, 若想快速准确地了解哪些地理坐标位置点的数据还未采集, 则可以调用 cross 家族函数中的成员, 使用已知的地理坐标范围和坐标间距, 生成这一地区内全部的地理坐标点, 最后将已采集数据部分的地理坐标与之相对比, 即可得出想要的答案.

7.9.2 探测工具

与 dplyr 包一样, purrr 包除了包含各种简单易用的迭代循环函数之外, 还额外提供了许多方便用户进行数据检索的工具函数. 熟练搭配使用这类函数, 将会对数据的处理与分析有很大的帮助.

(一) detect/detect_index——寻找第一个匹配条件的值

这一对函数很好区分也容易记忆, detect() 函数会显示匹配条件的数据值, 如果指定的 ".x" 中无符合条件的值, 则返回 NULL. detect_index 会返回符合条件的数据值的位置信息, 若无满足条件的情况则返回值为 0. detect/detect_index 秉承了 purrr 包优雅循环的特性, 这组函数当然也会对指定的数据进行迭代循环, 对参数 ".x" 中的每一个元素进行匹配检测. 读者需要注意的是, 参数 ".p" 和 ".f" 设置任意一个都可以完成检测的目的. 下列示例代码来自帮助文档, 对其拆分解释以帮助读者理解该组函数的用法.

```
is_even <- function(x) x %% 2 == 0
3:10 %>% detect(is_even)
3:10 %>% detect_index(is_even)
3:10 %>% detect(is_even, .dir = "backward")
```

```
3:10 %>% detect_index(is_even, .dir = "backward")
x <- list(
    list(a = as.logical(1), foo = FALSE),
    list(b = 2, foo = TRUE),
    list(c = 3, foo = TRUE)
)
detect(x, "a")
detect(x, "foo")
detect_index(x, "foo", .dir = "backward")
```

(1) 创建一个自定义函数, 函数的名称为 "是否为偶数", 具体的实现方法则为任意数值 x 能否被 2 整除.

(2) 使用 detect() 函数检测一列数值 3 到 10 中的第一个偶数, 检测顺序默认为从左到右, 返回值为第一个偶数的具体数值, 即为 4.

(3) 使用 detect_index() 函数进行完全相同的检测, 返回值为第一个偶数在 3 到 10 这一列数字当中的位置, 也就是 2.

(4) 第 3、4 行代码与第 2、3 行代码的检测标准一致, 不过检测顺序为从右到左, 所以得到的结果分别为数字 10 以及数字 10 所在的位置, 也就是第 8 位.

(5) 创建一个嵌套列表 x, 其中包含三个子列表, 每个子列表中各有两个元素, 第一个子列表中元素 a 为逻辑型数值, 其值为真, 元素 foo 为逻辑假; 第二个子列表中元素 b 有数字 2, 元素 foo 为逻辑真; 第三个子列表中元素 c 有数字 3, 元素 foo 为逻辑真.

(6) 使用 detect() 函数判别嵌套列表 x 中是否存在元素 a 为真的情况, 并将匹配到的结果从列表中提取出来. 这时的 detect() 函数可以理解为一个匹配再加上提取函数, 先判断逻辑真是否存在, 若存在则提取出第一个匹配的元素并且终止函数运行, 返回结果.

(7) 使用 detect() 函数判别嵌套列表 x 中是否存在元素 foo 为真的情况, 其原理与上一代码相同.

(8) 使用 detect_index() 函数以从右到左的顺序验证是否有名为 foo 的元素为真.

(二) every/some——列表中是否全部或部分元素满足条件

这一组函数与上面介绍的函数功能非常相似, 区别正如其字面上的意思一样, 被检测的向量中是否每一个都符合条件还是只有一些符合. 条件 every/some 的函数格式如下:

every/some(.x, .p, ...)

参数设置秉承 purrr 包的一贯规律, 必要的向量对象 ".x", 条件函数 ".p",

条件函数中的参数可以通过 3 个点的参数来进行设置. 下面的代码简要介绍了这两个函数的用法和原理:

```
a <- list(as.integer(0:10, letters[1:5],NA))
every(a,is.character)
every(a,is.logical)
some(a,is.logical)
every(a[1],is.integer)
some(a,is.integer)
```

(1) 创建一个列表型数据 a, 其中包括 3 个元素: 第一个元素中含有一组整数, 第二个元素为一组字母, 第三个元素为 NA(默认为逻辑型).

(2) 测试 a 中是否全部为字符型元素, 返回值为假, 即并非全部为字符型.

(3) 测试 a 中是否全部为逻辑型, 返回值为假, 因为只有第三个元素为逻辑型.

(4) 测试 a 中是否部分为逻辑型, 返回值为真.

(5) 测试 a 中的第一个元素是否为整型数值, 返回值为真.

(6) 测试 a 中是否部分为整型元素, 返回值为真, 因为第一个元素为整型.

(三) has_element——向量中是否存在想要的元素

has_element() 是一个功能很简单的函数. 当用户需要检测某一组向量中是否存在一个元素时, 即可以用这个函数来进行迭代检测. 函数的格式为: has_element(.x, .y).

需要注意的是, 该函数要求参数 ".x" 中的被检测对象与 ".y" 中的条件对象必须完全一致, 包括数值和数值的类型. 下面的示例代码可用于对比检测对象和条件对象的一致性.

```
a <- 1
b <- 1:10
typeof(a)
typeof(b)
has_element(a, 1)
has_element(b, 1)
has_element(b, as.integer(1))
x <- list(1:10,list(1),-5,9.9)
has_element(x, list(1))
```

(1) 创建原子向量 a, 数值为 1.

(2) 创建原子向量 b, 数值为 1 到 10.

(3) 检测向量 a 的类型, 结果显示为浮点型, 表明将单个数字保存为向量时, 其默认类型为浮点型.

(4) 检测向量 b 的类型, 为整型, 即创建一串数字时, 其默认类型为整型.

(5) 使用 has_element() 检测 a 中是否含有数字 1, 返回结果为真, 因为两个值的默认类型皆为浮点型. 假如将条件对象设置为 as.integer(1), 则返回结果为假.

(6) 使用 has_element() 检测 b 中是否含有数字 1, 返回结果为假, 因为 b 中的数值皆为整型, 而条件对象 1 是浮点型.

(7) 当明确条件对象的数值类型也为整型时, 返回结果为真.

(8) 创建嵌套列表 x, 其中包含 4 个元素, 分别为整型元素 1 到 10, 值为 1 的列表元素, 值为 −5 的浮点型元素和值为 9.9 的浮点型元素.

(9) 使用 has_element() 检测 x 中是否含有值为 1 的列表型元素, 返回结果为真.

(四) head/tail_while——满足条件之前和之后的元素

与之前几个探测函数不同, head/tail_while() 函数会将满足条件元素之前和之后的元素都显示出来. 参数设置与前面介绍的 detect() 函数一致, 这里不再赘述. 下面的示例代码介绍了 head/tail_while() 函数的用法.

```
x <- c(1, -1:3, NA, 0, 1:10, 9.1)
head_while(x,~!is.na(.))
tail_while(x,~!is.na(.))
```

(1) 创建一个含有 6 个元素的列表 x.
(2) 调用 head_while() 函数, 检测并显示非 NA 之前的所有元素.
(3) 调用 tail_while() 函数, 检测并显示非 NA 之后的所有元素.
下面的代码将进行如下两项操作.
(1) 调用 head_while() 函数, 检测并显示大于 0 之前的所有元素.
(2) 调用 tail_while() 函数, 检测并显示大于 0 之后的所有元素.
示例代码具体如下:

```
head_while(x, ~.>0)
tail_while(x, ~.>0)
```

(五) keep/discard/compact——有条件筛选

这一组的 3 个函数中, keep()/discard() 互相对应, 一为保留, 一为丢弃, 函数 compact() 则类似于 discard(), 不同之处在于 compact() 只会丢弃空元素. 参数设置方面的内容请读者结合其他函数及下面的代码演示来进行理解.

```
a <- 1:10
keep(a, function(x) x>3)
discard(a, ~.>3)
```

(1) 创建一组整型向量, 保存为 a.

(2) 调用 keep() 函数对 a 进行筛选, 凡是大于 3 的整数保留, 小于 3 的丢掉.

(3) 调用 discard() 函数则将得到完全相反的结果.

在示例代码中, 两个函数的第二个参数 ".p" 中, 条件函数的设置是完全一样的, 也就是说 "function(x) x>3" == "~.>3". 前者 "function()" 函数中的 x 可以理解为 a 中的任一元素, 与之相对应的是后者的 ".".

下面的示例代码将进行如下几项操作.

(1) 创建一个列表型向量 b, b 中包含了 5 个元素, 分别为逻辑型元素 NA, 空元素 NULL, 字符串元素 abc, 整型元素 123 和空元素 NULL.

(2) 调用 keep() 函数对 b 进行筛选, 仅保留逻辑型元素.

(3) 调用 discard() 函数则会得到完全相反的结果, 逻辑元素 NA 被删除.

(4) 调用 compact() 函数去掉所有为空的元素.

示例代码具体如下:

```
b <-list(NA,NULL,letters[1:3],1:3,NULL)
keep(b,is.logical)
discard(b,is.logical)
compact(b)
```

(六) prepend——随意插入数据

与 add_row/column() 函数类似, prepend() 函数可以在一个向量对象的任意位置增加元素. 具体用法请参看下面的代码示例.

```
a <- 1:5
b <- list(1,2,3)
prepend(a, NA, 3)
prepend(b, NA, 3)
```

(1) 创建整型向量 a, 数值为 1 到 5.

(2) 创建列表型向量 b, 列表内为 3 个元素.

(3) 调用 prepend() 函数在向量 a 中增加一个元素 NA, 增加的位置在 a 中第三个元素之前.

(4) 调用 prepend() 函数在向量 b 中增加一个元素 NA, 增加的位置在 b 中第三个元素之前.

(七) set_names——命名向量中的元素

函数 set_names() 是从别的地方引进的名词, 不过因为实在是太实用了, 所以 Hadley 将这个 rlang 包中的函数特意放进了 purrr 包中, 而原来在 rlang 包中的 set_names() 函数则是 stats 包中的 setnames() 函数的简化升级版. set_names() 函数的功能非常简单, 仅仅是为向量中的元素命名, 重点在于命名之后的向量, 名字变成了属性, 可以紧紧跟随各个元素, 就像标签一样标注了元素的来源. 而当一次性处理不同来源但性质和内容类似的元素时, 通过来源注释可以大大减少数据处理和分析的任务. 函数仅包含三个参数, 具体格式如下:

set_names(x, nm = x, ...)

(1) x 代表必须指定需要命名的向量.

(2) nm 代表元素命名的名字, 长度需要与 x 中的向量一致. 默认设置为向量本身, 也就是说当用户不指定任何名称向量时, 该函数会用向量中的元素值为各个元素命名. 如果向量中的元素已经有名字了, 也可以通过该参数来更改已经存在的名字.

(3) "..." 与 nm 参数的功能类似, 可以使用单独的字符串来为向量中的元素命名.

下面通过示例代码来学习 set_names() 函数的使用方法, 并介绍一些小技巧以展示该函数的实用性. 示例代码按照行序可以依次解读为如下内容.

```r
nonm <- list.files("RawData/",pattern = "*.csv",full.names = T)
norm
nm <- list.files("RawData/",pattern = "*.csv",full.names = T)
    %>%
set_names()
nm
names(nonm)
names(nm)
```

(1) 列出文件夹 RawData 中的全部 ".csv" 文件, 并列出每个文件的绝对路径, 保存为向量 nonm.

(2) 显示 nonm.

(3) 列出文件夹 RawData 中的全部 ".csv" 文件, 并列出每个文件的绝对路径, 将结果通过管道函数传递给 set_names() 函数, 最后保存为向量 nm.

(4) 显示 nm, 因为上一步中 set_names() 函数使用了默认设置, 所以 nm

中的各个元素名称与元素本身一致. 区别在于元素本身为字符串型数据, 以双引号区分彼此, 而名字无双引号.

(5) 第 5 到 6 行代码分别对向量 nonm 和 nm 运行 names() 函数以检视其中的元素名字, nonm 中的元素无名字, 所以返回值为 NULL. nm 中的元素有名字, 所以返回一个字符串向量.

通常情况下使用默认名字已然足够, 如果用户需要自定义名称, 则可以参照帮助文档中的代码示例进行 nm 参数的设置. 下面的示例代码简要展示了函数 set_names() 如何与其他函数配合使用读取多个 ".csv" 文件, 并将数据来源标注到最后的数据框中.

```
l <- list.files("RawData/", pattern = "*.csv", full.names = T)
    %>%
set_names() %>%
map(~read.csv(.,stringsAsFactors = F))
str(l)
bigdf <- imap_dfr(l, ~transform(.x, filename = .y))
str(bigdf)
iris (1).csv" "RawData/iris (1).csv"
bigdf$filename %>% unique()
```

上述代码按照行序可依次解释为如下内容:

(1) 列出文件夹 RawData 中的全部 ".csv" 文件, 并列出每个文件的绝对路径, 将结果通过管道函数传递给 set_names() 函数进行重命名, 命名规则为默认设置, 即利用文件本身的绝对路径作为名字, 然后将命名后的结果用管道函数传递给 map() 函数进行迭代读取, 读取函数为 read.csv().

(2) 使用 str() 函数来查看列表 l. 列表中包含三个元素, 分别来自三个不同的文件.

(3) 使用 imap() 函数家族中的 imap_dfr 将列表 l 中的元素按照行整合成一个新的数据框, 在整合之前, 调用 transform() 函数来对列表中的每个元素进行新增列操作, 新增的列名为 filename, 这一列的数据值则为相应的元素名称, 也就是原始数据的文件名; 最后将结果保存在名为 bigdf 的数据框中.

(4) 使用 str() 函数来查看 bigdf.

(5) 使用 unique() 函数验证读取结果.

相较于使用 sapply() 函数对数据来源文件名进行标注, purrr 包的标注略微有些烦琐, 不过优势在于可以将所有步骤通过管道函数连接起来, 且参数一致. 数据在被各个函数处理之后仍能保留原有的格式及属性.

下面的示例代码演示了如何使用 set_names() 来对 Excel 的多个工作表中的数据进行来源标注.

```
worksheet <- readxl::excel_sheets("RawData/multiply_spreadsheet
    .xlsx")%>%
set_names() %>%
map_df(., ~readx1::read_excel("RawData/multiply_spreadsheet.
    xlsx", sheet=.),.id = "id")
worksheet %>% head()
worksheet$id %>% unique()
```

示例代码按照顺序可解释为如下内容:

(1) 调用 readx1 包中的 excel_sheets() 函数来检测名为 multiply_spread-sheet. xlsx 全部工作表的名称, 并将结果传递给 set_names() 进行命名, 然后将命名后的结果传递给 map_df. map_df 会对该结果执行 read_excel() 函数, 运行的规则为按照 set_names() 函数中各个工作表的名字进行读取, 读取后的数据将直接整合进数据框中, 而其来源则会标注到变量 "id" 中, 最后的结果将保存进 worksheet.

(2) 使用 head() 函数检查结果.

(3) 再次运行 unique() 检查结果.

若只需要使用某个 R 语言包的个别函数, 则可以使用包名称 + 两个冒号 + 函数名称的方式来避免装载整个包. 另外, 这样的调用方式能够确保调用函数的准确性, 从而避免由于不同的包中函数的重名而导致的函数调用错误.

(八) vec_depth()——嵌套列表型数据探测器

vec_depth() 函数同样是一个功能简单但非常实用的函数. 该函数可用于检测一个向量一共包含有多少层次. 参数只有一个必要项, 即想要探测的向量. 下面的代码对帮助文档中的示例代码进行了更改以便于更好的理解. 具体解释如下:

```
x <- list(a = 1,
b = list(a = 1),
c = list(aa = list(a = 1)))
x
vec_depth(x)
x %>% map_int(vec_depth)
```

(1) 创建一个嵌套列表 x, 该列表共包含 3 个元素, 分别是 a、b 和 c. 元素 a 中只有数字 1; 元素 b 为一个列表, 列表中只包含一个元素 a, 值为 1; 元素 c 为一个嵌套列表, 列表的第一层是名称为 aa 的列表元素, 第二层为名称为 a、值为 1 的列表元素.

(2) 查看该列表.

(3) 对 x 执行 vec_depth(), 返回值 4, 即代表该嵌套型列表为 4 层.

(4) 使用 map_int() 对 x 中的元素进行迭代探测, 返回值为 1、2 和 3, 分别代表第一个元素 a 中的值相对用户的工作环境 (global environment) 为一层、元素 b 中的值为两层、元素 c 为三层.

7.10 其他热门数据管理包

7.10.1 stringr

(一) stringr 字符处理工具

与 Hadley 出品的其他 tidy 系列包一样, stringr 也具有同样清晰的逻辑结构和参数设置. 在 stringr 包中, 函数的参数很少有超过三个的情况, 各个常用的函数只需要指定两到三个参数, 这极大地简化了参数设置的过程. 加之参数在结构和名称上的一致性, 用户很容易就能做到融会贯通. 总体上说, stringr 包是将 stringi 总结并优化而来的一个包. 简单地字符处理能力, 可以极大地提高数据清洗的效率. 使用 stringr 包, 用户能够快速上手使用正则表达式, 从而快速地处理数据, 同时对表达式的基本概念也能有一定的理解, 为以后更复杂的任务做好铺垫.

base 与 stringr

R 语言中的 base 包中已包含了一些使用正则表达式处理字符串的函数, 例如, 以 grep() 为母函数的一众函数, 如最常用的 gsub() 函数. 熟悉 Linux 系统的读者可能会觉得 grep 看起来很眼熟, 这是因为 R 语言与其他编程语言一样, 都借鉴了各种计算机语言的精华部分. 表 7.3 列出了 base 包中与字符串有关的函数及与 stringr 包中相应函数的对比与小结. 通过学习 stringr 包中的函数可以帮助了解 base 包中的对应函数. stringr 包虽然简单易上手, 但是在实际处理应用数据时, 速度上会比 base 包中的函数略慢, 读者可以通过 stringr 包中的函数来练习字符处理的能力, 在实际工作中使用 base 包中的函数来执行具体任务.

base	stringr	功能
sub	str_replace	查询并替换第一个匹配的字符模式
gsub	str_replace_all	查询并替换所有匹配的字符模式
grep grepl	str_detect	检测指定字符串中是否存在匹配的模式
regexprl	str_locate	检测第一个匹配字符模式的位置并报告

◀ 表 7.3
R 语言 base 包和 stringr 包中字符处理函数对比

下面的代码演示了 str_replace() 和 str_replace_all() 的区别以及参数设置.

```r
library(stringr)
example_txt <- "sub and gsub perform replacement of the first
    and all matches respectively."
str_replace(string = example_txt,pattern = "a",replacement =
    "@")
str_replace_all(string = example_txt,pattern = "a",replacement
    = "@")
```

首先加载 stringr 包, 然后创建一个练习用的字符串向量 example_txt. 对练习对象执行 str_replace() 函数, 参数 pattern 被设置为 "a"(即查询 "a" 第一次出现的位置), 参数 replacement 设置为符号 "@"(即使用 "@" 来替代字母 "a"). 从结果可以看到只有第一个 "a" 被替换, 字符串中其他的 "a" 仍被保留. 但是 str_replace_all() 会将所有符合要求的部分全都替换掉. base 包中的 sub() 和 gsub() 函数逻辑与 str_replace() 和 str_replace_all() 相同, 只是包含了更多的参数设置来满足更复杂的任务需求. 感兴趣的读者可以自行尝试.

(二) 正则表达式基础

正则表达式 (regular expression) 在主流的统计语言中都有应用. 使用符号型字符串大规模查找和替换数据, 不仅可以提高工作效率, 同时还能保证规则的一致性. R 语言中正则表达式的符号意义, 请参看表 7.4. 表 7.4 列出了最常见的正则表达式字符, 读者可以将这些符号想象成积木的小构件, 由简到繁慢慢搭配这些构件, 以实现不同的数据处理目标.

1. 简易正则表达式的创建

数据集 df 是笔者从网络上获取的一组英文期刊作者姓名和出版年份 (具体见表 7.5), 以此为例, 简单演示正则表达式的组合过程. 示例代码如下:

```r
df
str_view(df$authors,pattern = ".+")
str_view(df$authors,pattern = "\\.")
str_view_all(df$authors,pattern = "\\.")
```

函数 str_view/_all() 可以直观地反映出数据内部的匹配情况. ".+" 组合的意思是匹配除换行符以外的所有字符, 且字符至少出现一次, 所以全部的字符都被匹配出来了. 若只希望匹配 ".", 则需要使用反斜杠来告知函数, 这是因为独立存在的 "." 会被解析为任何除换行符之外的字符、字母和数字

(见表 7.4). 所以第二行代码的意思就是匹配第一个出现的英文句号.

符号	含义
[:alnum:]	英文字母和数字, 字母包括大写和小写
[:alpha:]	英文字母, 不区分大小写
[:blank:]	空白, 可以是空格、tab 或者其他会形成空白的符号
[:cntrl:]	控制符
[:digit:]	阿拉伯数字, 0—9
[:graph:]	制表符, 包括标点符号和字母数字
[:lower:]	小写字母或根据 locale 调整字母查询所基于的语言
[:print:]	标点符号、数字、字母和空格键
[:punct:]	各种标点符号
[:space:]	空格键, 包括 tab、分页符、垂直的 tab、回车等
[:upper:]	大写字母
[:xdigit:]	十六进制数字
^	字符起始位置
$	字符结束位置
|	或, 用于构建条件选择
[], ^]	查询中括号内的匹配项目, 如果中括号中存在 "^", 则查询不包括中括号中的匹配内容
()	多组查询, 括号内为一组, 可以将一个字符模式分为多组查询, 然后对其中一组或多组匹配字符进行处理
.	匹配除换行符之外的任何单字符
?	最多匹配一次
*	至少匹配 0 次
+	至少匹配 1 次
{n}	匹配 n 次
{n,}	至少匹配 n 次
{n,m}	匹配 n 到 m 次

◀ 表 7.4
正则表达式符号及含义

年份	作者
2016	D.F.Guinto pp.121-132
2017	W.T.Bussell and C.M.Triggs pp.23-27
2017	A.W.Holmes and G.Jiang pp.37-45

◀ 表 7.5
数据集 df 内容展示

匹配所有字母和数字, 代码如下:

```
str_view_all(df$authors,pattern = "[:alnum:]+")
```

注意: str_view/_all 的返回结果会显示在 Rstuido 的 viewer 中, 而不会显示在 console 中.

当处理数据较多时, str_view/_all 的速度可能会很慢. 这时, 可以使用 str_detect() 函数来检测所使用的表达式在数据中是否有匹配. 该函数只返回逻辑判断:

```
str_detect(df$authors, pattern = "\\.")
```

在 df 中, 页码可以被归为无用信息, 所以需要清理掉. 下面的代码使用 str_replace() 函数将页码的部分完全替换掉. 匹配模式为 "pp\\..+[:digit:]2,3 [:digit:]2,3". 分解这个正则表达式: "pp" 匹配 "pp"; "\." 匹配 "."; ".+" 代表 "pp." 后面的任何字符串; "[:digit:] 2,3" 代表 2 到 3 位数字; "" 匹配 "-"; 最后的 [:digit:]2,3 表示数字出现 2 到 3 位.

```
df$authors <- str_replace(df$authors,pattern = "pp\\..+[:digit
    :]{2,3}\\ -[:digit]{2,3}",replacement = "")
df1
```

文件名	内容
2016	D.F.Guinto
2017	W.T.Bussell and C.M.Triggs
2017	A.W.Holmes and G.Jiang

▶ 表 7.6
去除页码后的数据集

更复杂的正则表达式可以参看 Garrett Grolemund 和 Hadley Wickham 合著的 *R for Data Science* 第 14 章, 或者 Jeffery E.F.Friedl 编著的 *Mastering Regular Expressions*.

2. 文本挖掘浅析

文本挖掘, 或者更通俗地讲, 自然语言处理 (nature language processing), 是人工智能领域必不可少的一项技术. 每一秒钟, 全世界范围内都有不计其数的新文本被以各种形式记录或保存起来, 但这些以人类语言书写或录制下来的 "数据", 并不像二进制的表格式数据那样容易被电脑接受并处理. 如何分析人类历史中这些以文本形式保存的数据, 就是文本挖掘需要解决的问题. 现实中, 苹果的 siri 已经算是这方面很成功的商业应用模型. 也有很多编程数据分析前辈, 结合机器学习和自然语言处理来进行音乐创作、文献写作等. 有关文本挖掘的详细内容已超出本书的讨论范围, 所以在此仅简略地介绍文本挖掘的一般流程及可用的 R 语言包.

图 7.3 列出了文本挖掘的一般流程, 大致可以总结为三个主要部分: 文本数据的获取、文本数据的准备、数据分析.

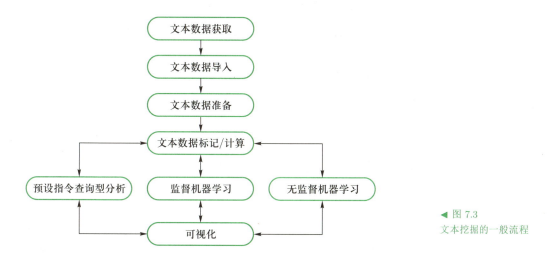

▲ 图 7.3
文本挖掘的一般流程

数据获取的方法多种多样, 可以使用网络爬虫抓取网络文本, 使用 pdftoos 包读取 PDF 格式的电子文档, jsonlite 包读取 JSON 格式的文本数据, 或者是安装 janeaustenr 包获取著名小说来进行文本挖掘的练习.

文本数据的准备包括清理标点符号、页码等多余信息, 以及分词标记和简单的初步统计. 通常需要使用正则表达式, 其主要目的是将文章中的句子拆分以获取单个的词语或词组, 并去掉某些无语义贡献的词汇, 例如, 介词或是助词, 再进行一定程度的词频统计等操作. 建议有一定英语基础的读者按照 *Text Mining with R* 这本书开始练习. 该书的作者就是最易上手的文本挖掘 R 语言包 tidytext 的开发者. 希望分析中文的读者可以从 quanteda 包开始, 因为这个包配有中文词库和简单的中文示意.

根据目的的不同, 分析文本数据在难度上会有天壤之别. 对于初学者来说, 预先设置一些已知的规则对文本数据进行查询式的分析 (比如, 在某本小说中, 哪一个角色的名字出现的次数最多) 这样的词频统计分析可视化, 有助于提高对数据的理解和使用各个函数的信心. 监督和无监督机器学习需要依靠 tm、quanteda 和 topicmodels 等不同的 R 语言包的交互使用才能实现复杂的分析目标. 感兴趣的读者参阅各个包的主页, 这里不再过多讨论.

7.10.2 数据清理 tidyr

1. 为何使用 tidyr

tidyr 包作为整个 tidy 系列里的支柱之一, 可以称为目前最容易上手的数据清理和数据操纵工具. 开发者 Hadley 汲取了 reshape 和 reshape2 包中的精华, 并最大限度地考虑到新用户的使用习惯, 用精简的语言创造了 tidyr 包. 根据经验, 使用 tidyr 包进行数据清理的优势有以下 4 点.

(1) 简洁直观的函数名称, 可读性极强——易上手.

(2) 默认设置可以满足大部分使用需求, 无须时刻参考帮助文档——易使用.

(3) 不同函数中的参数设置结果清晰——易于记忆.

(4) 处理数据过程中保留了完整的变量属性及数据格式——不易于出现未知错误.

本节将通过介绍 tidyr 包中最重要的几个函数来为读者展示 tidyr 包在数据清理和数据操控上的优势, 并通过代码演示来介绍其基本的使用方法.

2. gather/spread —— "长""宽"数据转换

(1) gather —— "宽"变"长"

有时"宽"数据在应用过程中有不便之处, 所以推荐将数据转换成"长"数据, 即全部变量名称为一列, 相关数值为一列. gather() 函数因此而生. 图 7.4 为"宽"数据变"长"数据示意图, 在理想情况下, 整洁的数据框应为如图 7.4(a) 所示的格式, 因子水平一列 (性别), 变量 (或指标) 一列, 剩余所有数值型数据一列.

序号	性别	key	value
1	男	体重	70
2	女	体重	60
3	女	体重	55
4	女	体重	58
5	男	体重	80
6	男	体重	85
1	男	年龄	23
2	女	年龄	25
3	女	年龄	26
4	女	年龄	22
5	男	年龄	23
6	男	年龄	30

(a) "长"数据

序号	男 体重	女 体重	男 年龄	女 年龄
1	70	NA	23	NA
2	NA	60	NA	25
3	NA	55	NA	26
4	NA	58	NA	22
5	80	NA	23	NA
6	85	NA	30	NA

(b) "宽"数据

▶ 图 7.4
"宽"数据变"长"数据示意图

读者可以使用 tribble() 函数来构建如图 7.4(b) 所示的"脏"数据框, 然后使用以下代码实现从"脏"和"宽"的形式到"干净"和"长"的转换.

```
df \%>\%
gather(data = .,key = key, value = value, ...= - 序号,nalrm = T
    ) \%>\%
separate(data = .,key, into = c("性别", "key"))
```

在代码中, 笔者将"脏"数据保存在名为 df 的数据框中 (此处略去创建数据集的代码), 然后使用管道函数"%>%"将 df 传递给 gather() 函数 (中文释义见表 7.7). 因为管道函数的存在, 所以无须重新引用 df, 而以 "." 来代替, 指定指标列为 key, 数值列为 value, 保留序号列 (保留列需要使用负号加列名的形式进行设置), 并移除默认值. 之后会得到一个中间产物数据框, 该数据框指标列中的 "性别" 和指标虽然以空格分隔开, 但仍然在一列中, 不满足 "干净" 数据的原则. 所以, 再次使用管道函数将中间产物的数据框传递给函数 separate(), 将 key 列拆分成两列, 分别为性别和 key.

参数名称	功能
data	数据框, 接收 data.frame 和 tbl 格式
key,value	新的变量名, 可以是字符串或者字符. key 参数可以为指标列设置新名称, 而 value 参数则是为了设置数值所在的列名
...	需要转换的列, 既可以是列名, 也可以是列所在的位置, 支持使用冒号选择连续列, 如选择列 2 到列 5, 指定该参数为 "2:5", 即可实现选择, 也可以使用减号来实现反向选择, 如若不想选择第一列, 则设置该参数为 "−1" 即可
na.rm	对默认值的处理. 默认设置为保留默认值, 可以设置为 TRUE 移除默认值
convert	该参数可用于引用 utils 中的 type.convert() 函数. 默认设置为 FALSE, 即不应用, 若设置为 TRUE, 则会引用 type.convert() 函数, 对变量名称进行属性转换, 具体转换规则请参看函数帮助
factor_key	新指标列中的指标是否转换成因子, 默认设置为 FALSE, 即不设置成因子, 若设置为 TRUE 则转换为因子

◄ 表 7.7
函数 gather 参数及说明

由于 tidy 系列中各个函数的结构非常简洁清晰, 因此当读者熟悉各种参数的位置情况之后, 完全可以省略各种参数名称, 而只依靠位置来进行传参, 具体代码如下:

```
>df \%>\%
gather(key, value, -序号, na.rn=T) \%>\%
separate(key, c("性别", "key"))
```

(2) spread——"长" 变 "宽"

函数 spread() 是 gather() 函数的逆向函数, 即将 "长" 数据转换成 "宽" 数据. 图 7.5 简要展示了函数的执行规则, 将 key 列中的变量单独拆分成新列, value 列中与变量中对应的数值同样会按规则进行放置. 读者可以参考表 7.8 中的中文释义自行练习代码.

(3) separate()/unite()——拆分合并列

函数 separate() 完全可以理解为是 Excel 中的拆分列, 该函数无法对一个单独的数值位置进行操作. 表 7.9 介绍了其所包含的参数及中文释义. unite() 函数则是与其相对的逆向函数.

序号	性别	key	value		序号	性别	体重	年龄
1	男	体重	70		1	男	70	23
2	女	体重	60		2	女	60	25
3	女	体重	55		3	女	55	26
4	女	体重	58		4	女	58	22
5	男	体重	80		5	男	80	23
6	男	体重	85		6	男	85	30
1	男	年龄	23					
2	女	年龄	25					
3	女	年龄	26					
4	女	年龄	22					
5	男	年龄	23					
6	男	年龄	30					

▶ 图 7.5
"长"数据变"宽"数据示意图

参数名称	功能
data	数据框, 接收 data.frame 和 tbl 格式
key,value	参数 key 是想要作为变量名称的列. value 是与变量名相对应的数值. 两个参数可以是字符串或数字位置
fill	可以指定该参数用来填补默认值, 默认设置为 NA
convert	该参数可用于引用 utils 中的 type.convert() 函数. 默认设置为 FALSE, 即不应用, 若设置为 TRUE, 则会引用 type.convert() 函数, 对变量名称进行属性转换, 具体转换规则请参看函数帮助
drop	是否对转置后的数据中保留因子水平, 默认为 TRUE, 即仅保留有具体数字的因子水平; 若为 FALSE, 则保留全部因子水平, 即使有一个或多个因子水平无真实数值
sep	是否对拆分后的列进行前缀重命名

▶ 表 7.8
函数 spread() 参数及说明

参数名称	功能
data	数据框, 接收 data.frame 和 tbl 格式
col	需要拆分的列名或数字位置, 无须双引号
into	想要分成的列名, 必须是字符串向量
sep	分隔符. 接收正则表达式, 也可以利用数字位置进行拆分. 1 代表从左边第一位置开始拆分, −1 则为从右边第一位置开始, 利用数字位置进行变量拆分时, 该参数的长度应该比参数 into 少一位
remove	是否保留原列, 默认为 TRUE, 即拆分后移除原列
convert	该参数可用于引用 utils 中的 type.convert() 函数. 默认设置为 FALSE, 即不应用, 若设置为 TRUE, 则会引用 type.convert() 函数, 对变量名称进行属性转换, 具体转换规则请参看函数帮助

▶ 表 7.9
函数 separate() 参数及说明

参数名称	功能
extra	当遇到拆分列中数据的长度不相等的情况, 有以下 3 种处理方式: 1) 默认设置为丢掉多余的数值, 并发出警告 2) 设置为"drop"时, 丢掉多余的数值但不发出警告——不建议使用 3) 设置为"merge"时, 仅拆分成参数 into 中指定的列数, 但会保留多出的数据
fill	同为处理拆分列中数据长度不等的情况, 与 extra 处理的方式相反, fill 的 3 种处理方式如下: 1) 默认设置为发出警告, 提示拆分列中数据长度不相等, 并提示具体是哪一列数据不等, 以 NA 来替补 2) 设置为"right"时, 表示从右侧开始填补 NA 3) 设置为"left"时, 表示从左侧开始填补 NA
……	额外参数设定

(4) replace_na()/drop_na/()——默认值处理工具

一旦明确了默认值的替代方式, replace_na() 和 drop_na() 两个函数就可以通过对指定列的查询将 NA 替换成需要的数值, 例如, 去掉所有存在默认值的观察值. 表 7.10 中列出了函数的功能简介及使用时应注意的事项. 读者可以参照帮助文档中的例子结合表 7.10 中的提示自行练习这两个函数的功能.

参数名称	功能	使用注意事项
replace_na	按列查询并替换默认值	只有两个参数需要设置. 参数 data 为所要处理的数据框, 参数 replace 为可以用来指定查询列及 NA 值的具体处理方式. 参数 replace 只接收列表格式, 因此后面必须使用 list() 函数将列名及替换值列表化. 列表内是以等号分隔列名和替换值, 左侧为列名, 右侧为值, 不同列之间以逗号相隔
drop_na	按列去除默认值, 与 base 中 na.omit 功能类似	可以指定列名来去掉默认值 NA, 也可以不指定任何列名来去掉所有默认值. 必须注意的是, 当数据框中不同行不同列中都有默认值时, 使用该函数可能会造成数据框中数据过少而无法进行后续分析的情况

◀ 表 7.10
函数 replace_na()
和 drop_na() 的对比

下面的代码列出了如何使用两个函数:

```
df \%>\%
gather(key, value, -序号) \%>\%
separate(key, c("性别", "key")) \%>\%
replace\_na(list(value = "missing"))
```

```
df \%>\%
gather(key, value, -序号) \%>\%
separate(key, c("性别", "key")) \%>\%
drop\_na()
```

需要注意的是: 将所有默认值全部替换成 0 是很危险的行为, 因为 0 代表该数据是存在的, 只是数值为 0, 而默认值则可能代表数据不存在和存在两种情况, 只是因为某些原因而导致数据采集失败. 因此, 对默认值的处理一定要视具体情况而定.

(5) fill()/complete()——填坑神器

在处理日期或者计算累积值的时候, 如果中间有一个默认数值, 则意味着值不完整或累积值无法计算. fill() 函数可以自动填补默认的日期或等值, 类似于 Excel 中拖动鼠标来完成单元格数值的复制或序列填充功能. complete() 函数将三个函数揉在一起: expand()、dplyr::left_join() 和 replace_na(). 该函数的主要功能是将变量和因子各种组合的可能性全部罗列出来, 并用指定的数值替代默认值. complete() 函数在日常练习中不常用, 所以这里不做过多介绍, 感兴趣的读者可以参考帮助文档进行练习.

fill() 函数的参数及功能说明详见表 7.11.

▶ 表 7.11
函数 fill() 参数及说明

参数名称	功能
data	数据框, 接收 data.frame 和 tbl 格式
.direction	两种选择, 向上或向下填补, 只可以选择一种, 默认向下
……	额外参数设定

3. separate_rows()/nest()/unest()——行数据处理

(1) separate_rows()——拆分 "单元格"

当遇到一个数据单位中出现多个数值的情况时, separate_rows() 函数就会显得非常有用. 图 7.6 中展示了最基本的函数逻辑, 将一个数据单位中的不同数值按照参数 sep 给出的数值行数拆分, 然后将拆分之后的结果顺序地放在同一列的不同行中, 并自动增加行数.

▶ 图 7.6
separate_rows() 函数的工作原理示意图

separate_rows() 函数的参数及功能说明详见表 7.12.

(2) nest()/unest()—— "压缩" 和 "解压缩" 行数据

nest()/unest() 是两个互逆函数, 它们最主要的作用是将一个数据框, 按照用户自定义的规则, 压缩成一个新的数据框. 新的数据框中包含列表型数据. Jenny Bryan 认为这是目前最有实际操作意义的数据框形式, 因为它比较符合人们对数据集形式的一般主观印象, 而且数据框同时还保留了列表格式的灵活性. 下面通过代码具体介绍 nest() 函数的功能.

参数名称	功能
data	数据框, 接收 data.frame 和 tbl 格式
......	要拆分的列名, 选择规则与包中的其他函数类似
sep	分隔符, 默认为非字母形式的任何符号, 所以使用默认设置可以处理大部分的情况, 这也是 t 序号和 yr 包的优势, 对于还不是很熟悉各种参数功能的初学者来说, 这些预先设置好的默认设置可以更容易上手, 使得用户在后续的实践中积累经验, 慢慢了解各种复杂的参数设置
convert	同表 7.9

◀ 表 7.12
函数 separate_
rows() 的参数及说明

将清理后的数据保存为 df_tidy, 再将该数据框传递给 nest() 函数, 并设定压缩除性别列以外的变量. 函数运行的结果是生成了一个只有两列的新数据框, 变量为性别和 data, 其中 data 列包含了原数据框中其他三个变量的数据 (具体见表 7.13). 变量 data 列中的列表格式将三个变量存储为三个独立的元素, 如果读者对两个列表中任意一个进行 as_tibble 运算, 都会得到一个完整的数据框. 示例代码如下:

```
df_tidy  %>%
nest(性别)
```

上述代码运行结果如表 7.13 所示.

性别	data
男	list(序号 =c(1,5,6,1,5,6),key=c(" 体重"," 体重"," 体重"," 年龄"," 年龄"," 年龄"),value=c(70,80,85,23,23,30))
女	list(序号 =c(2,3,4,2,3,4),key=c(" 体重"," 体重"," 体重"," 年龄"," 年龄"," 年龄"),value=c(60,55,58,25,26,22))

◀ 表 7.13
函数 nest() 的运行
结果一

将序号列排除在外, 压缩其余变量列, 代码如下:

```
df_tidy  %>%
nest(-序号)
```

上述代码运行结果如表 7.14 所示.

单独使用 nest() 函数无任何实际价值, 但是当配合循环和 purrr 包中的 map() 函数家族时, nest() 函数就会显示出强大的功能性. 对 dplyr 包有一定了解的读者可以直接查看 nest() 与其他具有循环功能的函数结合使用的例子.

序号	data
1	list(性别 =c("男","男"),key=c("体重","年龄"), value=c(70,23))
5	list(性别 =c("男","男"),key=c("体重","年龄"), value=c(80,23))
6	list(性别 =c("男","男"),key=c("体重","年龄"), value=c(85,30))
2	list(性别 =c("女","女"),key=c("体重","年龄"), value=c(60,25))
3	list(性别 =c("女","女"),key=c("体重","年龄"), value=c(55,26))
4	list(性别 =c("女","女"),key=c("体重","年龄"), value=c(58,22))

▶ 表 7.14
函数 nest() 的运行结果二

表 7.15 和表 7.16 中列举了 nest()/unest() 这一对函数的参数及功能说明. 需要注意的是, 需要使用 unnest() 函数"解压缩"两列及以上时, 每一列中数据框的行数都必须相等, 否则无法成功"解压".

参数名称	功能
data	数据框, 接收 data.frame 和 tbl 格式
......	要拆分的列名, 选择规则与包中的其他函数类似
.key	新的列名, 可以是字符或者符号, 但不推荐使用符号

▶ 表 7.15
函数 nest() 的参数及说明

参数名称	功能
data	数据框, 接收 data.frame 和 tbl 格式
......	要拆分的列名, 选择规则与包中的其他函数类似
.drop	是否去掉格外的列, 默认设置为去掉
.id	增加一列识别码, 用于标识每一行数据来自的数据框, 设置该参数后, 新列名即为传参值
.sep	对新列的名字进行操作, 如果指定了参数, 则以该值作为分隔符, 将原列和压缩的数据框名结合在一起, 形成新列名

▶ 表 7.16
函数 unnest() 的参数及说明

7.10.3　dplyr 包

dplyr 程序包是 R 软件中非常有用的一个软件包, 具有非常强大的功能. 它是由 Hadley Wickham 等人编写, 并由 Hadley Wickham 维护的. dplyr 程序包是专门面向数据框的, 为数据框提供了快速、一致的处理工具. 它可以用来替代 plyr 程序包, 也可以看成 plyr 程序包的升级版本.

dplyr 程序包是基于 C 语言开发的. 此外, dplyr 中函数是按照计算有效的方式编写的. 因此, dplyr 中函数的运行速度要比基本 R 函数的运行速度快. dplyr 程序包致力于数据分析, 使用 dplyr 程序包中的命令, 可以很轻松地对数据进行整理、筛选、抽样、汇总、分组等基本的数据分析操作. 在表 7.17 中, 我们列出了 dplyr 程序包中使用较频繁的几个函数及其功能的简要解释.

函数	功能
select	按列变量选择数据
filter	按条件筛选数据
mutate	按指定公式添加新的变量
arrange	按行对数据进行排序
group_by	对数据进行分组
summarise	对数据进行汇总统计

◀ 表 7.17
dplyr 程序包中的常
见函数及其功能

在 dplyr 程序包中, 有一个特殊的运算符, 叫管道符, 其命令形式为%>%. 管道符也被称为多步操作连接符. 管道符将其左边的输出传递到右边的函数中的第一个参数. 通过这种方法, 可以省略计算的中间赋值步骤, 从而省略了中间变量, 进而提升计算速度.

安装和加载 dplyr 程序包只需在 R 软件中输入下面的命令:

```
install.packages("dplyr")
library(dplyr)
```

下面, 我们通过 dplyr 程序包中的 storms 数据集对 dplyr 程序包中函数的一些使用方法进行初步介绍. 在加载 dplyr 程序包后, 使用

```
str(storms)
```

可以查看数据集的结构. dplyr 程序包提供了函数 tbl_df() 来显示数据的前几行信息, 它的功能类似于 head() 函数. 对 storms 数据集使用该命令, 可以得到

```
tbl_df(storms)
#A tibble: 10,010 x 13
    name   year month   day  hour   lat   long  status
    <chr> <dbl> <dbl> <int> <dbl> <dbl> <dbl> <chr>
  1 Amy    1975     6    27     0  27.5   -79  tropical dep~
  2 Amy    1975     6    27     6  28.5   -79  tropical dep~
  3 Amy    1975     6    27    12  29.5   -79  tropical dep~
  4 Amy    1975     6    27    18  30.5   -79  tropical dep~
  5 Amy    1975     6    28     0  31.5 -78.8  tropical dep~
  6 Amy    1975     6    28     6  32.4 -78.7  tropical dep~
  7 Amy    1975     6    28    12  33.3   -78  tropical dep~
  8 Amy    1975     6    28    18    34   -77  tropical dep~
  9 Amy    1975     6    29     0  34.4 -75.8  tropical sto~
 10 Amy    1975     6    29     6    34 -74.8  tropical sto~
# ... with 10,000 more rows, and 5 more variables:
```

```
#   category <ord>, wind <int>, pressure <int>,
#   ts_diameter <dbl>, hu_diameter <dbl>
```

(一) 数据的筛选

使用 dplyr 程序包中的 filter() 函数可以对数据进行筛选. 例如, 使用下面的命令找出 storms 数据集中 year 为 1975 且 hour 为 0 的数据.

```
filter(storms, year == 1975, hour == 0)
# A tibble: 22 x 13
    name      year month   day  hour   lat  long status
    <chr>    <dbl> <dbl> <int> <dbl> <dbl> <dbl> <chr>
 1 Amy       1975     6    27     0  27.5 -79   tropical ~
 2 Amy       1975     6    28     0  31.5 -78.8 tropical ~
 3 Amy       1975     6    29     0  34.4 -75.8 tropical ~
 4 Amy       1975     6    30     0  34.3 -71.6 tropical ~
 5 Amy       1975     7     1     0  36.2 -69.8 tropical ~
 6 Amy       1975     7     2     0  37.4 -66.7 tropical ~
 7 Amy       1975     7     3     0  37.7 -62.8 tropical ~
 8 Amy       1975     7     4     0  42.5 -54.8 tropical ~
 9 Caroline  1975     8    25     0  21.6 -72.5 tropical ~
10 Caroline  1975     8    26     0  20.4 -77.7 tropical ~
# ... with 12 more rows, and 5 more variables:
#   category <ord>, wind <int>, pressure <int>,
#   ts_diameter <dbl>, hu_diameter <dbl>
```

另外, filter() 函数还可以和其他运算符号进行结合. 例如, filter() 函数和逻辑或 (|) 结合可以实现对满足任意调节的数据进行筛选; filter() 函数和逻辑非 (!=) 结合可以排除某些数据; filter() 函数和%in% 结合可以选出某些数据; filter() 函数和逻辑或与判断符号结合可以筛选出某些变量落入某个区间中的数据. 类似的处理方式还有很多.

(二) 数据的排序

使用 dplyr 程序包中的 arrange() 函数可以对数据进行排序. arrange() 函数的功能与 R 中的 order() 函数相似. arrange() 函数默认设置为升序排列. 具体地, 对于数字型数据, 排序按照数字由小到大进行; 对于字符型数据, 排序按照字母表顺序进行. 如需调换顺序则只需再使用辅助函数 desc(). 下面的命令把 storms 数据按照变量 long 的数据从大到小排序.

```
arrange(storms,desc(long))
# A tibble: 10,010 x 13
     name        year month   day  hour   lat  long status
     <chr>      <dbl> <dbl> <int> <dbl> <dbl> <dbl> <chr>
  1 Vince       2005    10    11    12  37.7   -6   tropical ~
  2 Vince       2005    10    11     9  37.2  -7.1  tropical ~
  3 Vince       2005    10    11     6  36.7  -8.3  tropical ~
  4 Vince       2005    10    11     0  36.1 -10.5  tropical ~
  5 Vince       2005    10    10    18  35.4 -12.8  tropical ~
  6 Vince       2005    10    10    12  34.7 -15.3  tropical ~
  7 Ivan        1998     9    27    18  41.5 -15.5  tropical ~
  8 Vince       2005    10    10     6  34.5 -17.2  tropical ~
  9 Jeanne      1998     9    21     6   9.6 -17.4  tropical ~
 10 AL061988    1988     9     7     0  12.5 -17.5  tropical ~
# ... with 10,000 more rows, and 5 more variables:
#   category <ord>, wind <int>, pressure <int>,
#   ts_diameter <dbl>, hu_diameter <dbl>
```

(三) 数据的分组

使用 dplyr 程序包中的 group_by() 函数可以对数据进行分组. 例如, 下面的命令把 storms 数据按照变量 hour 进行了分组.

```
group_by(storms,hour)
# A tibble: 10,010 x 13
# Groups:   hour [24]
     name   year month   day  hour   lat  long status
     <chr> <dbl> <dbl> <int> <dbl> <dbl> <dbl> <chr>
  1 Amy    1975     6    27     0  27.5  -79   tropical ~
  2 Amy    1975     6    27     6  28.5  -79   tropical ~
  3 Amy    1975     6    27    12  29.5  -79   tropical ~
  4 Amy    1975     6    27    18  30.5  -79   tropical ~
  5 Amy    1975     6    28     0  31.5 -78.8  tropical ~
  6 Amy    1975     6    28     6  32.4 -78.7  tropical ~
  7 Amy    1975     6    28    12  33.3 -78    tropical ~
  8 Amy    1975     6    28    18  34   -77    tropical ~
  9 Amy    1975     6    29     0  34.4 -75.8  tropical ~
 10 Amy    1975     6    29     6  34   -74.8  tropical ~
# ... with 10,000 more rows, and 5 more variables:
#   category <ord>, wind <int>, pressure <int>,
#   ts_diameter <dbl>, hu_diameter <dbl>
```

排序函数 arrange() 可以依照分组标准对组内的数据进行排序. 只需要在排序之前对数据进行分组操作, 然后设置 arrange() 函数中的参数 ".by_group" 为真即可. 例如下面的代码, 其中涉及了管道符的使用.

```
storms %>%
group_by(hour) %>%
arrange(long,.by_group=TRUE)
# A tibble: 10,010 x 13
# Groups:   hour [24]
    name        year month    day  hour    lat   long status
    <chr>      <dbl> <dbl>  <int> <dbl>  <dbl>  <dbl> <chr>
 1 Debby       1988     9      8     0   24.4  -109. tropi~
 2 Debby       1988     9      7     0   23    -108  tropi~
 3 Debby       1988     9      6     0   21    -107. tropi~
 4 Debby       1988     9      5     0   19.5  -104. tropi~
 5 Claudette   2003     7     17     0   29.9  -104. tropi~
 6 Diana       1990     8      9     0   21.6  -103. tropi~
 7 Gilbert     1988     9     18     0   26    -103. tropi~
 8 Alex        2010     7      2     0   23.2  -102. tropi~
 9 Charley     1998     8     24     0   29.4  -101. tropi~
10 Anita       1977     9      3     0   22.5  -101  tropi~
# ... with 10,000 more rows, and 5 more variables:
#   category <ord>, wind <int>, pressure <int>,
#   ts_diameter <dbl>, hu_diameter <dbl>
```

group_by() 函数还可以和 _all、_if、_at 组合使用, 形成 group_by_all()、group_by_if()、group_by_at() 函数.

(四) 数据的选取

前面提到的 filter() 函数可以做到数据的筛选, 但是 filter() 函数知识把满足限制条件的数据筛选出来, 并不能筛选出某个指定变量的数据. dplyr 程序包中的 select() 函数做到了这一点. 例如, 下面的代码把 storms 数据中的 name、long、category 三个变量的数据提出来.

```
select(storms,name,long,category)
# A tibble: 10,010 x 3
    name    long category
    <chr>  <dbl> <ord>
 1 Amy      -79  -1
 2 Amy      -79  -1
 3 Amy      -79  -1
```

```
     4  Amy     -79     -1
     5  Amy     -78.8   -1
     6  Amy     -78.7   -1
     7  Amy     -78     -1
     8  Amy     -77     -1
     9  Amy     -75.8    0
    10  Amy     -74.8    0
# ... with 10,000 more rows
```

除了从数据中选取指定列的数据, select() 还可以删除指定列的变量. 这只需要在列名前面添加一个负号. 下面的代码删除了 storms 数据中的变量 long 对应的数据.

```
select(storms,-long)
# A tibble: 10,010 x 12
    name    year month    day  hour    lat status  category
    <chr>  <dbl> <dbl>  <int> <dbl>  <dbl> <chr>      <ord>
  1 Amy     1975     6     27     0   27.5 tropic~       -1
  2 Amy     1975     6     27     6   28.5 tropic~       -1
  3 Amy     1975     6     27    12   29.5 tropic~       -1
  4 Amy     1975     6     27    18   30.5 tropic~       -1
  5 Amy     1975     6     28     0   31.5 tropic~       -1
  6 Amy     1975     6     28     6   32.4 tropic~       -1
  7 Amy     1975     6     28    12   33.3 tropic~       -1
  8 Amy     1975     6     28    18   34   tropic~       -1
  9 Amy     1975     6     29     0   34.4 tropic~        0
 10 Amy     1975     6     29     6   34   tropic~        0
# ... with 10,000 more rows, and 4 more variables:
#   wind <int>, pressure <int>, ts_diameter <dbl>,
#   hu_diameter <dbl>
```

(五) 数据的合并

在 R 软件的基础包中, rbind() 和 cbind() 函数可分别用于按行将若干数据集上下对接, 或者按列对若干数据集进行左右对接. 在 dplyr 包中, bind_rows() 和 bind_cols() 分别具有和 rbind() 和 cbind() 函数相同的功能. 此处需要注意, bind_rows() 函数需要两个数据集有相同的列数, 而 bind_cols() 函数则需要两个数据集有相同的行数. 具体的使用见下面的代码:

```
mydf1 <- data.frame(x = c(1,2,3), y = c(10,20,30))
mydf2 <- data.frame(x = c(4,5), y = c(40,50))
mydf3 <- data.frame(z = c(100,200,300))
```

```
bind_rows(mydf1, mydf2)
    x  y
  1 1 10
  2 2 20
  3 3 30
  4 4 40
  5 5 50
bind_cols(mydf1, mydf3)
    x  y   z
  1 1 10 100
  2 2 20 200
  3 3 30 300
```

(六) 数据的变形

在 dplyr 程序包中, 我们可以利用 mutate() 函数对数据集中的变量进行运算生成新的变量并添加到数据集中, 从而对数据进行变形和重构. 例如, 下面的代码把 storms 数据中的变量 long 减去它对应数据的最小值, 并添加新的一列.

```
select(mutate(storms,long_new=long-min(select(storms,long))),
    long_new,everything())
# A tibble: 10,010 x 14
    long_new name   year month   day  hour   lat  long
       <dbl> <chr> <dbl> <dbl> <int> <dbl> <dbl> <dbl>
  1     30.3 Amy    1975     6    27     0  27.5   -79
  2     30.3 Amy    1975     6    27     6  28.5   -79
  3     30.3 Amy    1975     6    27    12  29.5   -79
  4     30.3 Amy    1975     6    27    18  30.5   -79
  5     30.5 Amy    1975     6    28     0  31.5 -78.8
  6     30.6 Amy    1975     6    28     6  32.4 -78.7
  7     31.3 Amy    1975     6    28    12  33.3   -78
  8     32.3 Amy    1975     6    28    18    34   -77
  9     33.5 Amy    1975     6    29     0  34.4 -75.8
 10     34.5 Amy    1975     6    29     6    34 -74.8
# ... with 10,000 more rows, and 6 more variables:
#   status <chr>, category <ord>, wind <int>,
#   pressure <int>, ts_diameter <dbl>,
#   hu_diameter <dbl>
```

在上述代码中, 为了使读者看清楚新加入的变量确实存在, 我们使用 select() 函数把新加入的变量放到了所有变量的最前面. 除了上面的使用方法, mutate() 函数还可以把某个变量的数据进行运算后直接用新数据覆盖.

(七) 数据的汇总

在 dplyr 程序包里, 可以使用 summarise()(或者 summarize()) 函数对数据进行简单的处理和汇总. 常见的用来数据处理的函数, 例如 min()、max()、mean()、sum()、sd() 等都可以和 summarise() 结合使用. 例如, 下面的代码演示了 storms 数据集中 long 变量的平均.

```
summarise(storms, long = mean(long, na.rm = TRUE))
# A tibble: 1 x 1
    long
   <dbl>
 1 -64.2
```

summarise(或者 summarize) 函数还可以和 group_by() 函数结合使用, 实现分组数据的处理和汇总.

(八) 数据的抽样

在 dplyr 程序包里, 可以使用 sample_n() 和 sample_frac() 函数对数据进行随机抽样. 这两个函数的区别在于 sample_n() 执行从数据集中抽取多少行的数据, 而 sample_frac() 函数执行抽取总数据中的多少百分比. 在默认情况下, 这两个函数执行的都是无放回抽样. 如果需要执行有放回抽样, 需要把 replace 参数设置为 TRUE. 下面的代码演示了随机获取 storms 数据集中的 5 行数据.

```
sample_n(storms,5)
# A tibble: 5 x 13
    name       year month   day  hour   lat  long status
    <chr>     <dbl> <dbl> <int> <dbl> <dbl> <dbl> <chr>
  1 Emily      1999     8    24    18  11.6 -53.9 tropic~
  2 Cristobal  2014     8    26     0  25.1 -72.1 hurric~
  3 Diana      1984     9    16     0  43.5 -61.9 tropic~
  4 Lorenzo    2001    10    29    12  27.8 -42.7 tropic~
  5 Bonnie     1992     9    25     6  36.3 -51.8 tropic~
# ... with 5 more variables: category <ord>,
#   wind <int>, pressure <int>, ts_diameter <dbl>,
#   hu_diameter <dbl>
```

1. 结合自己的专业领域或研究兴趣, 调研自己所属领域的数据预处理方法、技术与工具.

2. 调查研究典型的 2—3 个数据预处理工具 (产品), 并探讨其关键技术和主要特征.

3. 调查分析关系数据库中常用的数据预处理方法.

4. 调查一项具体的数据科学项目, 分析其数据预处理活动, 并讨论预处理活动与数据计算活动之间的联系.

5. 阅读本章所列内容, 撰写数据预处理领域的研究综述.

6. 结合自己的专业领域或研究兴趣, 调研自己所属领域的数据可视化方法、技术与工具.

7. 自学颜色刺激理论, 探讨其对数据可视化的意义.

8. 调研常用数据可视化工具软件 (包括开源系统), 并进行对比分析.

3

第三部分
数据可视化

第八章 数据可视化

可视化是指将数据或数据分析后的结果用图形显示出来. 本章主要介绍 R 语言的可视化工具包, 以及类别数据的可视化和数据分布特征的可视化. R 语言中有多个可视化工具包, 本章主要介绍三个常用的工具包 graphics、ggplot2 和 lattice, 但本章的案例中大多使用 graphics 包和 ggplot2 包进行可视化. 类别数据的可视化以频数分布表为基础, 常用的可视化图形包括条形图、马赛克图、饼图和雷达图等. 数据的分布特征主要是指数据分布是否对称、是否存在离群点和是否偏斜等, 常用的可视化图形包括直方图、核密度图、箱线图、点图和子母图等.

■ 8.1 R 语言可视化工具包

8.1.1 graphics 包简介

graphics 包是安装 R 语言时自带的可视化工具包, 它可以提供一些基本的绘图函数并且这些函数可以直接使用. plot() 函数是 graphics 包中常用的可视化函数, 它可以根据不同的数据类型绘制不同的图形. 表 8.1 列出了 plot() 函数对应不同数据类型绘制的图形:

数据类型	图形
数值	散点图
因子/一维列联表	条形图
二维列联表	马赛克图
数值、因子	箱线图
因子、数值	带状图

◀ 表 8.1
plot() 函数对应不同数据类型绘制的图形

graphics 包中常用的可视化函数还包括条形图可视化函数 barplot()、箱线图可视化函数 boxplot()、点图可视化函数 dotchart()、直方图可视化函数 hist() 等, 这些函数对应的数据类型以及绘制的图形如表 8.2 所示:

函数	数据类型	图形
barplot	数值向量/矩阵/列联表	条形图
boxplot	数值向量/列表/数据框	箱线图
dotchart	数值向量/矩阵	点图
hist	数值向量	直方图
mosaicplot	二维列联表/N 维列联表	马赛克图
pie	数值向量 (非负)/列联表	饼图
stripchart	数值向量/数值向量列表	带状图
sunflowerplot	数值向量/因子	太阳花图

▶ 表 8.2
graphics 包中其他常
用可视化函数

8.1.2　ggplot2 包简介

ggplot2 是一种基于语法的图形可视化工具包, 适合有多个数值变量和多个因子的数据. ggplot2 包首次使用时需要通过 install.packages("ggplot2") 安装和 library(ggplot2) 加载. ggplot2 采用图层的设计方式, 由 ggplot 起始, 图层之间的叠加通过 "+" 实现, 同时结合常见的统计变换. 其中需要输入的信息如表 8.3 所示:

输入信息	含义
ggplot	初始化 ggplot 对象. 它可以用来声明一个图形的输入数据, 并指定一套视觉通道映射, 除非特别覆盖, 否则将在所有后续层中通用
geom_***	几何图层变换. 比如散点图 geom_point、条形图 geom_bar、箱线图 geom_boxplot 等, 该形式的函数可以绘制大部分图表
stat_***	统计变换. 通过设定 stat 参数可以在绘制图表之前实现统计变换
theme	图表主题设置. ggplot2 中用来设定图表细节的非数据部分, 例如标题、标签、字体、背景、网格线和图例, 可以给图表一个一致的自定义外观
facet_***	分面部分. 将某个数据类别进行分面变换, 可以按行、按列、按网格等分面绘制图形
guides	图例调整. 包括连续性和离散型两种图例
scale_***	度量调整. 包括调整颜色、大小、形状等
coord_***	坐标变换. 默认为笛卡儿坐标系, 但还包括极坐标系、地理空间坐标系等其他类型坐标系

▶ 表 8.3
ggplot 函数的参数及
含义

graphics 包能够绘制的图形 ggplot2 包大多也能够实现, ggplot2 包中常用的可视化函数如表 8.4 所示:

函数	含义
geom_bar	条形图
geom_boxplot	箱线图
geom_density	核密度图
geom_density2d	二维核密度图
geom_histogram	直方图
geom_rug	地毯图
geom_point	点图
geom_violin	小提琴图
geom_text	文本

◀ 表 8.4
ggplot2 包常用可视化函数

8.1.3 lattice 包简介

lattice 包是安装 R 语言时自带的可视化工具包, 但是使用时需要通过 library(lattice) 加载. lattice 包主要提供了一些单变量和多变量的可视化图形函数, 一般 graphics 包中的很多图形也可以通过 lattice 包实现.

lattice 包的使用方式是调用可视化函数. lattice 包中的主要可视化函数包括条形图函数 barchart()、箱线图函数 bwplot()、和密度图函数 density-plot()、点图函数 dotplot() 等, 表 8.5 列出了 lattice 包中的几种主要可视化函数和其表达式:

函数	图形	表达式 (x, y 表示数值向量, A, B 表示因子)
barchart	条形图	A 或 x~A 或 A~x
bwplot	箱线图	x~A 或 A~x
densityplot	核密度图	x~A*B
dotplot	点图	~x|A
histogram	直方图	~x 或 ~x|A
xyplot	散点图	y~x|A
stripplot	带状图	x~A 或 A~x

◀ 表 8.5
lattice 包中主要可视化函数及表达式

■ | 8.2 类别数据可视化

8.2.1 条形图

(一) 简单条形图

简单条形图是根据一个类别变量或者一维数据的表格绘制成的条形图, 一般用一个坐标轴表示各个类别, 另一个坐标轴表示类别频数. 其中类别可以放在横轴也可以放在纵轴. 类别放在纵轴为水平条形图, 放在横轴为垂直条形图.

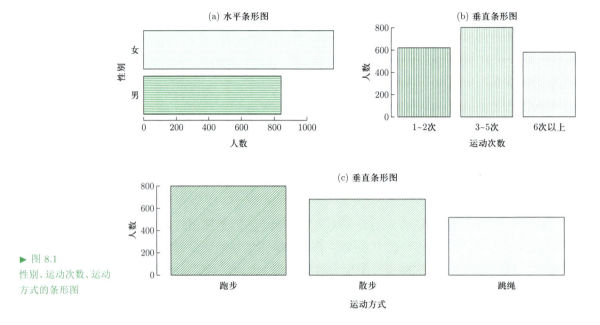

► 图 8.1
性别、运动次数、运动方式的条形图

简单条形图可以使用 R 语言中 graphics 包中的 barplot() 函数、ggplot2 包中的 geom_bar() 函数、lattice 包中的 barplot() 函数等绘制. 例如使用基础包 graphics 中的 barplot() 函数根据 2000 个居民每周运动情况调查数据, 分别绘制性别、运动次数和运动方式的条形图, 如图 8.1 所示:

```
data82_1<-read.csv("sport.csv")
attach(data82_1)
# 生成性别、运动次数、运动方式的一维表
table1<-table(性别)
table2<-table(运动次数)
table3<-table(运动方式)
# 页面布局
layout(matrix(c(1,2,3,3),2,2,byrow=TRUE))
# 设置图形边距和字体大小
par(mai=c(0.7,0.7,0.4,0.1),cex=0.8)
barplot(table1,xlab="人数",ylab="性别",horiz=TRUE,density=30,
  angle=0,col=gray.colors(2),main="(a)水平条形图")
barplot(table2,xlab="运动次数",ylab="人数",density=30,angle=90,
  col=gray.colors(3),main="(b)垂直条形图")
barplot(table3,xlab="运动方式",ylab="人数",cex.names=1.2,
    density=30,col=gray.colors(3),main="(c)垂直条形图")
```

barplot() 函数绘制条形图的过程中, 使用的参数及含义如表 8.6 所示 (更多参数含义参考 help("barplot")):

参数	含义
xlab	字符. 表示设置 x 轴的标签
ylab	字符. 表示设置 y 轴的标签
horiz	逻辑值. 如果为假, 则垂直绘制条, 第一个条在左边; 如果为真, 则水平绘制条, 第一个条位于底部. 默认为 FALSE
density	数值. 表示条形或条形分量的阴影线密度. 默认值 NULL 表示不绘制阴影线
angle	数值. 条的遮光线的斜率, 以角度 (逆时针方向) 表示
col	向量. 表示条形或条形分量的颜色. 默认情况下, 如果高度是一个向量, 则使用灰色; 如果高度是一个矩阵, 则使用 gamma 校正的灰色调色板
border	表示颜色的字符. 表示将用于条的边框的颜色. 使用 border = NA 来省略边界; 如果有阴影线, border = TRUE 表示使用与阴影线相同的颜色作为边框
main	字符. 表示主标题
cex.names	字符. 表示坐标名称相对于文字的大小

◀ 表 8.6
barplot() 函数的参数及含义

R 语言中还可以使用 epade 包中的 bar3d.ade() 函数绘制 3D 条形图, 从而增强视觉效果.

有时候为了使条形图展示更多的信息, 需要给条形图加上频数标签, 这里主要用到 text() 函数. 同时还可以使用 lines() 函数和 points() 函数分别给标签加上连线和垂线. 但是有时使用 text() 给条形图加标签不够方便, 在 R 语言的 sjPlot 包中, plot_frq() 函数可以自动给条形图添加上各类别的频数标签和各类别频数百分比等信息.

(二) 并列条形图和堆叠条形图

当类别变量的数量为两个时, 能够生成二维列联表, 此时可以采用并列条形图或者堆叠条形图进行可视化.

并列条形图是将一个类别变量作为坐标轴, 另一个类别变量各类别频数的条形并列排放的条形图. 例如图 8.2 绘制了运动次数和运动方式的并列条形图:

```
data82_1<-read.csv("sport.csv")
# 生成二维表
mytable1<-table(运动次数,运动方式)
barplot(mytable1,xlab="满意度",ylab="人数",col=gray.colors(3),
```

```
    ylim=c(0,1.1*max(mytable1)),legend=rownames(mytable1),args.
      legend
    =list(x=9.5,y=350,ncol=3),beside=TRUE,main="并列条形图")
```

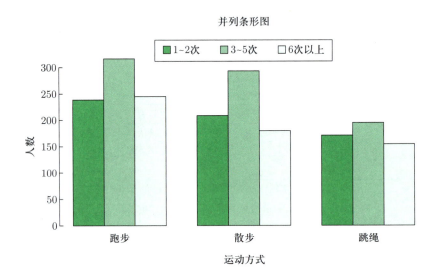

▶ 图 8.2
运动次数和运动方式
的并列条形图

    R 语言的 sjPlot 包中的 plot_xtab() 函数能够绘制二维列联表中频数分
布的条形图, 而且可以自动给条形图添加频数标签和各类别频数百分比, 更
多使用信息参考 help("plot_xtab").

    此外, 还可以使用 bar.plot.ade() 函数绘制 3D 并列条形图. bar.plot.ade()
函数能够绘制其他风格的 3D 并列条形图, 通过改变参数 form 的值可以实现
不同风格图形的绘制.

    堆叠条形图是将一个类别变量作为坐标轴, 另一个类别变量按照各类别的
频数堆叠放在同一个条中的条形图. 堆叠条形图的绘制只需要设置 barplot()
函数中的参数, 例如图 8.3 绘制运动次数和运动方式的堆叠条形图.

```
data82_1<-read.csv("sport.csv")
mytable1<-table(运动次数,运动方式)
barplot(mytable1,xlab="运动方式",ylab="人数",col=gray.colors(3),
  legend=rownames(mytable1),eirgs.legend=list(x=2.2,y=800),main
    ="堆叠条形图")
```

    sjPlot 包中的 plot_xtab() 函数可以绘制二维列联表中频数分布的堆叠条
形图, 自动给图形添加频数标签和各类别频数百分比. 只需设置 plot_xtab()
函数中的参数 bar.pos="stack" 就能够实现频数分布的堆叠条形图的绘制.

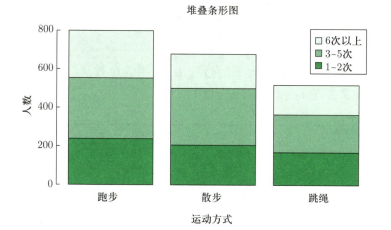

◀ 图 8.3
运动次数和运动方式
的堆叠条形图

堆叠条形图同样可以绘制 3D 图, 使用 bar.plot.ade() 函数, 设置参数 beside=FALSE 即可. 如果根据各类别的比例绘制堆叠条形图, 则称为脊形图. 脊形图各类别的条高度均为 1, 条内每一段的高度表示一个类别变量中各个类别的频数比例. 实际上脊形图可以看作是条高度为 0 到 1 的堆叠条形图.

脊形图可以使用 graphics 包中的 spineplot() 函数绘制, 例如以性别和运动方式、运动次数和运动方式绘制的脊形图, 如图 8.4 所示:

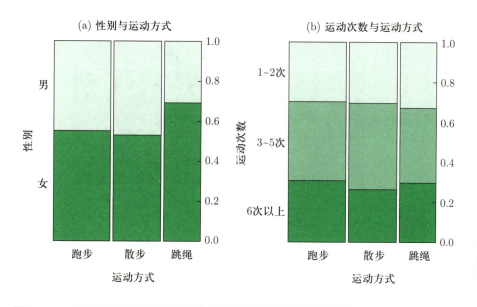

◀ 图 8.4
性别和运动方式、运
动次数、运动方式的
脊形图

```
par(mfrow=c(1,2),mai=c(0.7,0.7,0.4,0.4),cex=0.8)
data82_1$性别<-factor(data82_1$性别)
data82_1$运动次数<-factor(data82_1$运动次数)
data82_1$运动方式<-factor(data82_1$运动方式)
spineplot(性别~运动方式,data=data82_1,xlab="运动方式",ylab=
  "性别",main="(a)性别与运动方式")
```

```
spineplot(运动次数~运动方式,data=data82_1,xlab="运动方式",ylab=
"运动次数",main="(b)运动次数与运动方式")
```

spineplot() 函数绘制脊形图的过程中, 使用的参数及含义如表 8.7 所示
(更多参数含义参考 help("spineplot")):

参数	含义
xlab	字符. 表示设置 x 轴的标签
ylab	字符. 表示设置 y 轴的标签
formula	y~x 形式的表达式, 表示单个因变量和单个解释变量之间的关系
data	数据框
main	字符. 表示主标题

▶ 表 8.7
spineplot() 函数的参
数及含义

如果将各类别的条高度设定为 100, 则可以绘制百分比条形图. 百分比
条形图与脊形图类似, 不同的是百分比条形图中每个条的宽度相同, 无法反
映出类别频数的信息. 例如绘制不同运动次数的人数在跳绳、散步、跑步三
个类别里所占的百分比, 如图 8.5 所示:

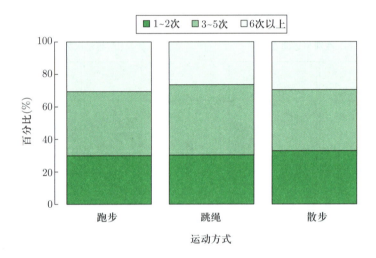

▶ 图 8.5
带有不同运动次数的
人数在三个类别所占
百分比的脊形图

```
par(mai=c(0.7,0.7,0.1,0.1),cex=0.8)
mytable2<-table(data82_1$运动次数,data82_1$运动方式)
p1<-(mytable2[,1]/sum(mytable2[,1])*100)
p2<-(mytable2[,2]/sum(mytable2[,2])*100)
p3<-(mytable2[,3]/sum(mytable2[,3])*100)
M<-as.matrix(data.frame(p1,p2,p3))
barplot(M, names=c("跑步","跳绳","散步"), xlab="运动方式",
  ylab="百分比(%)", ylim=c(0,115), col=gray.colors(3))
legend("top", rownames(M), cex=0.9, box.col="grey80",
```

```
fill=gray.colors(3),ncol=3,inset=0.02)
```

(三) 径向条形图

径向条形图是指使用同心圆网格绘制的条形图, 同心圆的每个圆圈代表一个数值刻度, 径向分割线用来区分不同的类别变量.

径向条形图的绘制通过 ggplot2 包更容易实现. 首先通过 geom_bar() 绘制出条形图, 再通过 coord_polar() 函数实现直角坐标系到极坐标系的转换, 最后就可以得到径向条形图. 实际上径向条形图绘制方法只是对条形图进行了坐标系的转换, 并且设定 y 轴从负值开始, 如图 8.6 所示:

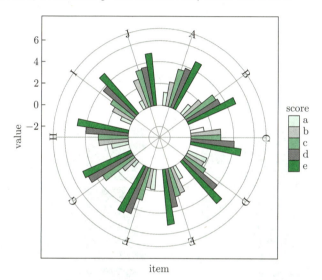

◀ 图 8.6
径向条形图

```
library(ggplot2)
library(RColorBrewer)
df<-data.frame(item=rep(LETTERS[1:10],5),score=rep(letters
    [1:5],each=10),value=rep((1:5),each=10)+rnorm(50,0,.5))
myAng<-seq(-20,-340,length.out =10)
ggplot(data=df,aes(item,value,fill=score))+
  geom_bar(stat="identity",color="black",position=position_
      dodge(),
  width=0.7,size=0.25)+coord_polar(theta ="x",start=0)+
  ylim(c(-3,6))+scale_fill_brewer(palette="YlGnBu")+theme_light
      ()+theme(panel.background=element_blank(),
  panel.grid.major=element_line(colour ="grey80",size=.25),
  axis.text.y=element_text(size=12,colour="black"),
  axis.line.y=element_line(size=0.25),
  axis.text.x=element_text(size=13,colour="black",angle=myAng))
```

8.2.2　马赛克图

如果是高维列联表, 通过马赛克图进行可视化非常方便. 在马赛克图中, 嵌套矩形的面积与列联表中相应单元格的频数是成比例的.

R 语言中 graphics 包中的 mosaicplot() 函数可以绘制马赛克图. 例如图 8.7 绘制了性别、运动次数、运动方式之间的马赛克图.

```
data82_2<-read.csv("sport.csv")
par(mai=c(0.4,0.4,0.3,0.1),cex=0.8)
attach(data82_2)
mosaicplot(~性别+运动次数+运动方式,color=TRUE,las=3,cex.axis=1,
 off=8,dir=c("v","h","v"),main="性别与运动次数和运动方式的马赛
    克图")
```

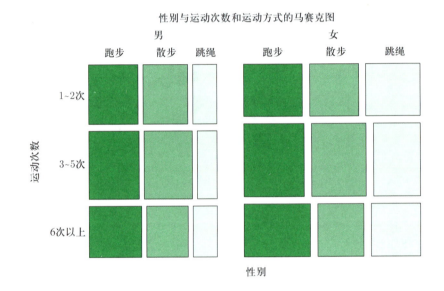

▶ 图 8.7
性别、运动次数、运动
方式的马赛克图

绘制马赛克图的 R 语言代码中使用的 mosaicplot() 函数的参数及含义如表 8.8 所示 (更多参数含义参考 help("mosaicplot")).

如果 mosaicplot() 函数中的参数 shade=TRUE, 则可以绘制出颜色表和马赛克图每片的对数线性模型的标准残差.

此外, R 语言 vcd 包中的 strucplot() 函数、tlie() 函数、sieve() 函数、doubledecker() 函数、pairs() 函数、catabplot() 函数等都可以用来绘制不同样式的变种的马赛克图, 绘图对象是数组形式的列联表.

使用 strucplot() 函数可以给马赛克图添加更多信息. 例如设置 strucplot() 函数中的参数 labeling="labeling_values" 和 value_type="expected", 则可以在马赛克图中展示各矩形相应单元格的期望频数.

参数	含义
x	数据框. 列联表、数据框、表达式等
las	字数值. 坐标轴标签的风格
color	颜色向量或逻辑值. 如果为逻辑值, 假表示不填充颜色, 真表示设置 gamma 校正调色板; 如果为颜色向量, 表示设置阴影的颜色, color= NULL 表示灰度
cex.axis	数值. 表示设置坐标轴注释文本的放大倍数, 默认为 0.66
off	数值. 采用百分比的方式设置图中各级之间的间隔
dir	字符. 用来设置 x 中每个向量的方向, "v" 表示纵向, "h" 表示横向

◀ 表 8.8 mosaicplot() 函数的参数及含义

tlie() 函数能够绘制砖瓦图, 也就是一个矩形网格矩阵. 砖瓦图中每一个矩形的面积与相应单元格的观测频数成正比.

sieve() 函数能够绘制筛网图, 可用来展示二维列联表或高维列联表. 筛网图中矩形的面积与相应单元格的观测频数成比例, 每个矩形中的网格表示该单元格的观测频数, 网格的密度表示观测频数和期望频数之间的差异.

doubledecker() 函数能够绘制双层图, 可以展示两个类别变量之间的依赖关系. 形式上双层图是镶嵌的, 除了最后一个表示因变量的维度水平拆分以外, 其他维度的矩形都是垂直拆分.

pairs() 函数能够绘制马赛克图矩阵.

cotabplot() 函数能够绘制条件马赛克图. 即将一个变量作为条件, 利用这个条件分类绘制其他变量的马赛克图.

8.2.3 饼图

(一) 饼图

饼图是通过一个圆形和圆形内的扇形角度来对数据进行可视化, 主要用来表达一个样本中各类别所占的百分比. 饼图的绘制可以通过 R 语言 graphics 包中的 pie() 函数实现, 例如图 8.8 绘制了不同运动方式人数构成的饼图:

```
data82_3<-read.csv("sport.csv")
par(pin=c(3,3),mai=c(0.1,0.4,0.1,0.4),cex=0.8)
count1<-table(data82_3$运动方式)
name1<-names(count1)
percent<-prop.table(count1)*100
label1<-paste(name1,"",percent,"%",sep="")
pie(count1,labels=label1,init.angle=90,radius=1,col=gray.colors
    (3))
```

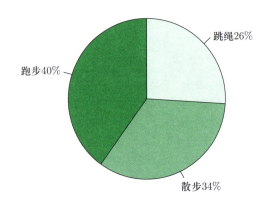

▶ 图 8.8
不同运动方式人数
的饼图

pie() 函数绘制饼图的过程中, 使用的参数及含义如表 8.9 所示 (更多参数含义参考 help("pie")):

▶ 表 8.9
pie() 函数的参数及
含义

参数	含义
x	表示用于绘图的非负数值向量或一维列联表
labels	字符. 表示命名饼图中各切片的一个或多个表达式或字符串
radius	数值. 设置饼图的半径, 默认为 0.8
angle	数值. 设置阴影线的斜率, 以角度为单位, 默认为 45°
col	向量. 表示每一切片的颜色

为增强视觉效果还可以绘制 3D 饼图, R 语言 plotrix 包中的 pie3D() 函数可以用于 3D 饼图的绘制. 更多详细信息可以通过 help("pie3D") 查看.

如果将多个饼图进行叠加, 则能够实现环形图的绘制. 环形图有利于各个类别之间进行对比. 例如图 8.9 绘制了辽宁、山东、广东三省 2019 年三产业增加值状况的环形图:

```
mydata<-read.csv("gdp2019.csv")
d<-t(mydata[,2:4])
percent1<-round(prop.table(d[,1])*100)
percent2<-round(prop.table(d[,2])*100)
percent3<-round(prop.table(d[,3])*100)
name1<-c("第一产业增加值\n辽宁","第二产业增加值\n辽宁",
  "第三产业增加值\n辽宁")
name2<-c("山东","山东","山东")
name3<-c("广东","广东","广东")
label1<-paste(name1,"",percent1,"%",sep="")
label2<-paste(name2,"",percent2,"%",sep="")
label3<-paste(name3,"",percent3,"%",sep="")
par(mai=c(0.2,0.2,0.2,0.2),cex=0.7)
pie(d[,1],labels=label1,init.angle=90,radius=0.8,main="",
  col=gray.colors(3))
```

　　　　　　　　　　　　　　　　　　　　　　　　　　第八章　数据可视化

```
par(new=T)
pie(d[,2],labels=label2,init.angle=90,radius=0.6,col=gray.
    colors(3))
par(new=T)
pie(d[,3],labels=label3,init.angle=90,radius=0.4,col=gray.
    colors(3))
par(new=T)
pie(1,labels="",init.angle=90,radius=.2,border="white",col=
    "white")
par(new=T)
box(col=3)
```

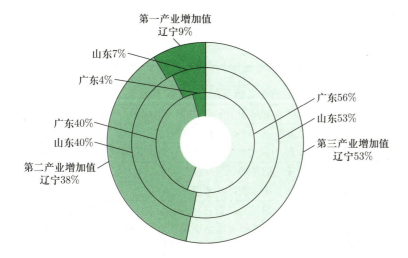

◀ 图 8.9
辽宁、山东、广东三产业增加值状况的环形图

(二) 扇形图

扇形图是饼图的变种, 将类别变量百分比最大的一类绘制成扇形区域, 将其他各类别变量按照百分比大小使用不同的半径绘制出扇形图.

扇形图的绘制可以使用 R 语言 plotrix 包中的 fan.plot() 函数实现, 例如图 8.10 绘制了辽宁省 2019 年三产业增加值构成的扇形图.

```
library(plotrix)
mydata<-read.csv("gdp2019.csv")
d<-t(mydata[,2:4])
percent<-round(prop.table(d[,1])*100,1)
name<-c("第一产业\n增加值\n","第二产业\n增加值\n",
    "第三产业增加值")
labs<-paste(name,"",percent,"%",sep="")
fan.plot(d[,1],labels=labs,max.span=0.9*pi,shrink=0.06,radius
```

```
=1.2,label.radius=1.4,ticks=200,col=gray.colors(3))
```

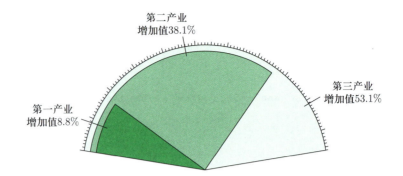

▶ 图 8.10
辽宁省 2019 年三产
业增加值的扇形图

fan.plot() 函数绘制扇形图的过程中, 使用的参数及含义如表 8.10 (更多参数含义参考 help("fan.plot")):

参数	含义
x	表示用于绘图的非负数值向量或一维列联表
labels	字符. 表示命名扇形图中各切片的一个或多个表达式或字符串
radius	数值. 设置扇形图的半径, 默认为 0.8
max.span	以弧度为单位的最大扇区的角度, 默认值是缩放 x, 使得它是 2π 的总和
col	向量. 表示每一切片的颜色
shrink	数值. 收缩每个连续扇区的数量
ticks	数值或逻辑值. 如果是数值表示扇区上的刻度数, 默认没有刻度; 如果是逻辑值, ticks=TRUE 表示给出等于 x 的整数和的刻度数, 最佳设置是 x 的整数向量

▶ 表 8.10
fan.plot() 函数的参
数及含义

8.2.4 雷达图

雷达图是用来比较多个定量变量的可视化工具, 可以用来查看哪些变量具有相似数值、异常数值等.

雷达图的绘制通过 R 语言 ggplot2 包更加方便. ggplot2 包中的多边形图绘制函数 geom_polygon()、散点图函数 geom_point() 和极坐标系的 coord_polar() 函数结合使用能够实现雷达图, 例如图 8.11 绘制了五个学科的雷达图:

```
library(ggplot2)
label_data<-data.frame(car=c("Art","English","Math","Music",
    "Science"),id=c(1:5),value=c(12,20,14,9,18))
AddRow<-c(NA,nrow(label_data)+1,label_data[1,ncol(label_data)])
```

```
mydata<-rbind(label_data,AddRow)
myAngle<-360-360*(label_data$id-1)/nrow(label_data)
library(RColorBrewer)
ggplot()+
  geom_polygon(data=mydata,aes(x=id,y=value),color="black",
  fill="grey50",alpha=0.1)+
  geom_point(data=mydata,aes(x=id,y=value),size=5,shape=21,
  color='black',fill="grey80")+
  coord_polar()+
  scale_x_continuous(breaks=label_data$id,labels=label_data$
      car)+
  ylim(0,22)+theme_light()+
  theme(axis.text.x=element_text(size=11,colour="black",
  angle=myAngle))
```

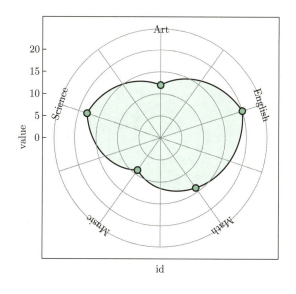

◀ 图 8.11
五个学科的雷达图

■| **8.3 分布特征可视化**

8.3.1 直方图

(一) 普通直方图

　　直方图是在一个坐标轴上用矩形的宽度表示每个组的组距, 在另一个坐标轴上用矩形的高度表示每个组的频数, 最后多个矩形组合在一起的图形.

普通直方图通过 R 语言 graphics 包中的 hist() 函数、ggplot2 包中的 geom_histogram() 函数、lattice 包中的 histogram() 函数等均可以进行绘制. 例如图 8.12 是对 2020 年北京市空气质量数据使用 graphics 包中的 hist() 函数绘制的 PM2.5 和 PM10 的直方图:

```
data83_1<-read.csv("weather.csv")
par(mfrow=c(1,2),mai=c(0.7,0.7,0.4,0.1),
cex=0.8,cex.main=1)
hist(data83_1$PM2.5,breaks=20,xlab="PM2.5",xlim=c(0,200),
  ylab="频数",main="(a)PM2.5的直方图")
hist(data83_1$PM10,labels=TRUE,col="grey60",xlab="PM10",
  ylab="频数",xlim=c(0,250),ylim=c(0,120),main="(b)PM10的直方
  图")
```

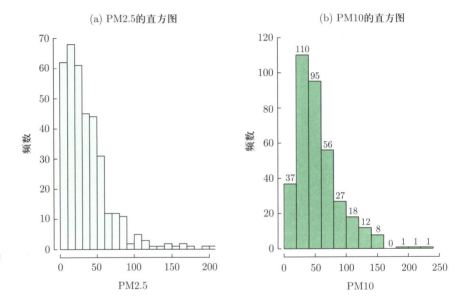

► 图 8.12
PM2.5 和 PM10 的
直方图

hist() 函数绘制普通直方图过程中使用的参数及含义如表 8.11 所示 (更多参数含义参考 help("hist")).

给直方图的 x 轴上画出原始数据的位置并用线段表示, 就能够得到地毯图. 地毯图比直方图展示的信息更多, 可以更直观地展示观测数据在轴上的分布情况. 可以通过 graphics 包中的 rug() 函数, 或者 ggplot2 包中 geom_rug() 函数来绘制. 但是在绘制时需要注意地毯图相互重叠的问题.

如果想对少数几个样本或变量的分布特征作比较, 可以绘制叠加直方图. 叠加直方图就是将一个变量的直方图叠加到另一个变量的直方图上. 在 R 语言中, 通过设置 add=TRUE, 就可以绘制叠加直方图. 例如图 8.13 绘制了 PM2.5 和 PM10 的叠加直方图:

参数	含义
x	绘图的数值向量
breaks	数值. 绘制直方图各矩形之间断点的向量; 或用来计算断点的向量; 或给出直方图条数的一个数字; 或命名算法来计算各组频数的一个字符串; 或计算各组频数的函数
xlab	字符. 表示设置 x 轴的标签
ylab	字符. 表示设置 y 轴的标签
col	向量. 表示条形颜色. 默认为 NULL
xlim,ylim	设置坐标轴的数值范围, 默认 x 轴是数据的分组
main	字符. 表示主标题
labels	逻辑值. 默认为假, 表示不绘制频数标签, 如果为真, 则给各个条添加标签

◀ 表 8.11
hist() 函数的参数及含义

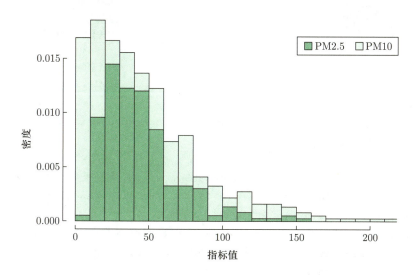

◀ 图 8.13
PM2.5 和 PM10 的叠加直方图

```
par(mai=c(0.7,0.7,0.1,0.1),cex=0.8)
hist(data83_1$PM2.5,prob=TRUE,breaks=20,xlab="指标值",ylab=
  "密度",col="grey80",main="")
hist(data83_1$PM10,prob=TRUE,breaks=20,xlab="",ylab="",col=
  "grey60",  density=60,main="",add=TRUE)
legend("topright",legend=c("PM2.5","PM10"),ncol=2,inset=0.04,
  col=c("grey80","grey60"),cex=0.9,density=c(200,60),fill=
  c("grey80","grey60"))
```

  R 语言 epade 包中的 histogram.ade() 函数也可以绘制叠加直方图. 它将一个数值变量按另一个因子的水平进行分类, 然后根据因子的每个水平绘制直方图并进行叠加.

  如果想按照因子的水平对直方图进行堆叠, 可以绘制堆叠直方图. 在 R 语言中, plotrix 包中的 histStack() 函数可以用来绘制堆叠直方图. 例如

图 8.14 按照 "质量等级" 绘制的 PM2.5 和 PM10 的堆叠直方图:

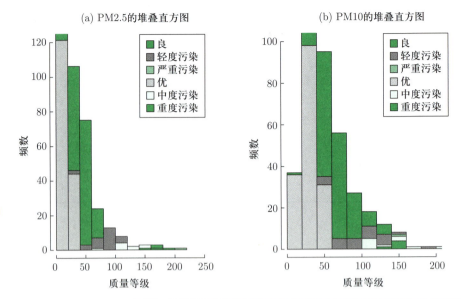

▶ 图 8.14
按照 "质量等级" 绘制
的 PM2.5 和 PM10
堆叠直方图

```
data83_1<-read.csv("weather.csv")
par(mfrow=c(1,2),mai=c(0.7,0.7,0.3,0.1),cex=0.8,cex.main=1)
library(plotrix)
cols=gray.colors(5)
histStack(PM2.5~质量等级,data=data83_1,xlab="质量等级",ylab=
  "频数",xlim=c(0,250),ylim=c(0,120),col=cols,legend.pos=
  "topright",  main="(a)PM2.5的堆叠直方图")
histStack(PM10~质量等级,data=data83_1,xlab="质量等级",ylab=
  "频数",xlim=c(0,200),ylim=c(0,100),col=cols,legend.pos=
  "topright",  main="(b)PM10的堆叠直方图")
```

histStack() 函数绘制堆叠直方图的过程中, 使用的参数及含义如表 8.12 所示 (更多参数含义参考 help("histStack")):

参数	含义
x	绘图的数值向量, 形如 x~z 的表达式
z	定义 "堆叠" 的因子向量
col	向量. 表示条形颜色或指定长度作为参数的字符串, 并返回具有该长度的颜色向量
xlab	字符. 表示设置 x 轴的标签
ylab	字符. 表示设置 y 轴的标签
xlim,ylim	设置坐标轴的数值范围, 默认 x 轴是数据的分组
legend.pos	字符. 表示堆叠图案的位置
main	字符. 表示主标题

▶ 表 8.12
histStack() 函数的参
数及含义

(二) 二维直方图

二维直方图主要对二维数据进行可视化. 图形中 x 轴和 y 轴分别标出每个组的端点, 每个方块的颜色代表对应的频数.

R 语言的 ggplot2 包中的 stat_bin2d() 函数可以用来绘制二维直方图, 如图 8.15 所示:

```r
library(ggplot2)
library(RColorBrewer)
colormap<-rev(brewer.pal(11,'Spectral'))
x1<-rnorm(mean=1.5,5000)
y1<-rnorm(mean=1.6,5000)
x2<-rnorm(mean=2.5,5000)
y2<-rnorm(mean=2.2,5000)
x<-c(x1,x2)
y<-c(y1,y2)
df<-data.frame(x,y)
ggplot(df,aes(x,y))+stat_bin2d(bins=40)+
  scale_fill_gradientn(colours=colormap)+theme_classic()+
  theme(panel.background=element_rect(fill="white",colour=
      "black",size=0.25),
  axis.line=element_line(colour="black",size=0.25),
  axis.title=element_text(size=13,face="plain",color="black"),
  axis.text=element_text(size=12,face="plain",color="black"),
  legend.position="right")
```

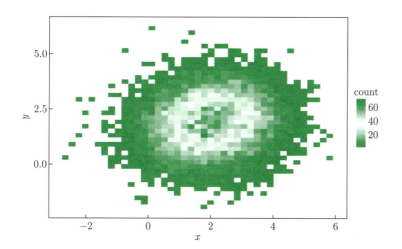

◀ 图 8.15
stat_bin2d() 函数绘制的二维直方图

8.3.2 核密度图

(一) 核密度曲线

核密度曲线是对核密度估计的可视化, 通过平滑的曲线可以看出图形分布的大体形状. 相比直方图, 核密度估计更为精确.

R 语言中绘制核密度曲线的函数有很多, 比如 graphics 包中 plot() 函数. 先使用 density() 函数估计数据密度, 再使用 plot() 函数画出估计曲线. 也可以使用 ggplot2 包中的 geom_density() 函数、lattice 包中的 densityplot() 函数绘制. 例如使用 graphics 包中的 plot() 函数绘制二氧化硫和二氧化氮的核密度曲线, 如图 8.16 所示:

```
data83_2<-read.csv("weather.csv")
par(mfrow=c(1,2),mai=c(0.8,0.8,0.2,0.1),cex=0.8,cex.main=1)
d1<-density(data83_2$二氧化硫)
plot(d1,xlab="二氧化硫",ylab="Density",main=
    "(a)二氧化硫的核密度曲线")
d2<-density(data83_2$二氧化氮)
plot(d2,xlab="二氧化氮",ylab="Density",main=
    "(b)二氧化氮的核密度曲线")
polygon(d2,density=50,col="grey90",border="grey20")
```

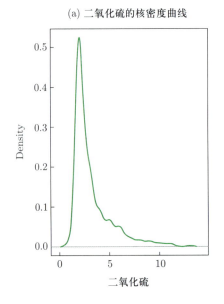

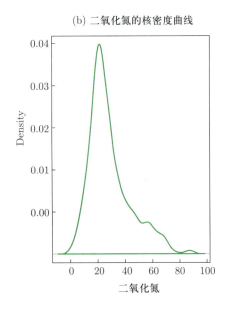

▶ 图 8.16
二氧化硫和二氧化氮
的核密度曲线

使用 density() 函数估计核密度时, 设置带宽的参数 (bandwidth) 可以改变曲线的平滑程度.

R 语言 sjPlot 包中的 plot_frq() 函数也可以绘制核密度曲线图, 设置参数 type="density" 即可绘制.

如果需要将多个变量的核密度曲线放在同一个坐标系中进行比较, R 语言 sm 包中的 sm.density.compare() 函数可以实现, 函数中的参数表示核密度估计的平滑参数. 但是在使用时需要先将短格式数据转换为长格式数据. 例如图 8.17 绘制了 6 项空气质量数据的核密度比较曲线:

```
data83_2_2<-read.csv("weather.csv")
d<-data83_2_2[,c(1,5:10)]
library(reshape2)
data83_2_1<-melt(d,id.vars="日期",variable.name="指标",
  value.name="指标值")
write.csv(data83_2_1,file="weather_1.csv")
attach(data83_2_1)
par(mai=c(0.8,0.8,0.1,0.1),cex=0.8)
library(sm)
cols<-c("black","blue3","red","blue","red3","green3")
sm.density.compare( 指标值, 指标, h=10,lty=1:6,col=cols)
legend("topright",legend=levels( 指标 ),lty=1:6,col=cols,ncol
    =2,
  inset=0.02,fill=cols,cex=0.9)
```

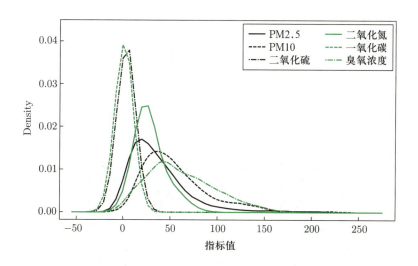

◀ 图 8.17
6 项空气质量数据的
核密度比较曲线

如果想要某个类别的观测数据按照另一个类别变量进行分类, 可以绘制分类核密度图. R 语言 epade 包中 histogram.ade() 函数能够实现分类核密度图的绘制.

如果想描述一个变量在另一个变量的不同条件水平下的分布, 可以绘制条件核密度图. 条件密度图的绘制可以通过 R 语言 graphics 包中的 cdplot()

函数实现.

(二) 二维核密度图

二维核密度估计主要针对二维数据, 其绘制可以使用 R 语言 ggplot2 包中的 stat_density_2d() 实现. 如图 8.18 所示:

```
library(ggplot2)
library(RColorBrewer)
colormap<- rev(brewer.pal(11,'Spectral'))
x1<- norm(mean=1.5,5000)
y1<-rnorm(mean=1.6,5000)
x2<-rnorm(mean=2.5,5000)
y2<-rnorm(mean=2.2,5000)
x<-c(x1,x2)
y<-c(y1,y2)
df<-data.frame(x,y)
ggplot(df,aes(x,y))+
  stat_density_2d(geom="raster",aes(fill=..density..),contour
      =F)+
  scale_fill_gradientn(colours=colormap)+theme_classic()+
  theme(panel.background=element_rect(fill="white",colour=
  "black",
  size=0.25),
  axis.line=element_line(colour="black",size=0.25),
  axis.title=element_text(size=13,face="plain",color="black"),
  axis.text=element_text(size=12,face="plain",color="black"),
  legend.position="right")
```

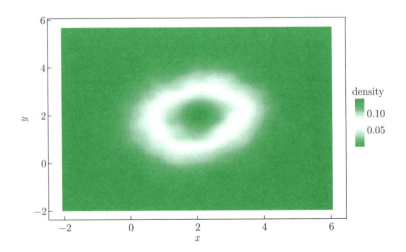

▶ 图 8.18
stat_density_2d 绘制的二维核密度图

8.3.3 箱线图

(一) 箱线图

箱线图适用于比较多个样本分布的情况, 它不仅可以比较数据分布的特征, 还可以比较是否对称等. 绘制箱线图主要有以下三个步骤: (1) 找出一组数据的中位数和四分位数, 画出箱子; (2) 计算内围栏和相邻值, 画出须线; (3) 找出离群点, 在图中单独标出.

不同的箱线图数据分布特征不同: (1) 对称分布的箱线图: 中位数在箱子中间, 上下相邻值到箱子的距离等长, 离群点在上下内围栏外的分布大致相同; (2) 右偏分布的箱线图: 中位数更靠近 25% 的四分位数的位置, 下相邻值到箱子的距离比上相邻值到箱子的距离更短, 离群点多数在上内围栏之外; (3) 左偏分布的箱线图: 中位数更靠近 75% 的四分位数的位置, 下相邻值到箱子的距离比上相邻值到箱子的距离长, 离群点多数在下内围栏之外.

R 语言中 graphics 包的 boxplot() 函数、ggplot2 包中的 geom_boxplot() 函数、lattice 包中的 bwplot() 函数等均可以实现箱线图的绘制, 例如使用 graphics 包的 boxplot() 函数绘制 6 项空气质量指标的箱线图, 使用 apply() 函数可以计算 6 项指标的均值, 使用 points() 函数可以将均值点添加到箱线图中. 如图 8.19 可以看出 6 项指标均为右偏分布:

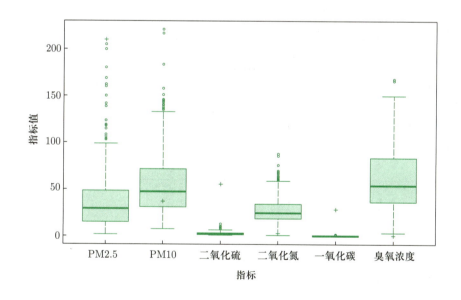

◀ 图 8.19
6 项空气质量指标的箱线图

```
data83_3<-read.csv("weather.csv")
par(mai=c(0.7,0.7,0.1,0.1),cex=0.8)
boxplot(data83_3[,5:10],col="grey80",
  xlab="指标",ylab="指标值")
```

```
points((apply(data83_3[,4:9],2,mean)),col="black",cex=1,pch
    =3)
```

boxplot() 函数绘制箱线图的过程中, 使用的参数及含义如表 8.13 所示 (更多参数含义参考 help("boxplot")).

参数	含义
data	数据框
xlab	字符. 表示设置 x 轴的标签
ylab	字符. 表示设置 y 轴的标签
horizontal	逻辑值. 如果为假表示箱子垂直摆放, 如果为真表示箱子水平摆放
col	向量. 表示每个箱子的颜色
main	字符. 表示主标题
range	数值. 表示围栏的范围, 默认为 1.5

► 表 8.13
boxplot() 函数的参数及含义

但是在同一坐标中绘制箱线图, 数值小的箱线图容易受到挤压, 从而不易观察数据分布的形状和离散程度. 这时可以对数据进行变换, 例如对数据做对数变换或者标准化变换, 如图 8.20 是对 6 项空气指标数据做对数变换和标准化变换后的箱线图:

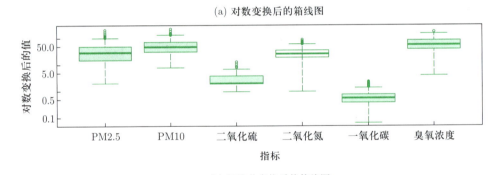

(a) 对数变换后的箱线图

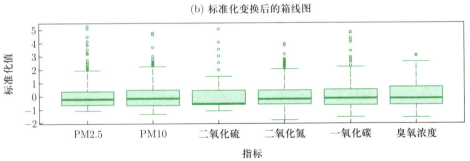

(b) 标准化变换后的箱线图

► 图 8.20
对 6 项空气指标数据做对数变换和标准化变换后的箱线图

```
data83_3<-read.csv("weather.csv")
par(mfcol=c(2,1),mai=c(0.7,0.7,0.2,0.1),cex=0.8,cex.main=1)
```

```
d<-data83_3[,5:10]
boxplot(d,xlab="指标",log="y",col="grey90",ylab="对数变换后的
    值",
  main="(a)对数变换后的箱线图")
dt<-data.frame(scale(d))
boxplot(dt,col="grey70",xlab="指标",ylab="标准化值",
  main="(b)标准化变换后的箱线图")
```

箱线图也可以根据因子分类, 例如绘制空气质量等级分类的 PM2.5 的箱线图, 图 8.21 中标出了 2020 年每种类型的空气质量的统计天数:

```
attach(data83_3)
par(mai=c(0.7,0.7,0.4,0.1),cex=0.8)
boxplot(PM2.5~质量等级,xlab="质量等级",ylab="PM2.5",col=
    "grey80",varwidth=TRUE)
title(main="良=158, 轻度污染=28, 严重污染=1, 优=165, 中度污染
    =9, 重度污染=5", cex.main=1, font.main=2)
```

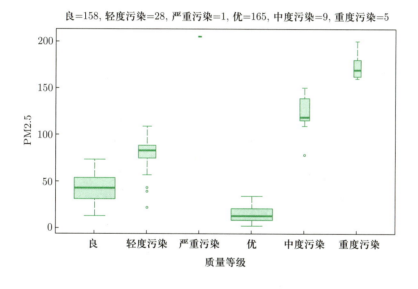

◀ 图 8.21
按照空气质量等
级分类的 PM2.5
的箱线图

(二) 小提琴图

小提琴图是箱线图的变种, 结合了数据分布的核密度曲线和箱线图, 更易于观察数据分布的形状. R 语言 vioplot 包中的 vioplot() 函数、ggplot2 包中的 geom_violin() 函数等能够实现小提琴图的绘制, 例如图 8.22 使用 vioplot 包中的 vioplot() 函数绘制 6 项空气质量指标的小提琴图:

```
data83_3<-read.csv("weather.csv")
```

```
d<-data83_3[,5:10]
attach(d)
library(vioplot)
par(mai=c(0.6,0.6,0.1,0.1),cex=0.8)
names=c("PM2.5","PM10","二氧化硫","一氧化碳","二氧化氮",
  "臭氧浓度")
vioplot(PM2.5, PM10, 二氧化硫, 一氧化碳, 二氧化氮, 臭氧浓度,
  names=names)
```

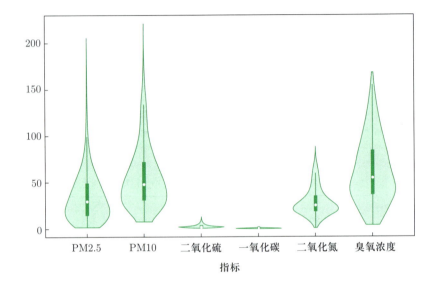

▶ 图 8.22
6 项空气质量指标的
小提琴图

vioplot() 函数绘制小提琴图的过程中, 使用的参数及含义如表 8.14 所示 (更多参数含义参考 help("vioplot")):

参数	含义
x	数据向量
names	向量. 表示标签或与数据匹配的标签向量
horizontal	逻辑值. 如果为假表示小提琴垂直摆放. 如果为真表示小提琴水平摆放
col	向量. 表示每个小提琴的颜色
main	字符. 表示主标题
range	数值. 表示围栏的范围, 默认为 1.5

▶ 表 8.14
vioplot() 函数的参数
及含义

绘制小提琴图前有时同样需要对数据做变换来辨认分布形状, 例如先对 6 项空气质量指标做对数变换和标准化变换后的小提琴图, 如图 8.23 所示:

```
dt<-log10(data83_3[,5:10])
attach(dt)
```

　　　　　　　　　　　　　　　　　　　　　　　　第八章　数据可视化

```
library(vioplot)
par(mfcol=c(2,1),mai=c(0.6,0.6,0.2,0.1),cex=0.8,cex.main=1)
names=c("PM2.5","PM10","二氧化硫","一氧化碳","二氧化氮",
  "臭氧浓度")
vioplot(PM2.5, PM10, 二氧化硫, 一氧化碳, 二氧化氮, 臭氧浓度,
  col="grey90", names=names)
title("(a)对数变换后的小提琴图")
sdt<-data.frame(scale(data83_3[,4:9]))
attach(sdt)
vioplot(PM2.5, PM10, 二氧化硫, 一氧化碳, 二氧化氮, 臭氧浓度,
  col="grey70", names=names)
title("(b)标准化变换后的小提琴图")
```

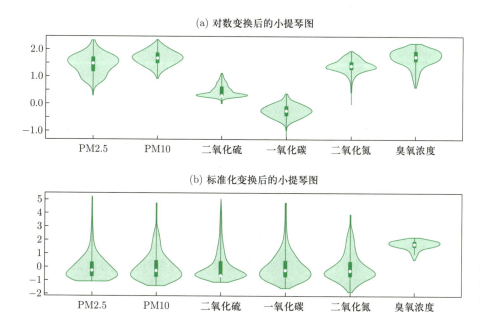

◀图 8.23
对 6 项空气质量指标
做对数变换和标准化
变换后的小提琴图

8.3.4 点图

(一) 点图

点图是将各个数据用点的形式绘制在图形中, 主要用于数据离群点的检测. 数据量较少时, 点图是检测离群点合适的可视化工具.

R 语言 graphics 包中的 dotchart() 函数、ggplot2 包中的 geom_point() 函数、lattice 包中的 dotplot() 函数等可以实现点图的绘制, 例如使用 graphics

包中的 dotchart() 函数绘制一氧化碳和质量等级的点图, 如图 8.24 所示:

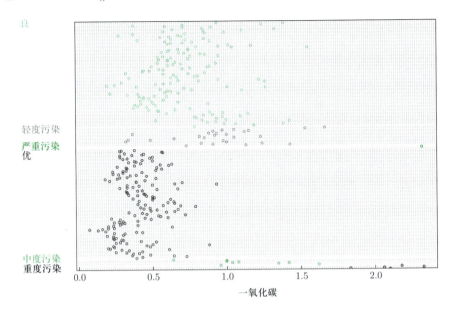

▶ 图 8.24
一氧化碳和质量等级
的点图

```
data83_4<-read.csv("weather.csv")
par(mai=c(0.7,0.7,0.2,0.2),cex=0.8,font=2)
cols=c("yellow2","orange","blue","green","red","purple")
data83_4$质量等级<-factor(data83_4$质量等级)
dotchart(data83_4$一氧化碳,groups=data83_4$质量等级,gcolor=cols,
   pch="o",lcolor="grey90",col=cols[data83_4$质量等级],pt.cex=0.6,
   xlab="一氧化碳")
```

在图 8.24 中, 我们可以清晰地看出一氧化碳与空气质量等级的关系分布情况, 从而便于进一步分析一氧化碳与空气质量的关系.

dotchart() 函数中使用的参数及含义如表 8.15 所示 (更多参数含义参考 help("dotchart")):

R 语言 plotrix 包中 dotplot.mtb() 函数也可用于绘制点图, 绘制的点图类似直方图, 容易观察数据分布的形状. 如果设置参数 hist=TRUE, dotplot.mtb() 函数会使用线代替点, 形状更接近直方图.

(二) 太阳花图

太阳花图是点图的变种, 它将数据点绘制成向日葵的形状, 相同的数据点用向日葵中的花瓣表示, 花瓣的多少表示数据的密集程度. 太阳花图适合于数据集中有相同的数据的情况.

参数	含义
x	数据向量或数据矩阵
xlab	字符. 表示设置 x 轴的标签
ylab	字符. 表示设置 y 轴的标签
groups	表示对各组的数值列出每个组的中位数或均值等统计值
pt.cex	数值. 表示绘图符号大小
pch	字符. 表示绘图文本或符号
main	字符. 表示主标题
gcolor	字符. 表示各组标签或值使用的单一颜色
lcolor	字符. 表示水平线的颜色, 默认为 gray

◀ 表 8.15
dotchart() 函数的参数及含义

R 语言 graphics 包中的 sunflowerplot() 函数可以绘制太阳花图, 例如图 8.25 绘制按照空气质量等级分组的一氧化碳的太阳花图:

```
data83_4<-read.csv("weather.csv")
par(mai=c(0.7,0.7,0.2,0.2),cex=0.8)
attach(data83_4)
sunflowerplot(一氧化碳,质量等级,cex=1,cex.fact=0.7,size=0.11,
  col="grey60",xlab="一氧化碳",ylab="质量等级")
```

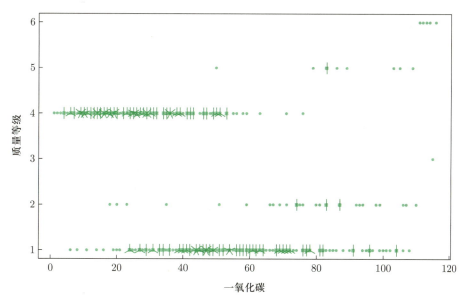

◀ 图 8.25
按照空气质量等级分组的一氧化碳的太阳花图

(三) 带状图

带状图也是点图的变种, 类似点图, 主要用于产生一维散点图. 当样本数据较少时, 可以替代直方图或箱线图.

R 语言 graphics 包中的 stripchart() 函数、lattice 包中的 stripplot() 函数等可以绘制带状图, 例如使用 graphics 包中的 stripchart() 函数绘制 AQI、PM2.5、PM10 和臭氧浓度 4 项指标的带状图, 如图 8.26 所示.

```
data83_4<-read.csv("weather.csv")
par(mai=c(0.7,0.2,0.1,0.1),cex=0.8)
stripchart(data83_4$AQI,method="overplot",at=1.35,pch="i",
  cex=0.7,col="blue3")
stripchart(data83_4$PM2.5,method="jitter",at=1.16,pch="p",
  cex=0.7,col="grey50",add=TRUE)
stripchart(data83_4$PM10,method="jitter",at=0.89,pch="m",
  cex=0.6,col="grey30",add=TRUE)
stripchart(data83_4$臭氧浓度,method="stack",at=0.6,pch="o",
  cex=1,col="grey10",add=TRUE)
legend(x=201.5,y=0.77,cex=1.2,legend=c("i=AQI(overplot)",
  "p=PM2.5(jitter)","m=PM10(jitter)","o=臭氧浓度(stack)"),
  col=c("purple2","grey50","grey30","grey10"),
  fill=c("purple2","grey50","grey30","grey10"))
```

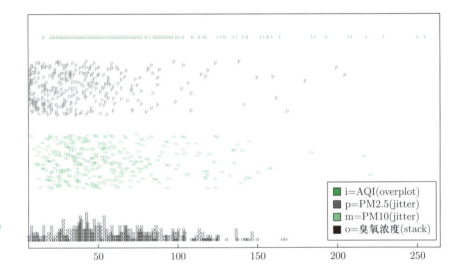

▶ 图 8.26
AQI、PM2.5、PM10
和臭氧浓度的带状图

stripchart() 函数中使用的参数及含义如表 8.16 (更多参数含义参考 help("stripchart")):

▶ 表 8.16
stripchart() 函数的
参数及含义

参数	含义
x	数据向量或数据矩阵
method	字符. 表示绘制点使用的方法, 默认为 "overplot", 即覆盖形同的点; "jitter" 表示绘制出扰动点; "stack" 表示堆叠各点

参数	含义
add	逻辑值. add=TRUE 表示在现有图形上添加图形
at	数值向量. 表示对各组的数值列出每个组的中位数或均值等统计值
col	数值向量. add=TRUE 时, 表示给出所绘制的图形的位置, 默认是 1:n, 其中 n 表示箱子的数量
pch	字符. 表示绘图文本或符号
cex	数值. 表示绘图文本和符号相对于默认值的大小

8.3.5 子母图

子母图是在主图的基础上, 添加子图绘制成的. 子母图的绘制使用 ggplot2 包的 viewport() 函数非常方便. 例如图 8.27 是鸢尾花数据集 iris 绘制点图为主图、箱线图为子图的子母图:

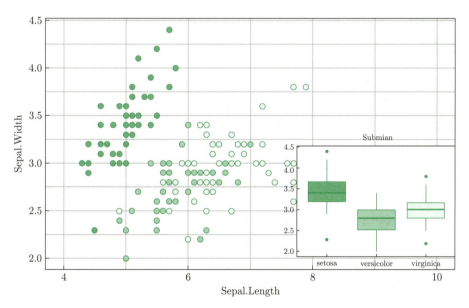

◀ 图 8.27
点图为主图、箱线图
为子图的子母图

```r
library(ggplot2)
library(grid)
library(showtext)
p1<-ggplot(iris,aes(Sepal.Length,Sepal.Width,fill =Species))+
  geom_point(size=4,shape=21,color="black")+
  scale_fill_manual(values= grey.colors(3))+
  theme_minimal()+xlim(4,10)+
  theme(axis.title=element_text(size=16),
  axis.text=element_text(size=14),
```

```
     plot.title = element_text(hjust=0.5),legend.position="none")
p2<-ggplot(iris,aes(Species,Sepal.Width,fill=Species))+
  geom_boxplot()+scale_fill_manual(values=grey.colors(3))+
  theme_bw()+ggtitle("Submian")+
  theme(plot.background=element_blank(),
  panel.background=element_blank(),
  panel.grid.minor=element_blank(),
  panel.grid.major.y=element_blank(),
  axis.title=element_blank(),
  axis.text=element_text(size=10,colour="black"),
  plot.title=element_text(hjust=0.5),legend.position="none")
subvp<-viewport(x =0.8,y=0.35,width=0.4,height=0.5)
p1
print(p2,vp=subvp)
```

习题

1. 请分析 ISLR 包里的 wage 数据.

    (1) 统计该数据的 race 的人数, 绘制条形图和饼图并分别进行分析;

    (2) 计算 wage 的均值、方差、标准差、极差、中位数及上、下四分位数;

    (3) 绘制 wage 的直方图、密度估计曲线、QQ 图, 并将密度估计曲线与正态密度曲线相比较.

2. 请分析 ISLR 包里的 Hitters 数据.

    (1) 把有缺失数据的行全部删掉;

    (2) 绘制 Years 对于 Salary 的散点图, 并计算两者之间的相关系数;

    (3) 请分析 League 和 Division 之间的关系;

    (4) 请使用箱线图分析 Hits 与 League 的关系;

    (5) 请绘制 AtBat、Hits、HmRun、Runs、RBI、Walks、Years 的多重散点图, 并分析它们之间的关系.

3. 确定 hexbin() 函数所用箱子数量的最佳方法是什么?

4. 找到观察的数据集, 用 persp() 函数进行显示.

5. 可以用三维图形地图更好地显示哪些地理数据?

4

第四部分

初等统计分析

第九章 概率分布

R 的一个应用就是使常见概率分布相关的统计分析变得容易. R 中提供了一些与常见概率分布有关的命令, 如表 9.1 所示.

分布	R 函数	分布	R 函数
贝塔 (Beta) 分布	beta	对数正态 (Log-normal) 分布	lnorm
二项 (Binomial) 分布	binom	负二项 (Negative Binomial) 分布	nbinom
柯西 (Cauchy) 分布	cauchy	正态 (Normal) 分布	norm
卡方 (Chi-square) 分布	chisq	泊松 (Poisson) 分布	pois
指数 (Exponential) 分布	exp	t 分布	t
F 分布	f	均匀 (Uniform) 分布	unif
伽马 (Gamma) 分布	gamma	逻辑斯谛 (Logistic) 分布	logis
几何 (Geometric) 分布	geom	韦布尔 (Weibull) 分布	weibull
超几何 (Hypergeometric) 分布	hyper	威尔科克森 (Wilcoxon) 分布	wilcox

◀ 表 9.1
常见概率分布在 R 中的名字

对于每一个具体的概率分布, 在 R 中最直接相关的函数命令形式如表 9.2 所示.

命令	功能
dname( )	概率密度函数
pname( )	累积分布函数
qname( )	分位数函数
rname( )	随机数

◀ 表 9.2
R 中常见概率分布的相关命令

例如, pnorm(0)=0.5 (标准正态分布零左侧的面积); qnorm(0.9)= 1.28 (1.28 是标准正态分布的 0.9 分位数); rnorm(100) 会从标准正态分布中产生 100 个随机数. 另外, 每个函数都有依赖于该分布的参数. 例如, rnorm(100, m = 50, sd = 10) 产生 100 个均值为 50 和标准差为 10 的正态分布随机数.

■ | 9.1 离散型随机变量的概率分布

9.1.1 伯努利分布

伯努利试验是一项具有两种可能结果的随机试验, 结果常记为成功或失败. 伯努利试验的结果记为 X, 如果试验是 "成功", 则取值为 1; 如果是 "失败", 则取值为 0. 称 X 服从的分布为伯努利分布, 记为 $B(1, p)$. 事实上, 伯努利分布是下面将要介绍的二项分布 $B(n, p)$ 的特殊情况.

9.1.2 二项分布

二项分布 $B(n, p)$ 刻画了 n 个独立的重复随机试验, 每次试验成功的概率都是 p, 每次单独的试验都是伯努利试验. 因此, 如果 $n = 1$, 二项分布是伯努利分布.

设 X 是服从二项分布的随机变量, 其主要性质有:

- 概率质量函数为: $p(x) = \binom{n}{x} p^x (1-p)^{n-x} = \dfrac{n!}{(n-x)! x!} p^x (1-p)^{n-x}$;

- 累积分布函数为: $F(x) = \sum_{j=1}^{x} \binom{n}{j} p^j (1-p)^{n-j} = I_{1-p}(n-x, x+1)$;

- 均值为 $E(X) = np$, 方差为 $D(X) = np(1-p)$.

R 中有 4 个函数与二项分布直接相关的命令, 如表 9.3 所示, 其中 x 是数值向量, p 是概率向量, n 是观察数, $size$ 是试验次数. $prob$ 是每次试验成功的概率.

▶ 表 9.3
R 中有关二项分布的命令

命令	功能
dbinom(x, $size$, $prob$)	概率质量函数
pbinom(x, $size$, $prob$)	累积分布函数
qbinom(p, $size$, $prob$)	分位数函数
rbinom(n, $size$, $prob$)	随机数

下面是一段二项分布使用的代码:

```
x <- seq(0,50,by = 1)
y <- dbinom(x,50,0.5)
#保存图片
png(file = "dbinom.png")
plot(x,y)
```

```
dev.off()
#从51次抛硬币中获得26个或更少的正面向上的概率
pbinom(26,51,0.5)
#掷51次硬币，硬币将出现多少个正面向上的概率为0.25
qbinom(0.25,51,1/2)
#从1-150个样本中以发生概率0.4产生8 个随机数
rbinom(8,150,.4)
```

9.1.3 几何分布

几何分布 $G(p)$ 描述了伯努利试验中试验 x 次才得到第一次成功的概率，即前 $x-1$ 次皆失败，第 x 次成功的概率.

设 X 是服从几何分布的随机变量，其主要性质有：

- 概率质量函数 $p(x) = (1-p)^{x-1}p$;
- 累积分布函数 $F(x) = 1 - (1-p)^x$;
- 均值为 $E(X) = \dfrac{1}{p}$; 方差为 $D(X) = \dfrac{1-p}{p^2}$.

几何分布具有一个特殊的性质，即：$P(X > n+m \mid X > n) = P(X > m)$. 这个性质表明在前 n 次试验中成功没有出现的条件下，在接下来的 m 次试验中成功仍未出现的概率只与 m 有关，而与以前的 n 次试验无关，似乎忘记了前 n 次试验结果，这就是无记忆性.

R 中有 4 个函数与几何分布直接相关，如表 9.4 所示，其中 x 是数值向量，p 是概率向量，n 是观察数，$prob$ 是每次试验成功的概率，$\log .p$ 是逻辑参数，如果为真，概率 p 以 $\log(p)$ 的形式给出. $lower.tail$ 是逻辑参数，如果为真，则输出概率为 $P(X \leqslant x)$，否则为 $P(X > x)$.

命令	功能
dgeom(x, $prob$, $\log .p$)	概率质量函数
pgeom(q, $prob$, $lower.tail$, $\log .p$)	累积分布函数
qgeom(p, $prob$, $lower.tail$, $\log .p$)	分位数函数
rgeom(n, $prob$)	随机数

◀ 表 9.4
R 中有关几何分布的命令

下面是一段几何分布使用的代码示例：

```
px <- dgeom(0:20, 1/6) # 0:20次失败，1/6: 成功概率
#k=0 到 k=20 的概率分布图
barplot(px, names=0:20, xlab='首次成功之前失败的次数', ylab=
    'P(x)', col='purple')
```

```
fx <- pgeom(0:20, 1/6)
#k=0 到 k=20 的累积概率分布图
barplot(fx, names=0:20, xlab='首次成功之前失败的次数', ylab=
    'F(x)', col='purple')
#90%概率下，至多要失败多少次就会成功
qgeom(0.9, 1/6)
  [1] 12
#重复10000组，每组成功前要失败多少次？
set.seed(12) #设置随机数种子，使下面随机结果可重复
s <- rgeom(10000, 1/6)
```

下面是该几何分布首次成功之前的概率分布图及累积概率分布图:

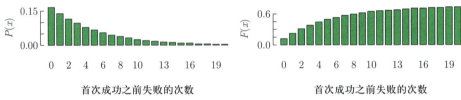

▶ 图 9.1
首次成功之前的概率
分布图

9.1.4 负二项分布

负二项分布 $NB(r, p)$ 描述了在一系列独立同分布的伯努利试验中, r 次成功所经历的失败的次数.

设 X 是服从负二项分布的随机变量, 其主要性质有:

- 概率质量函数 $p(x) = \binom{x-1}{r-1} p^r (1-p)^{x-r}$;
- 累积分布函数 $F(x) = I_p(r, x+1)$;
- 均值为 $E(X) = \dfrac{r}{p}$, 方差为 $D(X) = \dfrac{r(1-p)}{p^2}$.

"负二项分布" 与 "二项分布" 的区别在于: "二项分布" 是固定试验总次数 N 的独立试验中, 成功次数 k 的分布; 而 "负二项分布" 是所有到失败 r 次时即终止的独立试验中, 成功次数 k 的分布.

R 中有 4 个函数与负二项分布直接相关, 如表 9.5 所示, 其中 x 是数值向量, p 是概率向量, n 是观察数, $size$ 是试验次数, $prob$ 是每次试验成功的概率, $\log.p$ 是逻辑参数, 如果为真, 概率 p 以 $\log(p)$ 的形式给出. $lower.tail$ 是逻辑参数, 如果为真, 则输出概率为 $P(X \leqslant x)$, 否则为 $P(X > x)$.

命令	功能
dnbinom(x, *size*, *prob*, log)	概率质量函数
pnbinom(q, *size*, *prob*, *lower.tail*, log.*p*)	累积分布函数
qnbinom(p, *size*, *prob*, *lower.tail*, log.*p*)	分位数函数
rnbinom(n, *size*, *prob*)	随机数

◀ 表 9.5
R 中有关负二项分布
的命令

下面是一段负二项分布使用的代码:

```
#在运动员获得4个冠军前，发生0次，1次和2次失败的概率分别是多少？
dnbinom(0:2, 4, 0.8)  # 返回发生x次失败事件的概率
#至多发生2次失败的概率是多少？
pnbinom(2, 4, 0.8)   # 返回累积概率
#90%概率下该运动员至多失败几次
qnbinom(0.9, 4, 0.8) # 返回相应分位数x
#重复10万组模拟，每组失败的次数是多少？
set.seed(123)
ns <- rnbinom(100000, 4, 0.8)
table(ns)
```

9.1.5　帕斯卡分布

帕斯卡 (Pascal) 分布 $PA(r,p)$ 描述了成功 r 次时试验 (成功 + 失败) 的总次数的概率分布. 帕斯卡分布是负二项分布的正整数形式, 故帕斯卡分布的数字特征可以由负二项分布推出. 在 R 语言中我们使用负二项分布的函数做适当调整生成帕斯卡分布. 此外, 前面介绍的几何分布是帕斯卡分布当 $r = 1$ 时的特例.

设 X 服从参数为 (r,p) 的帕斯卡分布, 则 X 的主要性质有:

- 如果 Y 服从 (r,p) 的负二项分布, 则有 $X = Y + r$;

- 概率质量函数 $p(x) = \dbinom{x+r-1}{r-1} p^r (1-p)^x$;

- 均值为 $E(X) = \dfrac{r}{p}$, 方差为 $D(X) = \dfrac{r(1-p)}{p^2}$;

R 中有 4 个函数直接与帕斯卡分布相关, 如表 9.6 所示, 其中 x 是数字向量, p 是概率向量, n 是观察数, *size* 是试验次数, *prob* 是每次试验成功的概率, log.*p* 是逻辑参数, 如果为真, 概率 p 以 $\log(p)$ 的形式给出, *lower.tail* 是逻辑参数, 如果为真, 则输出概率为 $P(X \leqslant x)$, 否则为 $P(X > x)$.

命令	功能
dnbinom(x, $size$, $prob$, mu, log)	概率质量函数
pnbinom(q, $size$, $prob$, mu, $lower.tail$, log.p)	累积分布函数
qnbinom(p, $size$, $prob$, mu, $lower.tail$, log.p)	分位数函数
rnbinom(n, $size$, $prob$, mu)	随机数

▶ 表 9.6
R 中有关 Pascal 分布
的命令

9.1.6 超几何分布

超几何分布描述了从有限的 N 个个体 (其中包含 m 个指定种类的个体) 中抽出 n 个个体, 成功抽出该指定种类的个体的次数 (不放回). 称该分布为超几何分布, 是因为其形式与 "超几何函数" 的级数展开式的系数有关.

设 X 是服从超几何分布的随机变量, 其主要性质有:

- 概率质量函数: $p(x) = \dfrac{\dbinom{m}{x}\dbinom{N-m}{n-x}}{\dbinom{N}{n}}$;

- 累积分布函数: $F(x) = \sum\limits_{j=1}^{x} \dfrac{\dbinom{m}{j}\dbinom{N-m}{n-j}}{\dbinom{N}{n}}$;

- 均值为 $E(X) = \dfrac{nm}{N}$, 方差为 $D(X) = \dfrac{nm(N-m)(N-n)}{[N^2(N-1)]}$.

R 中有 4 个函数直接与超几何分布相关, 如表 9.7 所示:

命令	功能
dhyper(x, m, n, k, log)	概率质量函数
phyper(q, m, n, k, $lower.tail$, log.p)	累积分布函数
qhyper(p, m, n, k, $lower.tail$, log.p)	分位数函数
rhyper(n, m, n, k)	随机数

▶ 表 9.7
R 中有关超几何分布
的命令

下面是一段超几何分布使用的代码:

```
m <- 5; n <- 7; k <- 4
x <- 0:(k+1)
rbind(phyper(x, m, n, k), dhyper(x, m, n, k))
        [,1]       [,2]      [,3]      [,4]      [,5]      [,6]
 [1,] 0.07070707 0.4242424 0.8484848 0.9898990 1.00000000     1
 [2,] 0.07070707 0.3535354 0.4242424 0.1414141 0.01010101     0
```

```
all(phyper(x, m, n, k) == cumsum(dhyper(x, m, n, k)))
  [1] FALSE
signif(phyper(x, m, n, k) - cumsum(dhyper(x, m, n, k)), digits
   = 3)
  [1]  0.00e+00 -5.55e-17  1.11e-16  0.00e+00  1.11e-16  1.11e
    -16
```

9.1.7 泊松分布

泊松分布适合于描述单位时间内随机事件发生次数的随机现象. 例如, 某服务设施在一定时间内受到的服务请求的次数, 电话交换机接到呼叫的次数、汽车站台的候客人数、机器出现的故障数、自然灾害发生的次数、DNA 序列的变异数、放射性原子核的衰变数、激光的光子数分布等.

设 X 是服从泊松分布的随机变量, 其主要性质有:

- 概率质量函数 $p(x) = \dfrac{\lambda^x}{x!}\mathrm{e}^{-\lambda}$;

- 累积分布函数 $F(x) = \sum_{j=1}^{x} \dfrac{\lambda^j}{j!}\mathrm{e}^{-\lambda}$;

- 均值为 $E(X) = \lambda$, 方差为 $D(X) = \lambda$.

泊松分布有一个非常实用的特性, 即可以用泊松分布作为二项分布的一种近似. 在二项分布 $B(n, p)$ 中, 当 n 较大时, 计算量是令人烦恼的. 而在 n 较大、p 较小时, 泊松定理告诉我们

$$\binom{n}{k} p_n{}^k (1 - p_n)^{n-k} \approx \frac{\lambda^k}{k!}\mathrm{e}^{-\lambda}.$$

R 中有 4 个函数直接与泊松分布相关, 如表 9.8 所示, 其中 x 是数值向量, p 是概率向量, n 是观察数, $\log.p$ 是逻辑参数, 如果为真, 概率 p 以 $\log(p)$ 的形式给出, $lower.tail$ 也是逻辑参数, 如果为真, 则概率为 $P(X \leqslant x)$, 否则为 $P(X > x)$.

命令	功能
dpois(x, $lambda$, log)	概率质量函数
ppois(q, $lambda$, $lower.tail$, $\log.p$)	累积分布函数
qpois(p, $lambda$, $lower.tail$, $\log.p$)	分位数函数
rpois(n, $lambda$)	随机数

◀ 表 9.8
R 中有关泊松分布的命令

下面是一段泊松分布使用的代码:

```
#某条河未来100年内，发生0次，1次和2次洪水的概率.
dpois(0:2, 1)
#至多发生1次洪水的概率
ppois(1, 1)
#90%概率下这条河至多能发生几次洪水
qpois(0.9, 1)
#重复10000组模拟，每组发生洪水的次数
set.seed(123)
ns <- rpois(10000, 1)
table(ns)  #统计结果表
```

9.2 连续型随机变量的概率分布

9.2.1 均匀分布

均匀分布 $U(a,b)$ 是对称概率分布, 参数 a 是支撑集的最小值, 参数 b 是支撑集的最大值. 均匀分布表示了相同长度间隔的分布概率是等可能的. 当 $a = 0$, $b = 1$ 时, 称 $U(0,1)$ 为标准均匀分布.

设 X 是服从均匀分布 $U(a,b)$ 的随机变量, 其主要性质有:

- 概率密度函数为 $f(x) = \begin{cases} \dfrac{1}{b-a}, & a < x < b, \\ 0, & \text{其他}. \end{cases}$

- 累积分布函数为 $F(x) = \begin{cases} 0, & x < a, \\ \dfrac{x-a}{b-a}, & a \leqslant x < b, \\ 1, & x \geqslant b. \end{cases}$

- 均值为 $E(X) = \dfrac{a+b}{2}$, 方差为 $D(X) = \dfrac{(b-a)^2}{12}$.

R 中具有 4 个与均匀分布有直接关系的函数, 如表 9.9 所示, 其中 x 是非负整数的分位数向量, q 是分位数向量, p 是概率向量, n 是观察数, min 和 max 是分布的上下限.

▶ 表 9.9
R 中有关均匀分布的函数

命令	功能
dunif(x, min, max)	概率密度函数
punif(q, min, max)	累积分布函数
qunif(p, min, max)	分位数函数
runif(n, min, max)	随机数

下面是一段均匀分布使用的代码:

```
#设一款手表的价格R是随机变量，其均匀分布在500至1200元内
#求该区间内的概率密度
a <- 500
b <- 1200
f <- dunif(1000, a, b)
#均匀分布：区间内的概率密度值都是一样的
#求价格不超过700元的概率
f <- punif(700, a, b)
#求价格超过1000元的概率
f <- 1-punif(1000, a, b)
#在90%概率下，价格最高为多少?
# 可以用分位数函数求，相当于价格不超过R的概率是90% 求R
R <- qunif(0.9, a, b)
#随机生成10个符合该分布的值
runif(10, a, b)
```

9.2.2 指数分布

指数分布 $Exp(\lambda)$ 是偏态分布的一种, 其取值范围为 $(0, +\infty)$. 指数分布常被用作各种 "寿命" 分布, 例如机器原件的寿命、等待时间间隔等. 指数分布应用十分广泛, 是可靠性研究中最常用的一种分布形式.

设 X 是服从指数分布 $Exp(\lambda)$ 的随机变量, 其主要性质有:

- 概率密度函数为 $f(x) = \begin{cases} \lambda e^{-\lambda x}, & x \geqslant 0, \\ 0, & x < 0. \end{cases}$

- 累积分布函数为 $F(x) = \begin{cases} 1 - e^{-\lambda x}, & x \geqslant 0, \\ 0, & x < 0. \end{cases}$

- 均值为 $E(X) = \dfrac{1}{\lambda}$, 方差为 $D(X) = \dfrac{1}{\lambda^2}$;

- 无记忆性: $P(X > s + t | x > s) = P(X > t)$.

泊松分布和指数分布中都有一个参数 λ, 前者表示的是事件发生的次数, 是一个离散变量; 后者表示的是两个事件发生间隔的平均时间, 是一个连续变量.

R 中具有 4 个与指数分布有直接关系的函数, 如表 9.10 所示, 其中 x 是非负整数的分位数向量, q 是分位数向量, p 是概率向量, n 是观察数, $rate$ 是

比率, $log.p$ 是逻辑参数, 如果为真, 概率 p 以 $\log(p)$ 的形式给出, $lower.tail$ 是逻辑参数, 如果为真, 则概率为 $P\left(X \leqslant x\right)$, 否则为 $P\left(X > x\right)$.

▶ 表 9.10
R 中有关指数分布的
函数

命令	功能
$\text{dexp}(x, rate, \log)$	概率密度函数
$\text{pexp}(q, rate, lower.tail, \log.p)$	累积分布函数
$\text{qexp}(p, rate, lower.tail, \log.p)$	分位数函数
$\text{rexp}(n, rate)$	随机数

下面是一段指数分布使用的代码:

```
#假设在公交站台等公交车平均10分钟有一趟车，那么每小时有6趟车，
    我们来检验一小时出现车的次数是否服从指数分布
#产生5个随机数
c <- rexp(5, 1/6)
#我们在站台等车的随机时间
60/c
#有时会有较长的随机时间出现
#计算10分钟之内来车的可能性
pexp(6, 1/6)
#结果为0.6321206. 有37%的可能公交车会10分钟以内到达
#按照以上分析，一个小时出现的公交车次数应该不符合指数分布.
```

9.2.3　正态分布

正态分布 $N\left(\mu, \sigma\right)$ 是统计学中最为重要的分布, 又称高斯分布. 日常生活中随处可见正态分布, 例如一个年级的考试成绩、人的身高体重等. 当 $\mu = 0, \sigma = 1$ 时, 正态分布称为标准正态分布.

设 X 是服从正态分布的随机变量, 其主要性质有:

- 概率密度函数为 $f(x) = \dfrac{1}{\sqrt{2\pi}\sigma}\mathrm{e}^{-\frac{(x-\mu)^2}{2\sigma^2}}, -\infty < x < \infty$;

- 累积分布函数为 $F(x) = \dfrac{1}{\sqrt{2\pi}\sigma}\displaystyle\int \mathrm{e}^{-\frac{(x-\mu)^2}{2\sigma^2}}\mathrm{d}x, -\infty < x < \infty$;

- 均值为 $E\left(X\right) = \mu$, 方差为 $D\left(X\right) = \sigma^2$.

正态分布的密度函数特点是: 关于 μ 对称, 并在 μ 处取最大值; 形状为中间高两边低, 图像为一条处于 x 轴上方的钟形曲线. μ 决定了其对称的位置, σ 决定了其分布的幅度. 为了便于描述和应用, 通常是将正态变量先做数据转换, 将其转化成标准正态分布 $N\left(0, 1\right)$.

R 中具有 4 个与正态分布有直接关系的函数, 如表 9.11 所示, 其中 x 是非负整数的分位数向量, q 是分位数向量, p 是概率向量, n 是观察数, $mean$ 是均值, sd 是方差.

命令	功能
dnorm(x, $mean$, sd, log)	概率密度函数
pnorm(q, $mean$, sd, $lower.tail$, $log.p$)	累积分布函数
qnorm(p, $mean$, sd, $lower.tail$, $log.p$)	分位数函数
rnorm(n, $mean$, sd)	随机数

◀ 表 9.11
R 中有关标准正态分布的函数

下面是一段正态分布作图使用的代码:

```
mean=100; sd=15;lb=80; ub=120
x <- seq(-4,4,length=100)*sd + mean
hx <- dnorm(x,mean,sd)
plot(x, hx, type="l", xlab="IQ Values", ylab="",
main="Normal Distribution", axes=FALSE)
i <- x >= lb & x <= ub
lines(x, hx)
polygon(c(lb,x[i],ub), c(0,hx[i],0), col="red")
area <- pnorm(ub, mean, sd) - pnorm(lb, mean, sd)
result <- paste("P(",lb,"< IQ <",ub,") =",signif(area, digits
    =3))
mtext(result,3)
axis(1, at=seq(40, 160, 20), pos=0)
```

9.2.4　卡方分布

设 $X_1, X_2, \cdots, X_n$ 独立同分布于标准正态分布 $N(0,1)$, 则 $\chi^2 = X_1^2 + X_2^2 + \cdots + X_n^2$ 服从的分布称为自由度为 n 的 $\chi^2(n)$ 分布, 记为 $\chi^2 \sim \chi^2(n)$.

设 X 是服从 $\chi^2(n)$ 分布的随机变量, 其主要性质有:

- 概率密度函数为 $f(x) = \dfrac{(1/2)^{\frac{n}{2}}}{\Gamma(n/2)} x^{\frac{n}{2}-1} \mathrm{e}^{-\frac{x}{2}}, x > 0$;
- 均值为 $E(X) = n$, 方差为 $D(X) = 2n$.

R 中具有 4 个与卡方分布有直接关系的函数, 如表 9.12 所示, 其中 x 是数字向量, p 是概率向量, n 是观察数, df 是自由度.

命令	功能
dchisq(x, df)	概率密度函数
pchisq(x, df)	累积分布函数
qchisq(p, df)	分位数函数
rchisq(n, df)	随机数

▶ 表 9.12
R 中有关卡方分布的
命令

下面是一段卡方分布使用的代码:

```
x <- seq(0,20,length=100)
y <- dchisq(x,10)
#保存图片
png(file = "dchisq.png")
plot(x,y)
dev.off()
#自由度为10的卡方分布,当x=7时分布函数的值
pchisq(7,10)
#生成50个服从自由度为10的卡方分布的随机数
rchisq(50,10)
```

9.2.5 t 分布

设随机变量 X_1 与 X_2 独立, 且 $X_1 \sim N(0,1)$, $X_2 \sim \chi^2(n)$, 则称 $t = \dfrac{X_1}{\sqrt{X_2/n}}$ 服从的分布为自由度为 n 的 t 分布, 记为 $t \sim t(n)$.

设 X 是服从 $t(n)$ 分布的随机变量, 其主要性质有:

- 概率密度函数为 $f(x) = \dfrac{\Gamma\left(\dfrac{n+1}{2}\right)}{\sqrt{n\pi}\Gamma\left(\dfrac{n}{2}\right)}\left(1 + \dfrac{x^2}{n}\right)^{-\frac{n+1}{2}}$, $-\infty < x < \infty$;

- $n = 1$ 时的 t 分布就是标准的柯西分布, 不存在均值;

- $n > 1$ 时, 均值为 $E(X) = 0$;

- $n > 2$ 时, 方差为 $D(X) = \dfrac{n}{(n-2)}$;

- 当自由度 n 比较大时, 可以用标准正态分布近似 t 分布.

R 中与 t 分布有直接关系的函数见表 9.13 所示, 其中 x 是数字向量, p 是概率向量, n 是观察数, df 是自由度.

命令	功能
dt(x, df)	概率密度函数
pt(x, df)	累积分布函数
qt(p, df)	分位数函数
rt(n, df)	随机数

◀ 表 9.13
R 中有关 t 分布的
命令

下面是一段 t 分布使用的代码:

```
x <- seq(-4, 4, length=100)
hx <- dnorm(x)
degf <- c(1, 3, 8, 30)
colors <- c("red", "blue", "darkgreen", "gold", "black")
labels <- c("df=1", "df=3", "df=8", "df=30", "normal")
plot(x, hx, type="l", lty=2, xlab="x value",
  ylab="Density", main="Comparison of t Distributions")
for (i in 1:4){
  lines(x, dt(x,degf[i]), lwd=2, col=colors[i])
  }
legend("topright", inset=.05, title="Distributions",
  labels, lwd=2, lty=c(1, 1, 1, 1, 2), col=colors)
```

9.2.6　F 分布

设随机变量 X_1 与 X_2 独立, 且 $X_1 \sim \chi^2(n)$, $X_2 \sim \chi^2(m)$, 则称 $F = \dfrac{X_1/n}{X_2/m}$ 服从的分布为自由度为 n 和 m 的 F 分布, 记为 $F \sim F(n,m)$.

设 X 是服从 $F(n,m)$ 分布的随机变量, 其主要性质有:

- 概率密度函数为 $f(x) = \dfrac{\Gamma\left(\dfrac{n+m}{2}\right)\left(\dfrac{n}{m}\right)^{\frac{n}{2}}}{\Gamma\left(\dfrac{m}{2}\right)\Gamma\left(\dfrac{n}{2}\right)} x^{\frac{n}{2}-1}\left(1+\dfrac{n}{m}x\right)^{-\frac{n+m}{2}}, x > 0$;

- 给定分位数 $\alpha(0 < \alpha < 1)$, $F_\alpha(n,m) = \dfrac{1}{F_{1-\alpha}(m,n)}$;

- 当 $m > 2$ 时, 均值为 $E(X) = m/(m-2)$.

R 中与 F 分布有直接关系的函数见表 9.14, 其中 x 是数值向量, p 是概率向量, n 是观察数, $df1$、$df2$ 是自由度.

命令	功能
df(x, $df1$, $df2$)	概率密度函数
pf(q, $df1$, $df2$)	累积分布函数
qf(p, $df1$, $df2$)	分位数函数
rf(n, $df1$, $df2$)	随机数

▶ 表 9.14
R 中有关 F 分布的
命令

下面是一段 F 分布使用的代码:

```
x <- seq(-4,4,length=100)
y <- df(x,10,20)
#保存图片
png(file = "dchisq.png")
plot(x,y)
dev.off()
#自由度为10和20的F分布,当x=7时的分布函数的值
pf(7,10,20)
#生成50个服从自由度为10和20的F分布的随机数
rf(50,10,20)
```

9.2.7 韦布尔分布

设随机变量 $X \sim Exp(\lambda)$, 则称 $W = X^{\frac{1}{\alpha}}$ 服从的分布为参数是 λ 和 α 的韦布尔分布, 记为 $W \sim W(\lambda, \alpha)$.

设 X 是服从 $W(\lambda, \alpha)$ 分布的随机变量, 其主要性质有:

- 概率密度函数为 $f(x) = \lambda e^{-\lambda x^\alpha} \alpha x^{\alpha-1} I(x \geqslant 0)$;
- 累积分布函数为 $F(x) = (1 - e^{-\lambda x^\alpha}) I(x \geqslant 0)$;
- $\lambda = 1$ 时, X 服从韦布尔分布;
- $\alpha = 1$ 时, X 服从 $Exp(\lambda)$ 分布;
- $\alpha = 2$ 时, X 服从 Rayleigh 分布:$f(x) = 2\lambda x e^{-\lambda x^2} I(x \geqslant 0)$.

R 中与韦布尔分布有直接关系的函数见表 9.15 所示, 其中 x 是数值向量, p 是概率向量, n 是观察数, $shape$ 是形状参数, $scale$ 是尺度参数.

命令	功能
dweibull(x, $shape$, $scale$)	概率密度函数
pweibull(q, $shape$, $scale$)	累积分布函数
qweibull(p, $shape$, $scale$)	分位数函数
rweibull(n, $shape$, $scale$)	随机数

▶ 表 9.15
R 中有关韦布尔分布
的命令

下面是一段韦布尔分布使用的代码:

```
x <- seq(0,20,length=100)
y <- dweibull(x,2,3)
#保存图片
png(file = "dchisq.png")
plot(x,y)
dev.off()
#形状参数是2和尺度参数是3的韦布尔分布,当x=7时分布函数的值
pweibull(7,2,3)
#生成50个服从形状参数是2和尺度参数是3的韦布尔分布的随机数
rweibull(50,2,3)
```

习题

1. 尝试运用 R 中常见概率分布相关命令得出其概率密度函数、分布函数、分位数、随机数, 并熟练掌握.

2. 假设预订餐厅座位而不来就餐的顾客所占比例为 0.2, 餐厅有 80 个位置, 但预订给了 84 位顾客, 试用 R 语言计算顾客来到餐厅但没有位置的概率大小.

3. 假设一个矿山集团发生两次重大事故的间隔时间 T 服从 $Exp(241)$, 试用 R 语言计算 $P(50 < T < 100)$.

4. 如果平均每分钟有两次客户服务电话呼入, 那么请用 R 语言模拟 100min 内电话呼入的情况, 并返回每一分钟内的电话呼入次数.

5. 请用 R 语言模拟平均每分钟呼入电话 0.2 次的情况下, 100 次电话的时间间隔情况 (单位: min).

6. 随机变量 X 服从 $t(10)$, 请用 R 语言计算该随机变量的 0.05 分位数和 0.95 分位数, 并观察二者之间的关系.

7. 随机变量 Y 服从自由度为 4 的卡方分布 $\chi^2(4)$, 试求出该随机变量的分布函数以及分位数 $\chi^2_{0.1}, \chi^2_{0.5}, \chi^2_{0.9}$.

第十章　估　计　量

参数估计是已知随机变量服从某个分布规律, 但是概率分布函数的有些参数未知, 那么可以通过随机变量的采样样本来估计相应参数. 参数估计最主要的方法包括矩估计法, 最大似然估计法. 本章主要介绍了矩估计和最大似然估计在 R 中的使用方法, 并补充了 R 中关于求最大似然估计的几个函数包以供学习.

■ | 10.1 矩估计量

10.1.1 矩方法

假设随机变量 X 的总体概率密度为 $f(x \mid \theta)$, 其中 θ 为待估计的参数. $X_1, \cdots, X_n$ 是随机变量 X 来自该总体的简单随机样本. 再设 $m(\cdot)$ 是某个已知的函数, 且 $k(\theta) = E_\theta(m(X_i))$ 是函数 $m(X_i)$ 关于 θ 的数学期望. 在一定的假设条件下, 根据大数定理, 当 $n \to \infty$ 时,

$$\frac{1}{n} \sum_{i=1}^{n} m(X_i) \xrightarrow{P} k(\theta).$$

事实上, 矩估计方法就是取 $m(x) = x^m$. 此时, $\mu_m = E(X^m) = k_m(\theta)$ 表示总体的 m 阶矩. 矩估计法就是用样本矩估计总体矩. 矩估计过程可以表述为

步骤 1: 若总体分布中有 d 个参数, 则计算出前 d 阶总体矩, 记为

$$\mu_1 = k_1(\theta_1, \cdots, \theta_d), \cdots, \mu_d = k_d(\theta_1, \cdots, \theta_d).$$

步骤 2: 利用上面 d 个方程反解, 可得

$$\theta_1 = g_1(\mu_1, \cdots, \mu_d), \cdots, \theta_d = g_d(\mu_1, \cdots, \mu_d).$$

步骤 3: 基于样本 $\boldsymbol{X} = (X_1, \cdots, X_n)$, 计算出前 d 阶样本矩

$$\bar{X} = \frac{1}{n} \sum_{i=1}^{n} X_i, \cdots, \bar{X}^d = \frac{1}{n} \sum_{i=1}^{n} X_i^d.$$

步骤 4: 用样本矩 $(\bar{X}, \cdots, \bar{X}^d)$ 代替总体矩 $\mu_1, \cdots, \mu_d$, 得到矩估计量

$$\widehat{\theta}_1(\boldsymbol{X}) = g_1(\bar{X}, \cdots, \bar{X}^d), \cdots, \widehat{\theta}_d(\boldsymbol{X}) = g_d(\bar{X}, \cdots, \bar{X}^d).$$

下面, 通过两个例子来具体看一下矩估计的实施.

例 10.1 设简单随机样本 $X_1, \cdots, X_n$ 来自帕累托 (Pareto) 分布

$$f(x \mid \beta) = \frac{\beta}{x^{\beta+1}}, x > 1.$$

容易求得帕累托分布的累积分布函数是

$$F_X(x) = 1 - x^{-\beta}, x > 1.$$

由于只有一个待估参数, 只需要求得一阶矩. 易知, $\mu_1 = k_1(\beta) = \dfrac{\beta}{1-\beta}$. 反解该方程, 得到 $\beta = g_1(\mu_1) = \dfrac{\mu_1}{\mu_1 - 1}$. 把样本一阶矩代入该方程, 得到 β 的矩估计为 $\widehat{\beta} = \dfrac{\bar{X}}{\bar{X} - 1}$. 下面的代码实现了矩估计方法, 其中参数真值设定为 3.

```
paretobar<-c()
for (i in 1:10000){v<-runif(1);paretobar[i]<-1/v^(1/3)}
betahat<-mean(paretobar)/(mean(paretobar)-1)
betahat
  [1] 3.064505
```

在上述代码中, 根据 $U_i = F_X(X_i) \sim U(0,1)$, 获得了帕累托分布的随机数 $X_i = F^{-1}(U_i) = (1-u)^{-1/3}$.

有些情形下, 需要估计总体分布中的多个参数, 这个时候需要多个样本矩. 这种情况下, 使用中心矩求矩估计会更方便. 总体的 k 阶中心矩和样本中心矩分别记为 $m_k = E(X - E(X))^k, \widehat{m}_k = \sum_{i=1}^{n}(X_i - \bar{X})^k$.

在 R 中, 可以使用 moment 函数方便地计算中心矩. 例如, 下面的代码求出了 duration 的三阶矩.

```
library(e1071)
duration = faithful$eruptions
moment(duration, order=3, center=TRUE)
```

下面将给出一个两参数矩估计的例子:

例 10.2 设简单随机样本 $X_1, \cdots, X_n$ 来自贝塔分布, 其密度函数为

$$f(x|\alpha,\beta) = \mathrm{B}(\alpha,\beta)^{-1}x^{\alpha-1}(1-x)^{\beta-1}I(0 < x < 1),$$

其中 $B(\alpha, \beta)$ 是贝塔函数. 根据贝塔分布的性质和矩估计方法, 可以知道矩估计 $\widehat{\alpha}$ 和 $\widehat{\beta}$ 满足方程

$$\frac{\widehat{\alpha}}{\widehat{\alpha} + \widehat{\beta}} = \bar{X}_n,$$

和

$$\frac{\widehat{\alpha}\widehat{\beta}}{(\widehat{\alpha} + \widehat{\beta})^2(\widehat{\alpha} + \widehat{\beta} + 1)} = \frac{1}{n}\sum_{i=1}^{n}(X_i - \bar{X}_n)^2 = \widehat{m}_2.$$

注意: $\widehat{m}_2$ 可以表示为

$$\widehat{m}_2 = \frac{R\widehat{\alpha}}{\left(\dfrac{\widehat{\alpha}}{\bar{X}_n}\right)^2 \left(\dfrac{\widehat{\alpha}}{\bar{X}_n}\right)},$$

其中 $R = \dfrac{1}{\bar{X}_n} - 1 = \dfrac{\widehat{\beta}}{\widehat{\alpha}}$.

利用上面的表达式, 可以得到具体计算贝塔分布参数的代码如下:

```
beta.mom <- function(x, lower = 0.01, upper = 100) {
  x.bar <-moment(x,order=1)
  v <- moment(x,order=2, center=TRUE)
  R <- 1/x.bar - 1
  f <- function(a) {
  R * a^2/((a/x.bar)^2 * (a/x.bar + 1)) - v
  }
  u <- uniroot(f, c(lower, upper))
  return(c(shape1 = u$root, shape2 = u$root * R))
  }
x <- rbeta(50,2,5) # 从贝塔分布里产生随机数
beta.mom(x)
```

10.1.2 广义矩方法

在实际中, 总体服从的分布 $f(x \mid \theta)$ 往往是未知. 此时, 矩估计就失效了. 在本节, 我们介绍另外一种基于模型实际参数满足一定矩条件而形成的一种参数估计方法, 广义矩方法 (generalized method of moments, GMM). 只要模型设定正确, 总能找到该模型真实参数满足的若干矩条件而采用广义矩阵方法去估计未知参数. 假定简单随机样本 $X_1, \cdots, X_n$ 满足估计方程

$$E(\boldsymbol{g}(x; \boldsymbol{\theta})) = 0,$$

其中 $\boldsymbol{g}(x;\boldsymbol{\theta}) = (g_1(x;\boldsymbol{\theta}),\cdots,g_k(x;\boldsymbol{\theta}))$, θ 是 p 维的向量. 当 $k = p$ 时, 当然可以采用上面的传统的矩方法 (即通过解 k 个方程)

$$\frac{1}{n}\sum_{i=1}^{n}\boldsymbol{g}(X_i;\boldsymbol{\theta}) = 0$$

获得 $\boldsymbol{\theta}$ 的矩估计量. 但是在实际问题中估计方程的个数往往会比未知参数多, 即 $k > p$, 导致不可识别问题, 可能无法估计未知参数. 广义矩方法则通过下面的方式求未知参数的估计, 即

$$\widehat{\boldsymbol{\theta}}_{\mathrm{gmm}} = \mathrm{argmin}_{\boldsymbol{\theta}}\frac{1}{n}\sum_{i=1}^{n}\boldsymbol{g}(X_i;\boldsymbol{\theta})^{\top}\boldsymbol{W}_n\boldsymbol{g}(X_i;\boldsymbol{\theta}),$$

其中 $\boldsymbol{W}_n$ 是权重矩阵, 最优权重矩阵的形式为

$$\boldsymbol{W}_n = \frac{1}{n}\sum_{i=1}^{n}\boldsymbol{g}(X_i;\boldsymbol{\theta})g(X_i;\boldsymbol{\theta})^{\mathrm{T}}.$$

下面, 采用 GMM 估计方法估计例题 10.2 的 $\boldsymbol{\theta} = (\alpha,\beta)^{\mathrm{T}}$. 我们可以构建以下两个估计方程

$$\frac{1}{n}\sum_{i=1}^{n}g_1(X_i;\boldsymbol{\theta}) = \frac{1}{n}\sum_{i=1}^{n}\left(\frac{\alpha}{\alpha+\beta} - X_i\right) = 0,$$

和

$$\frac{1}{n}\sum_{i=1}^{n}g_2(X_i;\boldsymbol{\theta}) = \frac{1}{n}\sum_{i=1}^{n}\left[\frac{\alpha\beta}{(\alpha+\beta)^2(\alpha+\beta+1)} - \left(X_i - \frac{\alpha}{\alpha+\beta}\right)^2\right] = 0.$$

下面的代码实现了求参数真值为 2 和 5 的贝塔分布的 GMM 参数估计问题.

```
library(gmm)
g <- function(th,x) {
  t1 <- th[1]
  t2 <- th[2]
  t12 <- t1 + t2
  meanb <- t1 / t12
  m1 <- meanb - x
  m2 <- t1*t2 / (t12^2 * (t12+1)) - (x - meanb)^2
  f <- cbind(m1,m2)
  return(f)
  }
x <- rbeta(50,2,5)
gmm(g,x,c(alpha=0.1,beta=0.1))
```

接下来采用 GMM 方法获得逻辑回归的回归系数的 GMM 估计量. 给定数据集 "data.csv", 最后一列为被解释变量, 其他列为解释变量. 根据逻辑回归的得分函数, 构建如下估计方程

$$E(\boldsymbol{X}^{\mathrm{T}}(\boldsymbol{Y} - (\boldsymbol{X}^{\mathrm{T}}\boldsymbol{\theta}))) = 0,$$

其中 $\Lambda(x)$ 是逻辑斯谛函数且 $\Lambda(x) = \dfrac{1}{1 + \exp(-x)}$.

```
library(gmm)
dat<-read.csv("data.csv")
logistic <- function(theta, data) {
  return(1/(1 + exp(-data %*% theta)))
  }
moments <- function(theta, data) {
  y <- as.numeric(data[, ncol(data)])
  x <- cbind(matrix(1,nrow(data)),data.matrix(data[,
  1:(ncol(data)-1)]))
  m <- x * as.vector((y - logistic(theta, x)))
  return(cbind(m))
  }
init <- glm(Y~., family = binomial(link = "logit"),
  data=dat,na.action = na.pass)$coefficients
my_gmm <- gmm(moments, x = dat, t0 = init, type = "iterative",
  crit = 1e-25, wmatrix = "optimal", method = "Nelder-Mead",
  control = list(reltol = 1e-25, maxit = 20000))
summary(my_gmm)
```

10.2 最大似然估计

最大似然估计 (MLE) 最早是由德国数学家高斯在 1821 年针对正态分布提出的. 但一般将之归功于费希尔, 因为费希尔在 1922 年再次提出了这种想法并证明了它的一些性质而使得最大似然估计得到了广泛的应用.

设总体的概率函数为 $p(x;\theta)$, $\theta \in \Theta$, 其中 θ 是一个未知参数或几个未知参数组成的参数向量, Θ 是参数空间, $X_1, \cdots, X_n$ 是来自该总体的样本, 将样本的联合概率函数看成 θ 的函数, 用 $L(\theta; X_1, \cdots, X_n)$ 表示, 简记为 $L(\theta)$,

$$L(\theta) = L(\theta; X_1, \cdots, X_n) = p(X_1; \theta)p(X_2; \theta) \cdots p(X_n; \theta),$$

$L(\theta)$ 称为样本的似然函数. 如果某统计量 $\hat{\theta}$ 满足

$$L(\hat{\theta}) = \max_{\theta \in \Theta} L(\theta),$$

则称 $\hat{\theta}$ 是 θ 的最大似然估计, 简记为 MLE.

　　R 函数 optim()、nlm()、nlminb() 和 optimize() 可以用来求函数极值, 因此可以用来计算最大似然估计. 由于 optimize() 只能求一元函数极值, 本书在此不做介绍, 仅介绍另外三个函数的使用.

10.2.1　利用 optim 包

　　正态分布最大似然估计有解析表达式, 我们此处以求解正态分布参数的最大似然估计作为示例, 用 R 函数进行数值优化求解. 其对数似然函数为

$$l(\mu, \sigma^2) = -\frac{n}{2}\ln(2\pi) - \frac{n}{2}\ln(\sigma^2) - \frac{1}{2\sigma^2}\sum_{i=1}^{n}(X_i - \mu)^2,$$

定义 R 的优化目标函数为上述对数似然函数去掉常数项以后乘以 -2, 求其最小值点. 目标函数为

```r
objf.norm1 <- function(theta, x){
  mu <- theta[1]
  s2 <- exp(theta[2])
  n <- length(x)
  res <- n*log(s2) + 1/s2*sum((x - mu)^2)
  res
  }
```

其中 θ_1 为均值参数 μ, θ_2 为方差参数 σ^2 的对数值. x 是样本数值组成的 R 向量. 我们可以用 optim() 函数来求其极小值点. 下面是一个模拟演示:

```r
norm1d.mledemo1 <- function(n=30){
  mu0 <- 20;sigma0 <- 2
  set.seed(1)
  x <- rnorm(n, mu0, sigma0)
  theta0 <- c(0,0)
  ores <- optim(theta0, objf.norm1, x=x)
  theta <- ores$par
  mu <- theta[1]
  sigma <- exp(0.5*theta[2])
  cat('true sigma=', sigma0,'formula estimate sigma=',
```

```
      sqrt(var(x)*(n-1)/n),'optimize sigma=', sigma)
}
norm1d.mledemo1()
```

10.2.2 利用 nlm 包

接下来估计 AR(1) 模型中的参数, AR(1) 过程为

$$X_t = \mu + \rho(X_{t-1} - \mu) + \sigma\varepsilon_t,$$

其中 $\varepsilon_t \sim N(0,1)$. 在模拟中, 为了确定 AR(1) 序列的初始值, 我们对 X_1 假定无条件分布, 即 $X_1 \sim N(\mu, \sigma^2/(1-\rho)^2)$, 并且采取如下程序产生模拟数据.

```
library('stats')
set.seed(100)
mu <- -0.5;rho <- 0.9;sigma <- 1.0;#赋予参数真实值
T <- 10000
z <- double(T)
z[1] <- rnorm(1, mean = mu, sd = sigma / 1 - rho)
# 初始化存储时间序列的向量和第一时刻的值，产生整个序列
for (t in 2:T) {
  z[t] <- rnorm(1, mean = mu + rho*(z[t-1] - mu), sd = sigma)
}
```

先将产生的时间序列画图, 并保存.

```
png(filename = "z.png", width = 500, height = 250)
plot(z, type='l')
dev.off()
```

接下来定义 AR(1) 模型负对数似然函数后, 求解:

```
logl <- function(theta, data) {
  T <- length(data)
  sum(-dnorm(data[2:T],mean = theta[1] + theta[2] * (data[1:(T
      -1)] - theta[1]), sd = theta[3], log = TRUE))
}
theta.start <- c(0.1, 0.1, 0.1)
out <- nlm(logl, theta.start, data = z)
cat('Estimate of theta: ', out$estimate, '-2 ln L: ',2*out$
    minimum,
'Unconditional mean:', mu,'Sample mean:', mean(z),
```

```
'Unconditional sd:', sigma/sqrt(1 - rho^2), 'Sample
sd:', sd(z), '\n')
```

10.2.3 利用 nlminb 包

例 10.3　(**nlminb 包**) 我们要使用的数据来自 MASS 包中的 geyser 数据. 该数据采集自美国黄石公园内的一个名叫 Old Faithful 的喷泉. waiting 是喷泉两次喷发的间隔时间, duration 是指每次喷发的持续时间. 在这里, 我们只用到 waiting 数据, 具体 R 程序如下:

```
library(MASS)
attach(geyser)
hist(waiting)
```

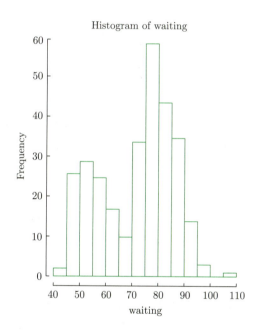

◀ 图 10.1
waiting(两次喷发间隔时间) 直方图

从图 10.1 中可以看出, 其分布接近两个正态分布的混合, 可以用如下的密度函数来描述该数据:

$$f(x) = wN(x; \mu_1, \sigma_1) + (1-w)N(x; \mu_2, \sigma_2).$$

该函数中有 5 个参数 $\boldsymbol{\theta} = (w, \mu_1, \sigma_1, \mu_2, \sigma_2)^{\mathrm{T}}$ 需要确定. 假设观测到样本 $X_1, \cdots, X_n$, 上述对数最大似然函数为

$$\ell(\boldsymbol{\theta}; X_1, \cdots, X_n) = \sum_{i=1}^{n} \log\{wN(X_i; \mu_1, \sigma_1) + (1-w)N(X_i; \mu_2, \sigma_2)\}.$$

具体估计过程 R 程序实现如下, 首先定义 log-likelihood 函数,

```
LL <- function(params, data) {
  t1 <- dnorm(data, params[2], params[3])
  t2 <- dnorm(data, params[4], params[5])
  f <- params[1] * t1 + (1 - params[1]) * t2 # 混合密度函数
  ll <- sum(log(f))
  return(-ll)
}
```

其中, 参数 data 是观测数据; 参数 params 是一个向量, 依次包含了 5 个参数: w, mu1, sigma1,mu2, sigma2. 需要注意的是, 因为 nlminb() 函数是最小化一个函数的值, 我们是最大化对数似然函数, 需要在 LL 前加个负号. 可以用 hist 函数找出初始值.

```
hist(waiting, freq = F)
lines(density(waiting))
geyser.res <- nlminb(c(0.5, 50, 10, 80, 10), LL,
  data = waiting,
  lower = c(0.0001, -Inf, 0.0001, -Inf, -Inf, 0.0001),
  upper = c(0.9999, Inf, Inf, Inf, Inf)
)
```

初始值为 p=0.5, mu1=50, sigma1=10, mu2=80, sigma2=10. 其中, lower 和 upper 分别指定参数的下界和上界. 并可查看估计的参数, 画出拟合曲线.

```
geyser.res$par
  [1] 0.3075937 54.2026518 4.9520026 80.3603085 7.5076330
X <- seq(40, 120, length = 100)
p <- geyser.res$par[1];mu1 <- geyser.res$par[2]
sig1 <- geyser.res$par[3]; mu2 <- geyser.res$par[4]
sig2 <- geyser.res$par[5]
f <- p * dnorm(X, mu1, sig1) + (1 - p) * dnorm(X, mu2, sig2)
hist(waiting, probability = T, col = 0, ylab = "Density",
  ylim = c(0, 0.04), xlab = "Eruption waiting times")
# 画出数据的直方图
lines(X, f) # 画出拟合的曲线
```

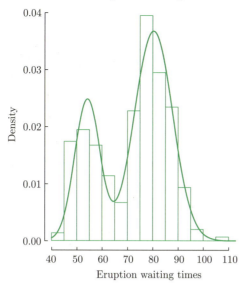

Histogram of waiting

◀ 图 10.2
拟合密度函数曲线
——waiting

习题

1. 设 $X_1, X_2, \cdots, X_n$ 是来自均匀分布 $U(a,b)$ 的样本, a, b 均是未知参数, 求 a 和 b 的矩估计量.

2. 设 $X_1, X_2, \cdots, X_n$ 是来自正态分布 $N(\mu, \sigma^2)$ 的样本, μ, σ^2 均是未知参数, 求 μ, σ^2 的最大似然估计量.

3. 已知某中学学生一分钟跳绳比赛中跳绳的个数服从正态分布 $N(\mu, \sigma^2)$, 其中 μ, σ^2 均是未知的, 现随机抽取 5 名学生, 跳绳的个数分别为 33、61、60、141、34, 试根据样本资料估计该比赛中全体学生的平均跳绳个数 μ 及平均跳绳个数的标准差.

4. 设 $X_1, X_2, \cdots, X_n$ 是来自 $X \sim B(1,p)$ 的样本, 试求参数 p 的最大似然估计量.

5. 某种电池的寿命 (单位: h)X 数据分布的概率密度为

$$f(x) = \begin{cases} \dfrac{1}{4\theta} \mathrm{e}^{\frac{-(x-\mu)}{\theta}}, & x \geqslant \mu, \\ \\ 0, & \text{其他.} \end{cases}$$

其中 $\theta, \mu > 0$ 都未知, 现从中选取 n 件测试其寿命, 设它们的寿命时长为 $X_1, X_2, \cdots, X_n$,

(1) 求 θ, μ 的最大似然估计量;

(2) 求 θ, μ 的矩估计量.

第十一章　假设检验与置信区间

假设检验又称显著性检验, 思想是先对总体参数进行假设, 再利用样本信息来判断原假设是否合理, 即判断样本信息与原假设是否有区别来决定接受或拒绝原假设的统计推断方法. 而置信区间则是样本统计量构造的总体参数的估计区间.

■ 11.1　均值检验

我们往往关心总体的集中趋势或平均水平, 对于连续变量而言, 其集中趋势可以用均值来表述, 因此问题经常被简化为均值的比较. 在简单均值比较中 t 检验是最常用的方法, 主要包括: 单样本 t 检验、相关配对 t 检验和独立样本 t 检验.

均值检验一般步骤:

1. 建立假设

原假设 H_0 与备择假设 H_1

H_0: $\mu = \mu_0$, 样本均值与假定总体均值的差异完全是由抽样误差造成.

检验	情况
单样本检验 (单个样本)	目标: 检验单个样本的均值是否等于目标值 案例: 某班级小学生的身高是否等于全国小学生的平均身高 适用条件: 大样本 (>30); 总体符合正态分布的小样本
相关配对检验 (相关样本)	目标: 相关或配对的样本观测之差是否等于目标值 案例: 某一人群在服用减肥药前后的体重是否存在差异 适用条件: 特殊的单样本检验, 等同于单样本
独立样本检验 (两个独立样本)	目标: 两个独立样本的均值之差是否等于目标值 案例: 分级教学方法对两组学生是否有效 适用条件: 两样本相互独立; 来自正态分布总体且方差相同

▶ 表 11.1
均值检验的类型

H_1: $\mu \neq \mu_0$, 样本均值与假定总体均值的差异除了抽样误差造成, 确实存在实际总体均值与假定总体均值间的差异.

2. 确立显著性水平

即设立小概率事件的界值, 常估计总体参数落在某一区间内可能犯错误的概率 (拒真概率), 习惯上使用 0.05 或 0.01 作为该界值.

3. 构造检验方法

计算检验统计量 (T 统计量), 借助试验数据将样本统计量 (样本均值) 进行标准化, 得到 T 统计量.

4. 确定 p 值, 得到推断结论

p 值指当原假设 H_0 成立时, 进行试验得到的结果与观测到的样本结果相同或更极端的概率.

11.1.1　单样本均值检验

(一) 基本原理: 均值抽样分布

1. 从一个服从正态分布 $N(\mu, \sigma^2)$ 的总体中进行抽样, 固定每次抽的样本量为 n, 对于每个样本都可以计算出均值 $\bar{X}$. 当我们抽取无数次时, 这些样本均值形成一个分布, 统计学家发现, 该分布正好是正态分布 $N(\mu, \sigma^2/n)$, 即样本均值分布的中心位置 (即均值) 与原始数据相同, 而其标准差变成了 $\sigma_{\bar{X}} = \sigma/\sqrt{n}$. 通常将样本均值的标准差称为标准误 (均值标准误或标准误差).

2. 当总体不服从正态分布时, 且 n 较小时 ($n < 30$), $\bar{X}$ 服从其他分布.

3. 当样本量足够大 ($n > 30$) 时, 不管总体是否符合正态分布, 其样本均值的抽样分布近似是正态的, 此时考虑的是均值是否能足够代表数据的集中趋势, 只要数据不是强烈的偏态, 一般而言单样本 t 检验都是适用的.

4. 当样本量较小 ($n < 30$) 时, 要检验总体是否符合正态分布 (如 K-S 检验), 若总体符合正态, t 检验是适用的, 若不符合需要考虑其他方法.

(二) 不同情形

1. 总体方差已知

当样本量较大或样本小但总体服从正态分布时, 其均值的抽样分布服从 $N(\mu, \sigma^2/n)$, 因此只需要两步就可以计算出不同样本均值出现在某一区间的概率, 即可以计算出相应 H_0 总体中抽到当前样本或更极端情况的概率大小, 从而做出统计推断的结论. 使用 Z 检验, 采用检验统计量

$$Z = \frac{\bar{X} - \mu}{\sigma/\sqrt{n}},$$

其中, $\bar{X}$ 为样本均值.

计算 Z 及对应 p 值. 我们使用如下例子:

```
library(UsingR)
x<-rnorm(50,0,3)
simple.z.test(x,3)
  [1] -0.9383800  0.7247046
```

结果说明在置信水平为 95% 的情况下总体均值的置信区间为 $[-0.9383800, 0.7247046]$.

2. 总体方差未知

由于 Z 检验的计算需要总体标准差, 而大多数情况下我们是不知道的, 能够使用的仅仅是样本标准差. 戈塞特发现, 如果用样本标准差 $s_{\bar{X}} = s/\sqrt{n}$ 代替总体标准差 $\sigma_{\bar{X}} = \sigma/\sqrt{n}$ 来计算, 它对应的标准化后的统计量的分布为 "T 分布", 并对不同自由度时 T 分布下面积的概率分布做了总结, 具体的统计量计算公式为

$$t = \frac{\bar{X} - \mu}{\sigma/\sqrt{n}}, df = n - 1.$$

其中, $\bar{X}$ 为样本均值.

例如, 一种汽车配件的平均长度要求为 10cm, 高于或低于该标准均被认为是不合格的. 汽车生产企业在购进配件时, 通常是经过招标, 然后对中标的配件供货商提供的样品进行检验, 以决定是否购进. 现对两位供货商提供的 20 个样本进行了检验.

▶ 表 11.2
某两家配件供货商的样本数据

供货商	配件长度
S1	9.67, 8.30, 9.2, 10.84, 9.86, 8.5, 10.64, 8.86, 11.17, 9.72
S2	10.67, 7.30, 7.21, 10.84, 7.86, 6.5, 10.64, 11.86, 11.17, 10.72

假定该供货商生产的配件长度服从正态分布, 在 0.01 的显著性水平下, 检验该供货商提供的配件是否符合要求, 即是否等于总体均值 10cm.

首先, 我们需要检验正态性, 可以观察 QQ 图, 以及 Shapiro-Wilk 的正态性检验方法 (W 检验), 且 W 检验适用于样本量 $n \leqslant 50$ 时的情况. Shapiro-Wilk 检验的原假设和备择假设为: H_0: 数据来自正态总体; H_1: 数据不是来自正态总体.

```
X<-c (9.67 ,8.30 ,9.2 ,10.84 ,9.86 ,8.5 ,10.64 ,8.86 ,11.17 ,
    9.72)
shapiro .test(X)  #正态检验
    Shapiro - Wilk normality test
  data: X
```

```
   W = 0.95172 , p- value = 0.6889
qqnorm (X,main="S1")
qqline (X)
```

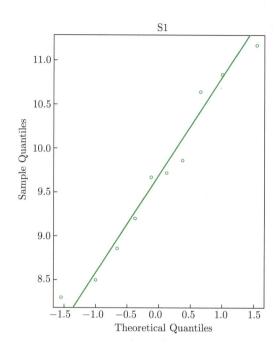

◀ 图 11.1
检验 S1 配件长度正
态性的 QQ 图

通过 QQ 图及 p 值 0.6889>0.05(检验水平也可以是 0.1),可接受正态性.
如果 p 值过小就不满足正态性了,可以先进行数据转换,比如对数、平方根
反正弦、倒数变换等方法. 另外检查数据正态性的方法有很多,这里不一一
列举.

已知数据服从正态分布,接下来要做的就是检验样本均值是否满足 $\mu = 10$,为此设置假设如下:

$H_0 : \mu = 10; H_1 : \mu \neq 10$

```
t.test(X,mu=10,conf.level = 0.01) #均值t检验
  One Sample t-test
  data: X
  t = -1.0408, df = 9, p-value = 0.3251
  alternative hypothesis: true mean is not equal to 10
  1 percent confidence interval:
   9.671989 9.680011
  sample estimates:
  mean of X
      9.676
```

可见, $p = 0.3251 > 0.01$, 故不拒绝原假设, 即在 0.01 的显著性水平下, 该供货商提供的配件符合要求.

3. Wilcoxon 秩和检验

t 检验在数据符合正态分布时比较稳定, 对不满足正态分布的数据也不错, 尤其是大样本条件下把握度相对较高. 但如果想要使用不依赖数据分布的方法, 就需要 Wilcoxon 秩和检验等方法, 往往把数据替换成相应的次序统计量, 比较的是中位数.

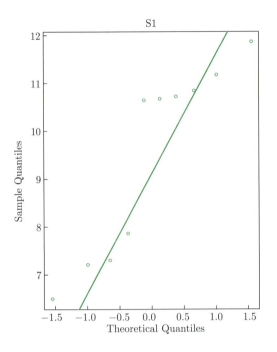

▶ 图 11.2
检验 S2 配件长度正态性的 QQ 图

Wilcoxon 秩和检验的实际应用基本与 t 检验一致 (对分布无要求).

```
Y<-c(10.67,7.30,7.21,10.84,7.86,6.5,10.64,11.86,11.17,10.72    )
shapiro.test(Y)          #正态检验
      Shapiro-Wilk normality test
 data:  Y
 W = 0.83508, p-value = 0.03852
qqnorm(Y,main="S2")
qqline(Y)
wilcox.test(Y,mu=10)    #Wilcoxon秩和检验
 Wilcoxon signed rank test
 data:  Y
 V = 21, p-value = 0.5566
 alternative hypothesis: true location is not equal to 10
```

可见, $p = 0.5566 > 0.01$, 故不拒绝原假设, 即在 0.01 的显著性水平下, 该供货商提供的配件符合要求.

11.1.2 配对样本检验

配对样本 t 检验的原理是对每对数据求差值, 若两种处理手段实际上无差异则差值的总体均值应为 0, 从该总体中抽出的样本其均值也应在 0 附近波动, 反之若两种处理有差异则差值的总体均值就应远离于 0, 其样本均值也应该远离 0, 因此, 配对样本检验的本质等价于对差值进行单样本 t 检验 (差值的总体均值为 0).

1. 建立假设

$H_0 : \mu_d = 0$, 两种处理无差别;

$H_1 : \mu_d \neq 0$, 两种处理有差别.

2. 计算样本统计量

$$t = \frac{\bar{d} - 0}{s_{\bar{X}}},$$

$$df = n - 1 (n \text{为对子数}),$$

$$s_{\bar{X}} = \frac{s_d}{\sqrt{n}},$$

其中 $\bar{d}$ 为配对样本差值的均值, $s_{\bar{X}}$ 为样本差值的标准差.

调用格式为:

```
t.test(y~x, data, paired=TRUE)
# y为数值型变量, x为二分变量(因子型)用于指定组别.
t.test(y1,y2,paired=TRUE)
# y1和y2为两个非独立组的数值向量
```

在配对样本中, 样本的配对关系取决于其对应的位置. 如果数据集为包含分组变量的数据框, 则程序将默认 group=1 的数据行中的第一行与 group=2 的数据行中的第一行相互匹配. 所以需要特别注意数据的排列顺序并确保无缺失值, 否则样本间的配对就不得不被打破.

```
sleep_test<-sleep$extra[1:10]-sleep$extra[11:20] # 数据排序
sleep_test
 [1] -1.2 -2.4 -1.3 -1.3 0.0 -1.0 -1.8 -0.8 -4.6 -1.4
qqnorm(sleep_test)        # QQ图进行正态性检验
qqline(sleep_test)
```

可得, 样本所在总体基本符合正态分布.

```
sleep_test<-sleep$extra[1:10]-sleep$extra[11:20] # 数据排序
  sleep_test
  [1] -1.2 -2.4 -1.3 -1.3 0.0 -1.0 -1.8 -0.8 -4.6 -1.4
  t.test(extra~group, sleep, paired=TRUE) #配对样本检验
  Paired t-test
  data:  extra by group
  t = -4.0621, df = 9, p-value = 0.002833
  alternative hypothesis: true difference in means is not equal
      to 0
  95 percent confidence interval:
  -2.4598858 -0.7001142
  sample estimates:
  mean of the differences
  -1.58
```

$p = 0.002833 < 0.05$, 拒绝原假设, 即两种处理结果存在差别. 由于配对样本检验本质是一种单样本 t 检验, 如下:

```
t.test(sleep$extra[1:10]-sleep$extra[11:20],mu=0) #单样本t检验
          One Sample t-test
data:  sleep$extra[1:10] - sleep$extra[11:20]
t = -4.0621, df = 9, p-value = 0.002833
alternative hypothesis: true mean is not equal to 0
95 percent confidence interval:
 -2.4598858 -0.7001142
sample estimates:
mean of x
    -1.58
```

11.1.3 双样本均值检验

(一) 样本来源

两组样本的样本量分别是 n_1 和 n_2, 来自两个正态分布的总体:

$$X_1 \sim N(\mu_1, \sigma_1), X_2 \sim N(\mu_2, \sigma_2).$$

(二) 建立假设

$H_0: \mu_1 = \mu_2$, 两样本均值的差异完全由抽样误差造成, 即两总体均值相同.

$H_1: \mu_1 \neq \mu_2$, 两样本均值的差异除由抽样误差造成外, 两总体均值存在差异.

(三) 计算标准化的检验统计量

统计学家发现, 如果两个总体的方差相同 $\sigma_1^2 = \sigma_2^2$, 即这两个总体实际上是同一个正态分布总体时, 从该总体中分别进行样本量 n_1 和 n_2 的随机抽样, 则其样本均值的差服从正态分布, 其均值为 0, 标准差 (标准误) 为

$$\sigma_{\bar{X}_1 - \bar{X}_2} = \sqrt{\sigma^2(1/n_1 + 1/n_2)}.$$

与单样本检验类似, 双样本检验也需要已知总体的标准差, 但实际上是未知的, 我们仅能计算出两个样本的标准差 s_1 和 s_2, 此时可计算出相应的合并标准误

$$s_e^2 = \frac{s_1^2(n_1 - 2) + s_2^2(n_1 - 2)}{n_1 + n_2 - 2}.$$

最后发现, 该估计量进行标准化后服从 t 分布, 自由度为 $n_1 + n_2 - 2$, 即

$$t = \frac{\bar{X}_1 - \bar{X}_2}{s_{\bar{X}_1 - \bar{X}_2}} = \frac{\bar{X}_1 - \bar{X}_2}{\sqrt{s_e^2(1/n_1 + 1/n_2)}}, df = n_1 + n_2 - 2.$$

(四) 适用条件

1. 独立性: 两组样本取值不能相互影响;
2. 正态性: 各样本均来自正态分布的总体;
3. 方差齐性: 各样本所在的总体方差相等.

(五) 数据不符时的应对策略

1. 样本量均衡: 各组样本量基本相等时, 一定程度上能弥补正态性或方差齐性得不到满足时所产生的影响, 一般最大方差与最小方差比小于 3 时, 分析结果通常是稳定的.

2. 变量变换: 对原始数据进行数学变换, 变换后的分布满足或近似满足正态或方差齐性, 常见的数学变换形式有对数转换、平方根转换、平方根反正弦转换、平方变换、倒数变换、Box-Cox 变换等.

3. 校正检验: 若方差不齐不严重, 可利用校正检验的方法.

4. 非参数检验法: 秩和检验较为常用.

(六) 实例操作

1. 调用格式

R 中进行 t 检验的函数是 t.test( ), 其中独立样本 t 检验的调用格式为下面两种方式:

```
t.test(y~x, data) # x为二分变量来指定组别
t.test(y1,y2)
```

2. 正态性检验

我们采用 R 内置数据集 sleep, 本节采用 QQ 图和 KS 检验进行正态性检验.

```
ks.test(sleep$extra[1:10],pnorm)          #分别KS检验
        One-sample Kolmogorov-Smirnov test
  data:  sleep$extra[1:10]
  D = 0.27725, p-value = 0.3577
  alternative hypothesis: two-sided
ks.test(sleep$extra[11:20],pnorm)
        One-sample Kolmogorov-Smirnov test
  data:  sleep$extra[11:20]
  D = 0.58814, p-value = 0.0008027
  alternative hypothesis: two-sided
par(mfrow=c(1,2))
qqnorm(sleep$extra[1:10],main="group1") # Q-Q图检验
qqline(sleep$extra[1:10])
qqnorm(sleep$extra[11:20],main="group2")
qqline(sleep$extra[11:20])
```

从 QQ 图及 KS 检验结果来看, group1 在两种检验方法上都表现为正态分布, group2 在 QQ 图上基本表现为正态分布, 但 KS 检验结果不服从.

▶ 图 11.3
检验两组样本正态性
的 QQ 图

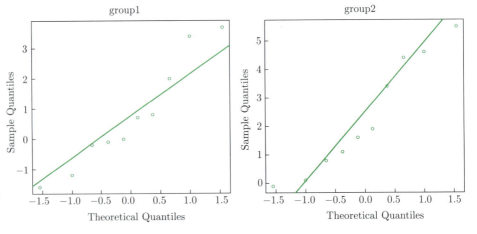

3. 方差齐性检验

方差齐性检验中 Bartlett 法 (样本方差的加权算术平均除以几何平均)、

Hartley 法 (只使用最大方差和最小方差计算统计量, 要求每组样本量相同) 和 Cochran 法 (使用了全部样本方差) 这三种对总体的正态性均有要求, 因此这里选择对正态性假设较为稳健的 Levene 法, 通过将变量值转化之后利用 F 检验来查看各组的方差差值.

```
library(car)
leveneTest(y = sleep$extra, group=sleep$group) # Levene检验
  Levene's Test for Homogeneity of Variance (center = median)
      Df  F value  Pr(>F)
  group  1  0.2482  0.6244
        18
```

Levene 检验显示, F 值为 0.2482, p 值为 0.6244>0.5, 因此这里不能拒绝原假设 (即两样本所在总体的方差相等).

4. 对约束条件检验结果的处理

(1) 校正检验

t.test 默认假定方差不相等, 且该函数默认地调用 Welch t 检验方法来对可能存在的非均等方差进行调整, 而不是 student t 检验. 如果要直接调用 student t 检验方法, 需要设置参数 var.equal=TRUE.

```
#不使用welsh修正自由度进行校正
t.test(extra~group,data=sleep,var.equal=TRUE)
t.test(sleep$extra[1:10],sleep$extra[11:20],var.equal=TRUE)
t.test(extra~group,data=sleep)
```

检验结果得 $p = 0.07919>0.05$, 因此不能拒绝原假设, 两个样本所在总体均值可能相等, 也可能不相等.

(2) 样本量均衡情况

```
var(sleep$extra[1:10])
  [1] 3.200556
var(sleep$extra[11:20])
  [1] 4.009
```

由于两样本量相等, 且方差之比小于 3, 因此一定程度上可以弥补 group2 可能不为正态分布时对检验效能所产生的影响, 以上的检验结果也是相对稳定的.

■╂ 11.2　其他检验

11.2.1　方差检验

(一) 单样本方差检验

本节讨论单样本正态总体的方差假设检验. 采取检验统计量

$$\chi^2 = \frac{(n-1)s^2}{\sigma^2},$$

其中, s^2 为样本方差, σ^2 为总体方差. 例如: 某啤酒生产企业采用自动生产线灌装啤酒, 每瓶的装填量为 500ml, 但由于受某些不可控因素的影响, 每瓶的装填量会有差异. 此时, 不仅每瓶的平均装填量很重要, 装填量的方差同样很重要. 如果方差很大, 会出现装填量太多或太少的情况, 这样要么生产企业不划算, 要么消费者不满意. 假定生产标准规定每瓶装填量的标准差不应超过 15ml. 企业质检部门抽取了 16 瓶啤酒进行检验, 得到的样本标准差为 $s=14.87$ml. 试以 0.05 的显著性水平检验装填量的标准差是否符合要求.

分析: 假设符合要求的标准差为 σ_0, 样本的标准差为 σ. 假设如下:

$$H_0 : \sigma = \sigma_0 = 15; H_1 : \sigma \neq \sigma_0 = 15.$$

```
sigma_2=15^2;s2=14.87^2   # 赋值
df=15;alpha=0.05
chi2=df*s2/sigma_2
pchisq(chi2,df=15)        # 方差检验
  [1] 0.5297799
```

不拒绝原假设, 即在 0.05 的显著性水平下检验装填量的标准差符合要求.

(二) 方差齐性检验

在双样本均值相等检验中, 如果检验出两样本的方差无显著性差别, 这样可以简化问题.

例如: 有人测定了甲乙两地区某种饲料的含铁量 (单位: mg/kg), 结果如下, 试问这种饲料含铁量在两地间是否有显著差异?

▶ 表 11.3
均值检验的类型

地区	数据
甲地	5.9, 3.8, 6.5, 18.3, 18.2, 16.1, 7.6
乙地	7.5, 0.5, 1.1, 3.2, 6.5, 4.1, 4.7

```
JIA<-c(5.9,3.8,6.5,18.3,18.2,16.1,7.6)
YI<-c(7.5,0.5,1.1,3.2,6.5,4.1,4.7)
Content<-c(JIA,YI)
Group<-c(rep(1,7),rep(2,7))    # 1表示甲地，2表示乙地
data<-data.frame(Content,Group)
data$Group<-as.factor(Group)
bartlett.test(Content~Group)   # bartlett方差齐性检验
  Bartlett's K-squared = 3.9382, df = 1, p-value = 0.0472
var.test(Content~Group)        # var方差齐性检验
library(car)
leveneTest(data$Content,data$Group) # leveneTest方差齐性检验
```

因此, 这里选择对正态性假设较为稳健的 Levene 法.

```
library(car)
leveneTest(y = sleep$extra, group=sleep$group)
    Levene's Test for Homogeneity of Variance
    (center = median)
      Df F value Pr(>F)
 group  1  0.2482 0.6244
        18
```

Levene 检验显示, F 值为 0.2482, p 值为 0.6244>0.5, 因此这里不能拒绝原假设, 即两样本所在总体的方差相等.

11.2.2 检验二项分布总体参数

本节探讨单样本二项分布总体比率的检验 (二项分布的相关性质已在本书第九章给出), 采用检验统计量

$$Z = \frac{p - p_0}{\sqrt{p_0(1 - p_0)/n}},$$

其中, p 为样本比率, p_0 为总体比率. 现在有一批大学生创业企业平均获得风险资本的可能性为 0.15, 现随机抽取 500 家新近创立的企业, 对其进行针对性的培训, 结果有 87 家获得风险投资, 试检验培训是否对风险投资的获得性有显著提升?

假设培训后风险资本的获得性均值为 p_0=0.15, 该题为二项分布检验.

$$H_0 : p \leqslant p_0 = 0.15; H_1 : p > p_0 = 0.15.$$

```
binom.test(x =87,n = 500,p = 0.15,alternative =   "greater",
    conf.level = 0.95 )  # 二项分布检验
        Exact binomial test
 data:  87 and 500
 number of successes = 87, number of trials = 500, p-value =
     0.07693
 alternative hypothesis: true probability of success is
     greater than 0.15
 95 percent confidence interval:
  0.1465997 1.0000000
 sample estimates:
 probability of success
                  0.174
```

$p = 0.07693 > 0.05$, 不拒绝原假设, 即在 0.05 的显著性水平下培训对风险投资的获得性无显著提升.

11.2.3　回归系数检验和置信区间

回归分析处理的是变量与变量之间的关系. 变量间常见的关系有两种: 一类称为确定性关系: 这些变量之间的关系是完全确定的, 可以用函数 $Y = f(X)$ 来表示, X(可以是向量) 给定后, Y 的值就唯一确定了. 另一类称为相关关系: 变量间有关系, 但是不能用函数来表示.

变量间相关关系不能用完全确定的函数形式表示, 但在平均意义下有一定的定量关系表达式, 寻找这种定量关系表达式就是回归分析的主要任务.

设 Y 与 X 间有相关关系, 称 X 为自变量, Y 为因变量, 在实际中常考虑第二类回归问题, 其自变量 X 是可控变量 (一般变量), 只有 Y 是随机变量, 它们之间的相关关系可用下式表示

$$Y = f(X) + \varepsilon,$$

其中 ε 是随机误差, 一般假设 $\varepsilon \sim N(0, \sigma)$. 由于 ε 的随机性, 导致 Y 是随机变量.

回归系数检验用来判断自变量对因变量的影响是否显著. 下面使用 R 语言常用的数据集 mtcars 做示例, 代码及结果如下:

```
fit1 <- lm(mpg~wt, data = mtcars) #线性回归
(sumRes <- summary(fit1)) #直接输出回归系数检验结果
  Call:
```

```
lm(formula = mpg ~ wt, data = mtcars)

Residuals:
    Min      1Q  Median      3Q     Max
-4.5432 -2.3647 -0.1252  1.4096  6.8727

Coefficients:
            Estimate Std. Error t value Pr(>|t|)
(Intercept)  37.2851     1.8776  19.858  < 2e-16 ***
wt           -5.3445     0.5591  -9.559 1.29e-10 ***
---
Signif. codes:  0 '***' 0.001 '**' 0.01 '*' 0.05 '.'
    0.1 ' ' 1

Residual standard error: 3.046 on 30 degrees of freedom
Multiple R-squared:  0.7528,    Adjusted R-squared:  0.7446
F-statistic: 91.38 on 1 and 30 DF,  p-value: 1.294e-10
confint(fit1) #95%置信区间
                  2.5 %     97.5 %
(Intercept)  33.450500  41.119753
wt           -6.486308  -4.202635
```

11.2.4　多重比较检验总体均值

多重比较法是指多个等方差正态总体均值的比较方法. 经过方差分析法可以说明各总体均值间的差异是否显著, 即只能说明均值不全相等, 但不能具体说明哪几个均值之间有显著差异.

多重比较法包括:

1.Tukey 法

这种方法的基础是学生化的极差分布 (studentized range distribution). 从均值为 μ、方差为 σ^2 的正态分布中得到的一些独立观察的极差 (即最大值减最小值).

2.Scheffé 法

Scheffé 法又称 S 多重比较法, 也为多重比较构建一个 $100(1-\alpha)$ % 的联立置信区间 (Scheffé,1953,1959). 以 multcomp 包中 glht 命令为例:

```
contrast <- rbind("no drug vs drug"=c(3,-1,-1,-1))
#第一组和其他三组进行均值比较
summary(glht(ancova,linfct=mcp(dose=contrast)))
  Simultaneous Tests for General Linear Hypotheses
```

```
Multiple Comparisons of Means: User-defined Contrasts
Fit: aov(formula = weight ~ gesttime + dose, data = litter)
Linear Hypotheses:
                      Estimate Std. Error t value Pr(>|t|)
no drug vs drug == 0     8.284      3.209   2.581    0.012 *
Signif. cods: 0 '***' 0.001 '**' 0.01 '*' 0.05 '.' 0.1 ' ' 1
(Adjusted p values reported -- single-step method)
```

在未用药和用药条件下, 出生体重具有显著的不同.

11.2.5 回归斜率同质性检验

ANCOVA 模型假定回归斜率相同, 如果 ANCOVA 模型包含交互项, 则需要对回归斜率的同质性进行检验. 以 multcomp 包中 litter 数据集为例, 假定四个处理组通过怀孕时间来预测出生体重的回归斜率都相同.

```
summary(aov(weight~gesttime*dose,data = litter))
              Df Sum Sq Mean Sq F value  Pr(>F)
gesttime       1  134.3  134.30   8.289 0.00537 **
dose           3  137.1   45.71   2.821 0.04556 *
gesttime:dose  3   81.9   27.29   1.684 0.17889
Residuals     66 1069.4   16.20
---
Signif. cods:  0 '***' 0.001 '**' 0.01 '*' 0.05 '.' 0.1 ' ' 1
```

交互效应不显著, 支持斜率相等的假设. 如果交互效应显著, 则意味怀孕时间和出生体重的关系依赖于药物剂量, 需使用不需要假设回归斜率同质性的非参数 ANCOVA 方法, 如 sm 包中的 sm.ancova() 函数.

将结果进行可视化:

```
library(HH)
ancova(weight~gesttime+dose,data = litter)
   Analysis of Variance Table
   Response: weight
             Df  Sum Sq Mean Sq F value   Pr(>F)
   gesttime   1  134.30 134.304  8.0493 0.005971 **
   dose       3  137.12  45.708  2.7394 0.049883 *
   Residuals 69 1151.27  16.685
   ---
   Signif. cods:  0 '***' 0.001 '**' 0.01 '*' 0.05 '.' 0.1 ' '
      1
```

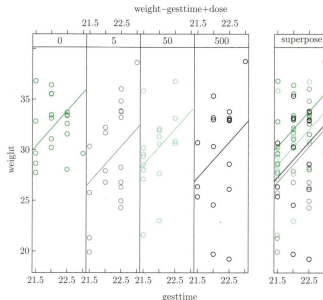

weight~gesttime+dose

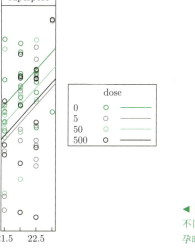

◀ 图 11.4
不同处理组体重与怀孕时间的回归斜率图

用怀孕时间预测出生体重的回归线相互平行, 只是截距不同. 随着怀孕时间的增加, 出生体重也会增加. 若用 ancova(weight gesttime*dose,data= litter) 生成的图形将斜率和截距依据组别发生变化, 对违背回归斜率同质性的实例比较有用.

习题

1. 已知某元件的一个参数值要求为 4, 参数服从正态分布. 从中抽取 16 只元件, 测得相应数据为 4.0, 3.8, 3.9, 4.1, 3.5, 3.6, 3.7, 4.0, 4.2, 3.4, 3.9, 3.4, 3.7, 3.8, 4.1, 3.5, 在 0.05 的显著性水平下:

   (1) 是否有理由认为元件的参数均值小于 4?

   (2) 给出该参数均值置信水平为 95% 的区间估计.

2. 对于题目 1, 去掉服从正态分布的假设, 使用 Wilcoxon 秩和检验完成第一问.

3. 某车间生产的产品的尺寸服从正态分布, 规定产品尺寸的方差 σ^2 不能超过 0.15, 质检部门随机抽取 20 件产品, 得到样本方差 s^2 为 0.1865, 试问在 0.05 的显著性水平下, 该车间生产的产品是否符合要求精度?

4. 甲、乙两种饲料对于奶牛的增重 (单位: kg) 情况如下, 在 0.05 的显著性水平下, 试问两种饲料对于奶牛养殖是否有显著差异?

饲料	增重情况
甲	20, 19, 21, 17, 16, 20, 23, 28
乙	27, 21, 15, 18, 23, 20, 22, 25

◀ 表 11.4
两种饲料对于奶牛的增重情况

5. 一批蔬菜种子的平均发芽率为 0.8, 随机抽取 600 粒种子, 使用种衣剂进行浸种处理后, 有 504 粒发芽. 试问在 0.05 的显著性水平下, 是否有理由认为该种衣剂对种子发芽有效果?

6. 利用 R 中 multcomp 包中的 cholesterol 数据集, 在 0.05 的显著性水平下, 判断五种药物疗法对降低胆固醇的效果是否有显著差异, 并应用 Tukey 法进行多重比较.

第十二章 方差分析

方差分析 (analysis of variance, ANOVA) 又称变异数分析或 F 检验, 用于两个及两个以上样本均值有无差别的显著性检验. 从模型的形式看, 方差分析和回归都是广义线性模型的特例, 回归分析 lm() 也能作方差分析. 方差分析的目的是推断两组或多组数据的总体均值是否相等, 检验两个或多个样本均值的差异是否有统计学意义. 方差分析的基本思路为: 将试验指标数据的总变异分解为来源于不同因素的相应变异, 并作出数量估计, 从而明确各个变异因素在总变异中的重要程度; 也就是将试验指标数据的总变异方差分解成各个变因方差, 并以其中的误差方差作为和其他变因方差比较的标准, 以推断其他变因所引起的变异量是否存在. 影响试验指标的条件称为因素 (factor), 方差分析就是根据试验指标, 鉴别各因素对试验指标是否有影响效应的一种有效方法. 如果方差分析研究的是一个因素对于试验结果的影响和作用, 就称为单因素方差分析. 因素所处的状态称为因素的水平 (level of factor) 或处理 (treatment). 因素的水平实际上就是因素的取值或者是因素的分组. 样本数据的变异如果是由抽样的随机误差造成的, 则称为组内差异; 如果是由因素水平本身不同引起的差异, 则称为组间差异.

方差分析的基本前提是各组观测数据需要是来自正态总体的随机样本, 各组的观测数据总体具有相同的方差, 且相互独立. 方差分析的原假设: $H_0 : \theta_1 = \theta_2 = \cdots = \theta_k$ 即因素的不同水平对试验结果无显著影响. 备择假设: 不是所有的 θ_i 都相等 $(i = 1, 2, \cdots, k)$, 即因素的不同水平对试验结果有显著影响.

aov() 函数的语法为 aov(formula,data=dataframe), formula 可使用的特殊符号如表 12.1 所示, 其中 y 为因变量, 即考察的试验指标, A、B、C 为自变量, 为有可能影响试验指标的不同因素.

常用的方差设计表达式如表 12.2 所示, 其中小写字母表示定量变量, 大写字母表示组别因子, Subject 是标识变量.

每组观测样本数相等的设计为均衡设计 (balanced design), 观测数不等的设计为非均衡设计 (unbalanced design). 做方差分析需要注意: 如果因子不止一个, 且是非均衡设计, 或者存在协变量, 表达式中的顺序会对结果造成影响; 样本大小越不平衡, 效应项的顺序对结果影响越大. 通常越基础的效应需要放在表达式的前面, 如先协变量, 然后主效应, 接着双因素的交互项,再接着是三因素的交互项. 标准的 anova() 默认类型为序贯型, car 包中的 anova() 函数提供使用分层型和边界型 (SAS 和 SPSS 默认类型) 的选项.

符号	用法
~	分隔符, 左边为因变量, 右边为自变量. 例 y~A+B+C
+	分隔自变量
:	表示交互项, 如 y~A+B+A:B
*	表示所有可能的交互项, 如 y~A*B*C
^	表示交互项达到的某个次数, 如 y~(A+B+C)^2
.	表示包含除因变量以外的所有变量, 如 y~.

设计	表达式
单因素 ANOVA	Y~A
含单个协变量的单因素 ANCOVA	Y~x+A
双因素 ANOVA	Y~A*B
含两个协变量的双因素 ANCOVA	Y~x1+x2+A*B
随机化区组	Y~B+A(B 是区组因子)
单因素组内 ANOVA	Y~A+Error(Subject/A)
含单个组内因子 (w) 和单个组间因子 (b) 的重复测量 ANOVA	Y~B*W+Error(Subject/W)

■ | 12.1　单因素方差分析

单因素方差分析是指对单因素试验结果进行分析, 检验因素对试验结果有无显著性影响的方法, 即通过检验单因素不同水平下的均值之间的差异, 确定因素对试验结果有无显著性影响的一种统计方法. 对于完全随机设计试验且因素水平数 $k > 2$ 的情况可以用单因素方差分析 ($k = 2$ 时用两总体的 t 检验). 方差分析的数据基础是总离差平方和的分解, 离差平方和的分解公式为

$$SST = SSR + SSE,$$

F 统计量为

$$F = MSR/MSE, MSR = SSR/(k-1), MSE = SSE/(n-k).$$

其中 SST 为总离差、SSR 为组间平方和、SSE 为组内平方和或残差平方和、MSR 为组间均方差、MSE 为组内均方差.

例 12.1　某医院欲研究A、B、C 三种降血脂药物对家兔血清肾素血管紧

张素转化酶 (ACE) 的影响, 将家兔随机分为三组, 均喂以高脂食品, 分别给予不同的降血脂药物. 一定时间后测定家兔血清 ACE 浓度 (单位: u/ml), 数据如下:

组别	数据
A 组	45 44 43 47 48 44 46 44 40 45 42 40 43 46 47 45 46 45 43 44
B 组	45 48 47 43 46 47 48 46 43 49 46 43 47 46 47 46 45 46 44 45 46 44 43 42 45
C 组	47 48 45 46 46 44 45 48 49 50 49 48 47 44 45 46 45 43 44 45 46 43 42

问三组家兔血清 ACE 浓度是否有差异?

对此问题的分析, 分三步进行: 首先对观测指标进行描述分析, 观察各组数据的数据特征, 数据的集中趋势和离散度情况, 此步骤可借助箱线图进行分析; 第二, 对三组观测进行正态性检验和方差齐性检验; 如果三组家兔观测指标具有正态和方差齐性, 即可进行方差分析.

将三组家兔血清 ACE 浓度赋值给 a, b, c 三个向量, 绘出其箱线图进行观察, R 程序如下:

```
a <- c(45, 44, 43, 47, 48, 44, 46, 44, 40, 45, 42, 40, 43, 46,
    47, 45, 46, 45, 43, 44)
b <- c(45, 48, 47, 43, 46, 47, 48, 46, 43, 49, 46, 43, 47, 46,
    47, 46, 45, 46, 44, 45, 46, 44, 43, 42, 45)
c <- c(47, 48, 45, 46, 46, 44, 45, 48, 49, 50, 49, 48, 47, 44,
    45, 46, 45, 43, 44, 45, 46, 43, 42)
dfCRp <- data.frame(length = c(a,b,c), site = factor(c(rep("1",
    20), rep("2", 25), rep("3", 23))))
boxplot(length ~ site, data = dfCRp, xlab = "Sites", ylab =
    "Length")
```

观察三组家兔血清 ACE 浓度的箱线图 (图 12.1), 数据散度相似, 初步判断因素对于观察指标可能有影响, 需要进一步观察其差异是否具有统计意义.

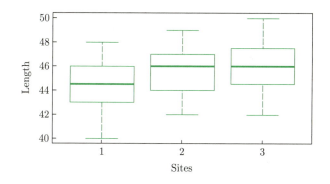

◀ 图 12.1
三组家兔血清 ACE
浓度箱线图

```
plot.design(length ~ site, fun = mean, data = dfCRp, main =
    "Group means")
```

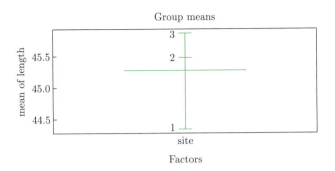

▶ 图 12.2
三组家兔血清 ACE
浓度均值图

12.1.1 假设检验

方差分析需要数据样本的正态性条件, 且要求各组的方差相等. 此处分别用 shapiro.test() 和 bartlett.test() 进行正态分布检验和方差齐性检验, 两个假设检验的原假设分别是: 总体服从正态分布和不同总体具有相同方差. 对于不符合假设的情况, 要用到非参数方法, 例如 Kruskal-Wallis 秩和检验.

```
shapiro.test(dfCRp$length)
  Shapiro-Wilk normality test
  data:  dfCRp$length
  W = 0.97397, p-value = 0.1654
bartlett.test(length ~ site,data = dfCRp)
  Bartlett test of homogeneity of variances
  data:  length by site
  Bartlett's K-squared = 0.76406, df = 2, p-value = 0.6825
```

此处正态性检验和方差齐性检验的 p 值均大于 0.05, 没有理由拒绝原假设, 即可以认为数据样本满足正态性和方差齐性的要求. 在实际运用中, 建议先作样本频率直方图, 再进行假设检验, 以免被假设检验结果误导. Fligner-Killeen(fligner.test() 函数) 和 Brown-Forsythe 检验 (HH 包中的 hov() 函数) 也可以用来检验方差齐性.

12.1.2 oneway.test() 和 aov() 函数

方差分析的正态性检验和观测数据的方差齐性检验通过, 即可进行单因素方差分析, aov() 函数程序及输出如下:

```
aovCRp = aov(length ~ site, data = dfCRp)
summary(aovCRp)
```

```
                Df Sum Sq Mean Sq F value Pr(>F)
     site        2  26.29  13.146   3.244 0.0454 *
     Residuals  65 263.40   4.052
     Signif. cods:  0 '***' 0.001 '**' 0.01 '*' 0.05 '.' 0.1 ' '
          1
```

用 aov() 函数建立单因子方差模型, 组间离差平方和为 26.29, 组内离差平方和为 263.40, 检验统计量 F 值为 3.24, p 值为 0.045, 如果选择检验显著性水平 0.05, 则有理由拒绝原假设, 可以认为三组家兔血清 ACE 浓度的差异有统计学意义. 利用 oneway.test() 函数进行方差分析, 其结果与 aov() 结果基本相同, 以 gpolts 包中 plotmeans 函数为例, 函数调用如下, 并输出估计和诊断结果 (见图 12.3).

```
oneway.test(length ~ site, data=dfCRp, var.equal=TRUE)
plotmeans(length ~ site,data =dfCRp) #绘制有置信区间的组均值图
```

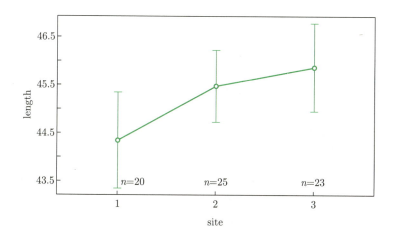

◀ 图 12.3
三组家兔血清 ACE 浓度分布均值的置信区间

绘制方差分析的统计诊断图像 (见图 12.4).

```
par(mfrow=c(2,2))
plot(aovCRp)
```

12.1.3　模型比较

在方差分析中, 可以比较不同模型下的估计结果. 比如, 如果对观测数据不考虑因素的影响, 方差分析模型只含有常数项和随机误差项情形, 与含有一个变量 site 的模型进行比较, 具体实现的 R 程序和输出结果如下:

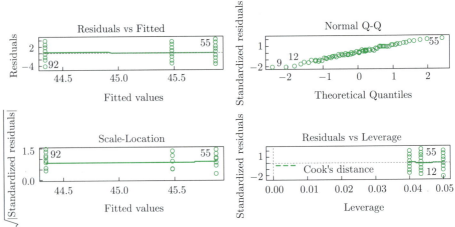

► 图 12.4
三组家兔血清 ACE
浓度方差分析模型的
统计诊断

```
(anova(lm(length ~ 1, data=dfCRp), lm(length ~ site, data=dfCRp
    )))
  Analysis of Variance Table
  Model 1: length ~ 1
  Model 2: length ~ site
    Res.Df     RSS Df Sum of Sq      F Pr(>F)
  1     67  289.69
  2     65  263.40  2     26.293 3.2442 0.0454 *
  Signif. cods:  0 '***' 0.001 '**' 0.01 '*' 0.05 '.' 0.1 ' '
      1
anovaCRp["Residuals", "Sum Sq"]
  [1] 263.3987
```

观察输出结果, 可以发现含有变量 site 的模型 2 比模型 1 残差平方和要小,
变量 site 对观测结果有一定的解释能力.

12.1.4 效应量

效应量是衡量处理效应大小的指标, 表示不同处理下的总体均值之间差
异的大小, 效应量的值越大, 表明由研究者的处理所造成的效果越大. 效应
量本身可以被视为是一种参数: 当原假设为真时, 效应量的值为零; 当原假设
不真时, 效应量大小为某种非零的值. 因此, 可以把效应量视为度量与原假设
分离程度的指标. 方差分析效应量的含义与 Z 检验或 t 检验的效应量含义
相似, 只是它反映的是多组试验处理下不同组之间试验效果差异大小的指标.
常用的指标如下:

$$\eta^2 = \frac{\text{SSR}}{\text{SST}}, f = \sqrt{\frac{\eta^2}{1-\eta^2}}, \omega^2 = \frac{\text{SSR} - \text{df} \times \text{MSE}}{\text{SST} + \text{MSE}}.$$

计算三组家兔血清 ACE 浓度方差分析的效应量, 如下:

```
dfSSb <- anovaCRp["site", "Df"]
SSb   <- anovaCRp["site", "Sum Sq"]
MSb   <- anovaCRp["site", "Mean Sq"]
SSw   <- anovaCRp["Residuals", "Sum Sq"]
MSw   <- anovaCRp["Residuals", "Mean Sq"]
(etaSq <- SSb / (SSb + SSw))
# DescTools包中EtaSq(aovCRp, type=1) 函数可以计算
  [1] 0.09076038
(omegaSq <- dfSSb * (MSb-MSw) / (SSb + SSw + MSw))
  [1] 0.06191765
(f <- sqrt(etaSq / (1-etaSq)))
  [1] 0.3159432
```

计算得到三种效应量 η^2, ω^2, f^2 的值如上, 其中 η^2 是试验处理之后各组间平方和在总体平方和中所占的比重, η^2 越大反映因素效应越大, 处理效应越明显. 一般 η^2 大于 0.14, 可以认为试验处理有大的效果.

12.1.5 多重比较

方差分析是通过 F 检验讨论组间变异在总变异中的作用, 借以对两组以上的平均数进行差异显著性检验, 得到的是一个整体结论. 如果 F 检验不显著, 说明试验中的自变量对因变量没有显著影响, 检验就此结束; 如果 F 检验的结果显著, 表明多组平均数两两比较中至少有一对平均数间的差异达到了显著水平, 至于是哪一对, 则需要用到方差分析中的多重比较. 多重比较是方差分析法的一部分, 用于多组数据平均数的两两比较分析. 多重比较法要求的条件与方差分析中 F 检验相同, 即随机变量服从正态分布、方差齐性和观测值的独立性. 由于生物学研究中大多数是多因素和多水平处理试验, 因此方差分析在生物科学研究中至关重要, 通过方差分析可以说明是否存在处理效应, 而多个处理平均数的相互比较则需要统计学上的多重比较法. 多重比较结果的表示方法有两种: 三角形法和字母标记法 (可参看相关文献).

本节示例方差分析的结果显示这三组之间的均值是不完全相等的, 但没有回答每两组之间是否都有差异, 此时需要使用 TukeyHSD() 函数或者 pairwise.t.test() 进行多重比较.

(一) 计划好的多重比较 (planned comparisons - A-priori)

在收集数据之前就已确定, 它与试验目的有关, 反映了试验者的意图. 可以直接进行计划好的多重比较, 不用考虑基本的 "均值相等的 F-test".

```
cntrMat <- rbind("a-c"=c(1,0,-1),"1/3*(a+b)-c"=c(1/3,1/3,-1),
    "b-c" =c(0,1,-1))
summary(glht(aovCRp, linfct=mcp(site=cntrMat), alternative=
    "less"),test=adjusted("none"))
pairwise.t.test(dfCRp$length, dfCRp$site, p.adjust.method=
    "bonferroni") # 结果与glht()函数类似.
```

依据事先试验的目的, 进行多重比较, 在显著性水平 0.05 下, A 组和 C 组, A、B 组和 C 组的差异有统计意义, B 组和 C 组的差异没有通过显著性检验.

(二) 非计划的多重比较 (planned comparisons - post-hoc)

在对样本数据进行描述和方差分析的基础上, "均值相等的 F-test" 拒绝了原假设, 认为不同处理有显著影响时, 如果事先未计划进行多重比较, 研究者可以利用 ScheffeTest() 函数和 Tukey HSD() 函数进行探索性的多重比较分析. 其中, Scheffé 的方法是对因子平均值之间的所有可能差异进行估计, 而不仅仅是 Tukey 方法所考虑的两两差异. 过程及输出结果如下:

```
#Scheffé检验
library(DescTools)
ScheffeTest(aovCRp, which="site", contrasts=t(cntrMat))
    #DescTools包
    Posthoc multiple comparisons of means : Scheffé Test
        95% family-wise confidence level
    $site
                diff        lwr.ci        upr.ci      pval
    1-3     -1.5195652   -3.061467     0.02233664  0.0543 .
    1,2-3 -15.9262319  -17.092478   -14.75998618  <2e-16 ***
    2-3     -0.3895652   -1.846661     1.06753062  0.7997
    Signif. cods:  0 '***' 0.001 '**' 0.01 '*' 0.05 '.' 0.1 ' '
        1
```

```
#Tukey HSD检验
(tHSD <- TukeyHSD(aovCRp))
    Tukey multiple comparisons of means
        95% family-wise confidence level
    Fit: aov(formula = length ~ site, data = dfCRp)
    $site
            diff            lwr         upr       p adj
    2-1 1.1300000   -0.31850529   2.578505   0.1552673
    3-1 1.5195652    0.04333482   2.995796   0.0422495
```

```
3-2 0.3895652 -1.00547115 1.784602 0.7817904
plot(tHSD)
```

如图 12.5 所示, 两两均值差的置信区间包含 0 说明两组均值差异不显著.

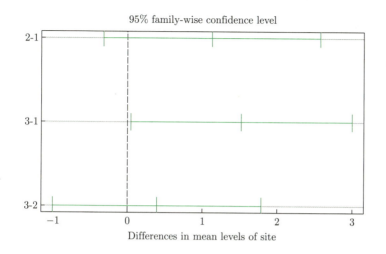

◀ 图 12.5
三组家兔血清 ACE
浓度两两均值差的置
信区间

multcomp 包中 glht() 函数提供了多重均值检验更全面的方法, 适用于线性模型和广义线性模型. 下面的代码重现 Tukey HSD 检验.

```
library(multcomp)
tukey <- glht(aovCRp, linfct=mcp(site="Tukey"))
summary(tukey)
plot(cld(tukey,level = .05),col="lightgrey")
```

cld() 函数中 level 选项设置了使用显著性水平 0.05, 即 0.95 的置信区间, 它创建和绘制所有成对比较的小写字母以显示成对比较的差异是否显著. 有相同字母的组 (如图 12.6 所示) 说明均值差异不显著.

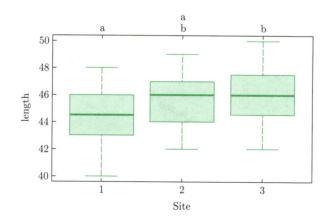

◀ 图 12.6
三组家兔血清 ACE
浓度多重比较的置
信区间

12.1.6 离群点检测

因异常点或强影响点等会对部分统计诊断统计量有较大影响, 所以我们需要对数据进行统计诊断, 下面对试验数据离群点检测.

```
library(car)
attach(iris)
outlierTest(aovCRp)
   No Studentized residuals with Bonferonni p < 0.05
   Largest |rstudent|:
      rstudent unadjusted p-value Bonferonni p
   9 -2.288156          0.025441           NA
```

离群点检测结果显示, 数据中无离群点 (当 p>1 时产生 NA).

12.1.7 残差的相关检验

最后可以对模型残差的正态性进行检验, 以进一步验证数据的正态性和方差齐性条件.

```
Estud <- rstudent(aovCRp)
shapiro.test(Estud)
qqnorm(Estud, pch=20, cex=2)
qqline(Estud, col="gray60", lwd=2)
plot(Estud ~ dfCRp$site, main="Residuals per group")
```

如图 12.7 所示, 结果表示残差满足正态性的要求.

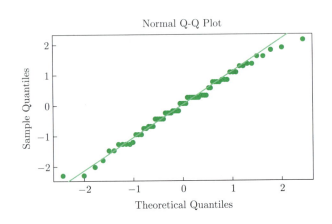

▶ 图 12.7
模型估计残差 QQ 图

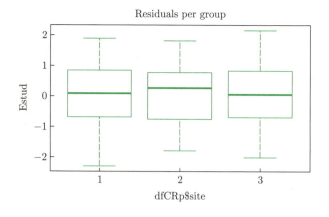

◀ 图 12.8
每组观测数据残差
箱线图

残差的方差齐性检验, Levene 检验是对模型的残差进行组间方差齐性检验, bartlett.test 是对原始数据进行检验. 若对模型的残差进行组间方差齐性检验, p 值大于 0.05 说明残差满足方差齐性的要求.

```
leveneTest(aovCRp)
  Levene's Test for Homogeneity of Variance (center = median)
      Df F value Pr(>F)
  group  2  0.3886 0.6795
      65
```

■ 12.2 单因素协方差分析

单因素协方差分析是在单因素方差分析的基础上, 在模型中考虑增加一个或多个定量的协变量, 其基本思路是将定量的影响因素看作协变量, 通过建立回归方程把因变量受协变量影响产生的变化剔除掉, 分析经过修正的因变量总体均值是否有差异.

例 12.2 multcomp 包中 litter 数据集是被分为四个小组的怀孕小白鼠试验数据, 其中每个小组的白鼠接受不同剂量 (0, 5, 50 和 500) 的药物处理 dose 为自变量, 它们产下幼崽的平均体重 weight 为因变量, 怀孕时间 gesttime 可以作为协变量. 具体过程如下:

```
data(litter,package = "multcomp") #数据调用
library(pander);pander(head(litter))
pander(head(litter))
  dose weight  gesttime number
    0  28.05   22.5    15
```

```
        0     33.33    22.5      14
        0     36.37    22        14
        0     35.52    22        13
        0     36.77    21.5      15
        0     29.6     23         5
library(plyr);
ddply(.data = litter,.(dose),summarize,mean=mean(weight))
      dose        mean
    1    0  32.30850
    2    5  29.30842
    3   50  29.86611
    4  500  29.64647
```

litter 数据的单因素协方差分析结果如下, 结果显示: 药物处理 dose 和协变量怀孕时间 gesttime 在 0.05 显著性水平下对试验结果均有显著性影响.

```
aovdose =aov(weight ~ gesttime + dose, data = litter)
summary(aovdose)
               Df   Sum Sq Mean Sq  F value   Pr(>F)
gesttime        1    134.3  134.30    8.049   0.00597 **
dose            3    137.1   45.71    2.739   0.04988 *
Residuals      69   1151.3   16.69
Signif. codes:  0 '***'  0.001 '**'  0.01 '*'  0.05 '.'
        0.1 ' ' 1
```

■ 12.3 双因素方差分析

研究两个因素的不同水平对试验结果的影响是否显著的问题称为双因素方差分析, 分别对两个因素进行检验, 考察各自的作用, 同时分析两个因素 (因素 A 和因素 B) 不同水平的搭配对试验结果的影响. 如果因素 A 和因素 B 对试验结果的影响是相互独立的, 则仅考察每个因素各自的影响, 这种双因素方差分析称为无交互作用的双因素方差分析, 也叫无重复双因素方差分析. 如果因素 A 和因素 B 除了各自对试验结果的影响外, 两个因素不同水平的搭配对也对试验指标起作用, 这种作用称为交互作用, 这时的双因素方差分析则称为有交互作用的双因素方差分析, 交互作用的效应只有在有重复的试验中才能被分析出来, 所以也叫有重复双因素方差分析. 随机区组试验设计用来分析两个因素的不同水平对结果是否有显著影响, 以及两因素之间是否存在交互效应.

例 12.3   基础安装包中的 ToothGrowth 数据集是随机分配的 60 只豚鼠的试验数据, 60 只豚鼠分别采用两种喂食方法 supp(橙汁或维生素 C), 各喂食方法中抗坏血酸含量有三种水平 dose(0.5mg,1mg 或 2mg), 每种处理方式组合都有 10 只豚鼠, 豚鼠牙齿长度 len 为因变量, 是试验者关心的试验指标.

```
pander(head(ToothGrowth))
attach(ToothGrowth)
table(supp,dose)
```

table 语句的预处理表明该设计是均衡设计 (各设计单元中样本大小都相同), ddply 语句处理可获得各单元的均值和标准差.

```
#在plyr包中使用ddply函数
ddply(.data=ToothGrowth,.(supp,dose),summarise,mean=mean(len))
ddply(.data=ToothGrowth,.(supp,dose),summarise,sd=sd(len))
```

12.3.1   I 型双因素方差分析

Type I 型双因素方差分析考虑分层处理平方和的方法, 一般适用于均衡的方差分析模型, 仅对模型主效应之前的每项进行调整.

```
aovCRFpq <- aov(len~ supp*dose, data=ToothGrowth)
summary(aovCRFpq)
par(mfrow=c(2,2))
plot(aovCRFpq)
par(mfrow=c(1,1))
```

由方差分析结果, 见图 12.9, 可以看出, I 型主效应 (supp 和 dose) 和交互效应都非常显著.

12.3.2   II/III 型双因素方差分析

II 型双因素方差分析在计算一个效应的平方和时, 对其他所有的效应进行调整; III 型对任何效应均进行调整, 它把所有估计剩余常量都考虑到单元频数中.

```
ToothGrowth$supp <- as.factor(ToothGrowth$supp) #转为因子
ToothGrowth$dose <- as.factor(ToothGrowth$dose)
fitIII <- lm(len ~ supp + dose + supp:dose, data=ToothGrowth,
```

```
contrasts=list(supp=contr.sum, dose=contr.sum))
Anova(fitIII, type="III")
```

考虑 Ⅲ 型所得方差分析表, 同样可以看到主效应 (supp 和 dose) 和交互效应都非常显著.

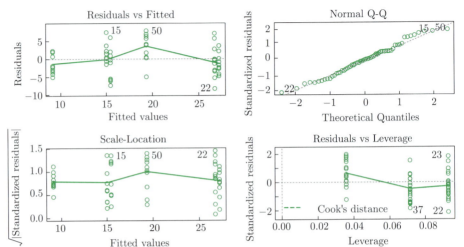

▶ 图 12.9
Ⅰ 型双因素方差分析
统计诊断结果

12.3.3 绘制边际均数图

边际均数图也称为边际均值图, 用于比较边际均值.

```
plot.design(len ~ supp*dose, data=ToothGrowth, main="Marginal
    means")
interaction.plot(ToothGrowth$dose, ToothGrowth$supp,
    ToothGrowth$len,main="Cell means",
    col=c("red", "blue", "green"), lwd=2)
```

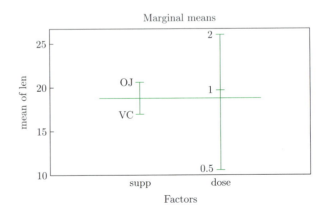

▶ 图 12.10
双因素方差分析边际
均数图

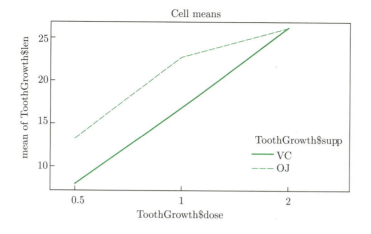

◀ 图 12.11
双因素变量的交互作
用 (1)

interaction.plot($f1, f2, y$) 函数展示双因素方差分析的交互效应, 如果 $f1$
和 $f2$ 是因子, 作 y 的均值图, 以 $f1$ 的不同值作为 x 轴, 而 $f2$ 的不同水平分
组对应不同曲线, 如果不同组的折线图基本平行则没有交互作用, 否则提示
有交互作用. 在 interaction.plot($f1, f2, y$) 函数使用中可以用选项 fun 指定 y
的其他的统计量 (缺省计算均值, fun=mean).

gplots 包中的 plotmeans() 函数也可以展示交互效应.

```
plotmeans(len ~ interaction(supp, dose, sep = " "),
  connect = list(c(1, 3, 5), c(2, 4, 6)),
  col = c("red", "darkgreen"),
  main = "Interaction Plot with 95% CIs",
  xlab = "Treatment and Dose Combination")
```

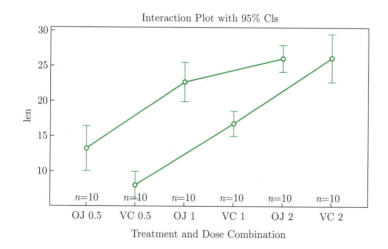

◀ 图 12.12
双因素变量的交互作
用 (2)

此外, HH 包中 interaction2wt() 函数能展示任意复杂度设计 (双因素方差分析、三因素方差分析等) 的主效应 (箱线图) 和交互效应.

```
library(HH)
interaction2wt(len ~ supp * dose)
```

12.3.4 简单效应

简单效应指一个因素的不同水平在另一个因素的某个水平上的变异, 即指固定其中一个因素某一个水平时, 探讨另一个因素不同水平的效应之差. 当两个因素间存在交互效应, 须逐一分析各因素的简单效应. phia 包中 testInteractions() 可计算简单效应.

```
testInteractions(aovCRFpq, fixed="dose", across="supp",
    adjustment="none")
testInteractions(aovCRFpq, fixed="supp", across="dose",
    adjustment="none")
```

从输出结果来看, 喂食方法 supp 在剂量 dose 的 0.5mg 和 1mg 水平上的变异显著. 交换 dose 变量和 supp 变量后, 也可以发现, 剂量 dose 在喂食方法 OJ 和 VC 的水平上变异显著.

12.3.5 多重比较

首先进行计划好的主效应多重比较, 此试验计划比较 0.5mg、1mg 和 2mg 剂量, 0.5mg 和 2mg 剂量之间是否有差别. 实现如下:

```
cMat <- rbind("c1"=c(1/2, 1/2,-1),"c2"=c(-1,0,1))
aovCRFpq <- aov(len~ supp*dose, data=ToothGrowth)
summary(glht(aovCRFpq), linfct=mcp(dose=cMat),
    alternative="two.sided",test=adjusted("bonferroni"))
```

结果显示 0.5mg、1mg 和 2mg 剂量, 0.5mg 和 2mg 剂量之间的差异显著.

(一) 非计划的多重比较

如果事先没有计划比较的情况, 我们可以选择非计划好的主效应多重比较, dose 变量不同水平的两两比较.

```
aovCRF <- aov(len~ supp*dose, data=ToothGrowth)
TukeyHSD(aovCRF, which="dose")
# 也可以利用multcomp包中的glht()函数实现两两均数差的比较.
tukey <- glht(aovCRF, linfct=mcp(dose="Tukey"))
summary(tukey)
# 利用confint()函数获取两两均值差的置信区间.
confint(tukey) #95%置信区间
```

综合假设检验和置信区间的结果, 可以发现两两的均值比较中: 0.5mg 和 1mg 剂量, 0.5mg 和 2mg 剂量, 这两组之间的观测变量差异显著.

(二) 单元多重比较

我们还可以进行单元间的比较, 下面是单元多重比较 (cell comparisons using the associated one-way ANOVA) 的过程及结果.

```
ToothGrowth$comb <- interaction(ToothGrowth$dose, ToothGrowth$
    supp)
aovCRFpqA <- aov(len ~ comb, data=ToothGrowth)
cntrMat <- rbind("c1"=c(-1/2,  1/4, -1/2, 1/4, 1/4, 1/4),
    "c2"=c(   0,     0,   -1,   0,   1,   0),
    "c3"=c(-1/2, -1/2,  1/4, 1/4, 1/4, 1/4))
summary(glht(aovCRFpqA, linfct=mcp(comb=cntrMat), alternative=
    "greater"),test=adjusted("none"))
    Simultaneous Tests for General Linear Hypotheses
  Multiple Comparisons of Means: User-defined Contrasts
    Fit: aov(formula = len ~ comb, data = ToothGrowth)
  Linear Hypotheses:
          Estimate Std. Error t value Pr(>t)
  c1 <= 0  -1.2475     0.9945  -1.254  0.892
  c2 <= 0  -9.2900     1.6240  -5.720  1.000
  c3 <= 0   1.2725     0.9945   1.280  0.103
  (Adjusted p values reported -- none method)
```

由检验和估计的结果来看, 计划的单元多重比较中, 未发现显著的差异.

(三) 非计划 Scheffé 检验

与单因素方差分析相似, 如果没有事先计划的比较检验, 我们可以进行探索性研究, 利用 Scheffé 检验, 对所有可能的组合进行同步的配对比较, 该方法在各单元样本数不相等时也适用.

```
#DescTools包中的ScheffeTest()函数
ScheffeTest(aovCRFpqA, which="comb", contrasts=t(cntrMat))
  Post-hoc Scheffe tests using the associated one-way ANOVA
    Posthoc multiple comparisons of means : Scheffe Test
      95% family-wise confidence level
  $comb
                  diff    lwr.ci   upr.ci   pval
  1.0J,0.5.VC,1.VC,2.VC-0.5.0J,2.0J -1.2475 -4.682547 2.187547
      0.9020
  1.VC-2.0J     -9.2900 -14.899408 -3.680592  8e-05 ***
  2.0J,0.5.VC,1.VC,2.VC-0.5.0J,1.0J 1.2725 -2.162547 4.707547
      0.8943
  Signif. cods:  0 '***' 0.001 '**' 0.01 '*' 0.05 '.' 0.1 ' '
      1
```

```
ScheffeTest(aovCRFpq, which="dose", contrasts=c(-1, 1/2, 1/2))
  Post-hoc Scheffe tests for marginal means
    Posthoc multiple comparisons of means : Scheffe Test
      95% family-wise confidence level
  $dose
    diff    lwr.ci   upr.ci    pval
  1,2-0.5 12.3125 8.877453 15.74755 1.2e-14 ***
  Signif. cods:  0 '***' 0.001 '**' 0.01 '*' 0.05 '.' 0.1 ' ' 1
```

12.3.6 残差的正态性检验

双因素方差分析同样需要数据样本的正态性条件, 且要求各组方差齐性, 此处分别用 shapiro.test() 和 leveneTest() 进行残差的正态分布检验和方差齐性检验. 首先可以通过 QQ 图 (图 12.13) 来直观检验总体是否正态.

```
Estud <- rstudent(aovCRFpq)
qqnorm(Estud, pch=20, cex=2)
qqline(Estud, col="gray60", lwd=2)
```

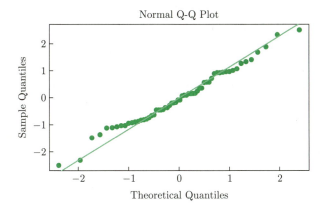

◀ 图 12.13
残差的 QQ 图

```
shapiro.test(Estud) # 残差的正态性检验
  data:  Estud
  W = 0.98457, p-value = 0.6478
```

结合残差的 QQ 图, 且正态性检验的结果 p 值大于 0.05, 可以认为残差满足正态性.

```
plot(Estud ~ ToothGrowth$comb, main="Residuals per group")
leveneTest(aovCRFpq)
  Levene's Test for Homogeneity of Variance (center = median)
        Df F value Pr(>F)
  group  5  1.7086 0.1484
        54
```

由各组残差箱线图 (图 12.14) 和方差齐性检验结果 p 值大于 0.05, 没有理由拒绝残差的方差齐性假设.

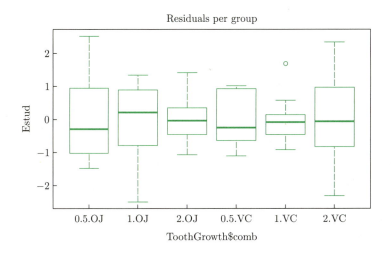

◀ 图 12.14
各组残差箱线图

■| 12.4　重复测量方差分析

重复测量是对同一因变量进行重复测量的一种试验设计技术, 即在给予一种或多种处理后, 分别在不同的时间点上通过重复测量同一个受试对象获得的指标的观察值, 或者是通过重复测量同一个个体的不同部位 (或组织) 获得的指标的观察值. 重复测量数据在科学研究中十分常见, 常用来分析该观察指标在不同处理、条件或时间点上的变化特点. 重复测量的方差分析目的在于研究各种处理间是否存在显著差异, 同时研究被试者之间的差异, 研究形成重复测量条件间的差异, 以及这些条件与处理间的交互效应. 分析前要对重复测量数据之间是否存在相关性进行球形检验. 如果该检验结果为 $p > 0.05$, 则一般说明重复测量数据之间不存在相关性, 测量数据符合 Huynh-Feldt 条件, 可以用单因素方差分析的方法来处理; 如果检验结果 $p < 0.05$, 则说明重复测量数据之间是存在相关性的, 不能用单因素方差分析的方法处理数据. 球形条件不满足时常有两种方法可供选择: (1) 采用 MANOVA(变量方差分析方法); (2) 对重复测量 ANOVA 检验结果中与时间有关的 F 值的自由度进行调整.

在重复测量的方差分析中, 试验对象被测量多次, 组内因子形成重复测量条件, 组内因子的不同水平决定了观测对象的重复测量次数. 重复测量过程研究重复测量的各组间的差异. 组内因子一般以下面的形式特别标明出来:

$$model = aov(Y \sim B \times W + Error(Subject/W)),$$

其中 B 是组间因子, 组间因子的水平指处理的不同水平, W 是组内因子, $Subject$ 是试验对象的 ID, 上述方法的前提是对应组内因子不同水平的数据是等方差的, 当传统方法的假设得不到满足时, 则应用 lme4 包中 lmer 函数, 利用混合效应模型来解决问题.

12.4.1　单因素重复测量方差分析

单因素重复测量方差分析通常只有组内因素, 无组间因素. 例如将 42 名诊断为胎粪吸入综合征的新生儿患儿随机分为肺表面活性物质治疗组 (PS 组) 和常规治疗组 (对照组), 每组各 21 例. PS 组和对照组两组所有患儿均给予除用药外的其他相应的对症治疗. PS 组患儿给予牛肺表面活性剂 70mg/kg 治疗. 采集 PS 组及对照组患儿 0 小时, 治疗后 24 小时和 72 小时静脉血 2ml, 离心并提取上清液后保存备用并记录血清中 VEGF 的含量变化情况. 我们想知道在治疗组, 不同时间记录的 VEGF 是否有差异. 数据读取:

```
MAS <- read.csv("MAS.csv",header = T)
pander(head(MAS))
  id    time    treatment      value
  1     time0   contrast       1.03
  2     time0   contrast       1.772
  3     time0   contrast       0.094
  4     time0   contrast       0.596
  5     time0   contrast       1.314
  6     time0   contrast       1.516
```

(一) 传统的重复测量方差分析

　　aov() 函数在处理重复测量设计时, 需要有长格式 (long format) 数据才能拟合模型, 在长格式中, 因变量的每次测量都要放到它独有的行中. reshape 包可方便地将数据转换为相应的格式:

```
dfRBpL <- subset(MAS,treatment=="ps")
dfRBpL$id <- as.factor(dfRBpL$id)
aovRBp <- aov(value ~ time + Error(id/time), data=dfRBpL)
#id和time需为因子
summary(aovRBp)
  Error: id
        Df Sum Sq Mean Sq F value Pr(>F)
  Residuals 20 0.6525 0.03263
  Error: id:time
              Df Sum Sq Mean Sq F value    Pr(>F)
  time         2 0.8262  0.4131   17.59 3.31e-06 ***
  Residuals   40 0.9397  0.0235
  Signif. cods:  0 '***' 0.001 '**' 0.01 '*' 0.05 '.' 0.1 ' ' 1
```

分析结果显示, 在 0.05 的显著性水平下, 治疗组不同时间记录的 VEGF 差异显著.

(二) 效应量估计

　　与上节类似, 计量效应量的值, 评价处理效应的大小. η_g^2 值计算如下.

```
EtaSq(aovRBp, type=1)
          eta.sq eta.sq.part eta.sq.gen
  time 0.3416423     0.46788  0.3416423
```

(三) 重复测量的宽格式数据

car 包中 Anova() 通常处理的数据集是宽格式 (wide format), 即列是变量, 行是观测值, 而且一行一个受试对象. 示例过程如下:

```
dfRBpW <- reshape(dfRBpL, v.names="value", timevar="time",
    idvar="id",direction="wide")
#进行数据格式转化
fitRBp <- lm(cbind(value.time0, value.time24, value.time72)
    ~ 1, data=dfRBpW)
inRBp <- data.frame(time=gl(length(levels(dfRBpL$time)), 1))
AnovaRBp <- Anova(fitRBp, idata=inRBp, idesign=~time)
  Note: model has only an intercept; equivalent type-III tests
      substituted.
summary(AnovaRBp, multivariate=FALSE, univariate=TRUE)
```

输出结果如下:

```
Univariate Type III Repeated-Measures ANOVA Assuming
    Sphericity
            SS num Df Error SS den Df      F      Pr(>F)
 (Intercept) 80.619  1     0.65250 20 2471.071 < 2.2e-16***
time          0.826  2     0.93967 40   17.585 3.313e-06***
Signif. cods:  0 '***' 0.001 '**' 0.01 '*' 0.05 '.' 0.1 ' ' 1
Mauchly Tests for Sphericity
      Test statistic p-value
time          0.85098 0.21588
Greenhouse-Geisser and Huynh-Feldt Corrections
 for Departure from Sphericity
      GG eps  Pr(>F[GG])
time 0.8703   1.173e-05 ***
Signif. cods:  0 '***' 0.001 '**' 0.01 '*' 0.05 '.' 0.1 ' ' 1
      HF eps    Pr(>F[HF])
time 0.9461634 5.595119e-06
```

相关性检验和重复测量的方差分析显示, 治疗组不同时间记录的 VEGF 差异显著.

(四) 球形检验和校正

对于重复测量数据, 由于不同时间点的测量值之间是相关的、非独立的, 所以进行方差分析时, 还特别要求数据需满足球对称条件. 单因素重复测量统计策略是: 组内变量为三个或三个水平以上, 组内各水平需满足正态性、连续性和球形假设. 如果不满足正态性, 则采用转换数据或非参数检验; 如果不满足球形假设, 则可采用 Greenhouse-Geisser 和 Huynh-Feldt 校正, 或者多变量检验结果. 利用 mauchly.test() 函数进行球形检验 R 程序和结果输出如下:

```
mauchly.test(fitRBp, M=~time, X=~1, idata=inRBp)
   Mauchly's test of sphericity
   Contrasts orthogonal to
   ~1
   Contrasts spanned by
   ~time
   data:  SSD matrix from lm(formula = cbind(value.time0, value.
      time24, value.time72) ~ SSD matrix from  1, data = dfRBpW
      )
   W = 0.85098, p-value = 0.2159
```

p 值大于 0.05, 没有理由拒绝球形假设.

(五) 重复测量的多元方差分析

多元方差分析 (multivariate analysis of variance, MANOVA) 是单变量方差分析和 Hotelling's T^2 检验的推广, 用于多组均向量间的比较. 一元方差分析只能处理一个因变量的情况, 用来检验单一的因变量在不同组之间的变异. 然而, 在实际研究中, 人们所关注的因变量可能并不是单一的, 因此, 就需要有新的方法来处理这类问题. 多元方差分析由于可以同时处理多个因变量, 使其在统计准确性和效率问题上就具备了一定的优势. 其相对于两次或多次一元多元方差分析来说, 具有可以控制一类错误的概率, 同时可以对多个因变量的线性组合进行差异检验的优势. 分析自变量的不同水平在若干因变量上是否存在差异, 当自变量只有两个水平时, 可使用 Hotelling's T^2 检验 (属于多元方差分析的特例); 当自变量的水平超过 3 个时, 使用多元方差分析. Hotelling's T^2 检验是单变量检验的推广, 常用于两组均向量的比较. 具体实现如下:

```
DVw<- data.matrix(subset(dfRBpW,select=c("value.time0", "value.
    time24", "value.time72")))
diffMat <- combn(1:length(levels(dfRBpL$time)), 2, function(x)
    {DVw[ , x[1]] - DVw[ , x[2]]})
DVdiff<- diffMat[ , 1:(length(levels(dfRBpL$time))-1), drop=
    FALSE]
```

```
muH0 <- rep(0, ncol(DVdiff))
HotellingsT2Test(DVdiff, mu=muH0)
  Hotelling's one sample T2-test
  data:  DVdiff
  T.2 = 14.925, df1 = 2, df2 = 19, p-value = 0.000127
  alternative hypothesis: true location is not equal to c(0,0)
```

p 值小于 0.05, 可以认为不同时间记录的 VEGF 差异显著.

(六) car 包 Anova() 函数进行多元方差分析

利用 Anova() 函数进行多元方差分析及输出结果如下:

```
AnovaRBp <- Anova(fitRBp, idata=inRBp, idesign=~time)
summary(AnovaRBp, multivariate=TRUE, univariate=FALSE)
  Type III Repeated Measures MANOVA Tests:
  Term: (Intercept)
  Response transformation matrix:
            (Intercept)
  value.time0           1
  value.time24          1
  value.time72          1
  Sum of squares and products for the hypothesis:
            (Intercept)
  (Intercept)   241.8564
  Sum of squares and products for error:
            (Intercept)
  (Intercept)   1.957503
  Multivariate Tests: (Intercept)
            Df test stat approx    F num Df den Df Pr(>F)
  Pillai     1        0.99197 2471.071    1     20 <2.22e-16***
  Wilks      1        0.00803 2471.071    1     20 <2.22e-16***
  Hotelling  1      123.55357 2471.071    1     20 <2.22e-16***
  -Lawley
  Roy        1      123.55357 2471.071    1     20 <2.22e-16***
  Signif. cods:  0 '***' 0.001 '**' 0.01 '*' 0.05 '.' 0.1 ' ' 1
```

```
Term: time
 Response transformation matrix:
            time1 time2
value.time0      1      0
value.time24     0      1
value.time72    -1     -1
Sum of squares and products for the hypothesis:
         time1        time2
time1 1.6046679 0.5625321
time2 0.5625321 0.1972012
Sum of squares and products for error:
         time1        time2
time1 1.0566451 0.2309589
time2 0.2309589 0.5838118
Multivariate Tests: time
          Df test stat approx F num Df den Df Pr(>F)
Pillai     1 0.6110546 14.92502       2      19 0.00012704 ***
Wilks      1 0.3889454 14.92502       2      19 0.00012704 ***
Hotelling- 1 1.5710549 14.92502       2      19 0.00012704 ***
Lawley
Roy        1 1.5710549 14.92502       2      19 0.00012704 ***
Signif. cods:  0 '***' 0.001 '**' 0.01 '*' 0.05 '.' 0.1 ' ' 1
```

几种多元检验的 p 值均小于 0.05, 可以认为不同时间记录 (time) 的 VEGF 差异显著, 截距 (Intercept) 差异显著, 但无实际意义.

12.4.2 双因素重复测量方差分析

重复测量是对一个因变量进行重复测度的一种试验设计技术, 双因素重复测量则是指试验中包含两个因素, 每个因素可有两个或更多个水平, 同一被试群体在这两个因素上都进行了重复测量. 双因素重复测量方差分析策略是: 两个自变量 (组间变量和组内变量), 一个连续型因变量; 组内变量重复测量多次, 组内因素多指重复测定的时间变量; 组间因素是指分组或分类变量, 它把所有受试对象按分类变量的水平分为几个组, 各组数据需满足正态性和球形检验. 如果不满足正态分布, 可采用 Scheirer-Ray-Hare 检验; 如果不满足球形检验, 则采用多变量检验结果或者一元方差分析中校正结果. 双因素重复测量主要分析两自变量的主效应, 两自变量的交互效应, 以及简单效应. 如果两自变量之间不存在交互作用, 则着重分析主效应; 如果存在交互作用, 着重分析交互效应和简单主效应.

(一) 传统的重复测量方差分析

重复测量方差分析要求各个时间点指标变量满足球形假设, 根据检验结果判断重复测量设计资料之间是否存在较强的相关性. 然后根据球形检验结果选择合适的统计方法和手段. 通常用 Mauchly 方法检验是否满足球形假设, 若 $p > 0.05$, 则认为满足, 若 $p < 0.05$, 则不满足. 当满足球形假设时, 可进行单因素方差分析, 若不满足, 说明重复测量资料之间有较强的相关性. 这时候就需要进行双因素方差分析, 通过计算个体内的差异检验不同时间对观测指标的影响, 用以分析时间因素对疗效有无效应, 时间与研究因素之间有无交互作用.

aov() 函数在处理双因素重复测量设计时, 同样需要有长格式数据才能拟合模型.

```
dfRBFpqL <- read.csv("MAS.csv",header = T)
id <- factor(rep(1:21, times=2*3))
dfRBFpqL$id <- id
aovRBFpq <- aov(avlue ~ treatment*time + Error(id/(treatment*
    time)),data=dfRBFpqL)
summary(aovRBFpq)
 Error: id
          Df Sum Sq Mean Sq F value Pr(>F)
 Residuals 20  1.243 0.06216
 Error: id:treatment
          Df Sum Sq Mean Sq F value Pr(>F)
 treatment 1 0.1957 0.19572   2.486  0.131
 Residuals 20 1.5743 0.07871
 Error: id:time
          Df Sum Sq Mean Sq F value   Pr(>F)
 time       2  3.154  1.5771   43.15 1.03e-10 ***
 Residuals 40  1.462  0.0365
 Signif. cods: 0 '***' 0.001 '**' 0.01 '*' 0.05 '.' 0.1 ' ' 1
 Error: id:treatment:time
              Df Sum Sq Mean Sq F value Pr(>F)
 treatment:time 2 0.2488 0.12440    3.27 0.0484 *
 Residuals      40 1.5216 0.03804
 Signif. cods: 0 '***' 0.001 '**' 0.01 '*' 0.05 '.' 0.1 ' ' 1
with(dfRBFpqL,interaction.plot(time,treatment, value, type =
    "b",
col = c("red", "blue"), pch = c(16, 18),
main = "Interaction Plot for treatment and time"))
```

```
boxplot(value~treatment*time, data = dfRBFpqL, col = (c("gold",
    "green")), main = "treatment and time", ylab = "value")
```

方差分析时, 对异常值非常敏感, 此处同样需要检验异常值, 采用箱线图对每个内因素各个水平进行检验. 方差分析表明主效应 time 和交互效应 treatment:time 有显著性差异, 主效应 treatment 无显著性差异.

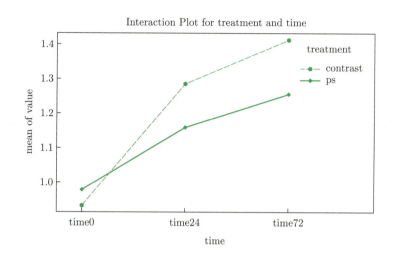

◀ 图 12.15
双因素重复测量变量
交互作用

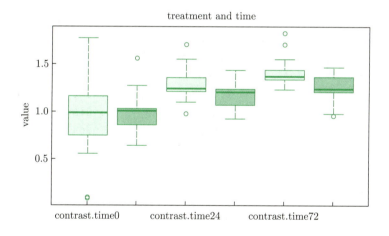

◀ 图 12.16
每个内因素各个水平
值箱线图

(二) 宽格式数据

宽格式数据是指数据集对所有的变量进行了明确的细分, 一行不代表一次观测, 对一个对象不同时刻的观测集中在同一行之中, 注意, 各变量的值不存在重复循环的情况也无法归类. 数据总体的表现为变量多而观察值少. 长格式数据一般是指数据集中的变量没有做明确的细分, 一行代表一次观测,对一个对象不同时刻的观测分布在不同的行之中, 即变量中至少有一个变量中的元素存在值严重重复循环的情况, 即变量少而观察值多 (具体有关数据格式内容请参考第七章内容). 由于 aov() 函数在处理双因素重复测量设计时, 需要有长格式数据才能拟合模型. 因此, 要首先利用 reshape() 函数将数据框宽格式和长格式进行转换, 过程如下:

```
dfTemp <- reshape(dfRBFpqL,v.names="value",timevar="treatment",
idvar=c("id", "time"), direction="wide")
dfRBFpqW <- reshape(dfTemp, v.names=c("value.contrast", "value.
    ps"),
timevar="time", idvar="id", direction="wide")
fitRBFpq <- lm(cbind(value.contrast.time0,value.ps.time0,value.
    contrast.time24,value.ps.time24,value.contrast.time72,value
    .ps.time72) ~ 1,data=dfRBFpqW)
inRBFpq <- expand.grid(treatment=gl(2, 1), time=gl(3, 1))
AnovaRBFpq <- Anova(fitRBFpq, idata=inRBFpq, idesign=~treatment
    *time)
  Note: model has only an intercept; equivalent type-III tests
      substituted.
summary(AnovaRBFpq, multivariate=FALSE, univariate=TRUE)
```

进行数据格式转换后, 进行方差分析结果输出如下:

```
Univariate Type III Repeated-Measures ANOVA Assuming Sphericity
            SS num Df Error SS den Df      F  Pr(>F)
(Intercept) 172.669    1    1.2433   20 2777.6126 <2.2e-16***
treatment     0.196    1    1.5743   20    2.4865 0.13051
time          3.154    2    1.4619   40   43.1519 1.03e-10***
treatment:    0.249    2    1.5216   40    3.2704 0.04837 *
time
Signif. cods: 0 '***' 0.001 '**' 0.01 '*' 0.05 '.' 0.1 ' ' 1
Mauchly Tests for Sphericity
                          Test statistic  p-value
time                          0.51779     0.001925
treatment:time                0.70417     0.035722
Greenhouse-Geisser and Huynh-Feldt Corrections
for Departure from Sphericity
                          GG eps    Pr(>F[GG])
time                      0.67467    6.503e-08 ***
treatment:time            0.77171    0.06299 .
Signif. cods: 0 '***' 0.001 '**' 0.01 '*' 0.05 '.' 0.1 ' ' 1
                          HF eps    Pr(>F[HF])
```

```
time                    0.7060381 3.485199e-08 ***
treatment:time          0.8238702 5.930375e-02
```

宽格式数据提供了 mauchly.test 检验, 球形假设的条件不满足, 同时给出了 Greenhouse-Geisser 和 Huynh-Feldt 校正结果. 结果表明主效应 time 和交互效应 treatment:time 有显著性差异, 主效应 treatment 无显著性差异.

(三) anova.mlm() 和 mauchly.test()

anova() 函数可以用来对一个或多个变量进行方差分析, mauchly.test() 函数是用来检验威沙特分布协方差矩阵 (或其变换) 是否与给定矩阵成比例. 考虑不同模型的情况过程如下:

模型一:

```
anova(fitRBFpq, M=~treatment, X=~1, idata=inRBFpq, test=
    "Spherical")
```

结果输出如下:

```
Analysis of Variance Table
Contrasts orthogonal to
~1
Contrasts spanned by
~treatment
Greenhouse-Geisser epsilon: 1
Huynh-Feldt epsilon:        1
            Df  F num Df den Df Pr(>F)  G-G Pr   H-F Pr
(Intercept)  1 2.4865  1   20    0.13051 0.13051 0.13051
Residuals   20
```

模型二:

```
anova(fitRBFpq, M=~treatment + time, X=~treatment, idata=
    inRBFpq, test="Spherical")
```

结果输出如下:

```
Analysis of Variance Table
Contrasts orthogonal to
~treatment
Contrasts spanned by
~treatment + time
Greenhouse-Geisser epsilon: 0.6747
```

```
Huynh-Feldt epsilon:            0.7060
            Df F num  Df den Df   Pr(>F)     G-G Pr       H-F Pr
(Intercept) 1 43.152  2       40 1.0301e-10 6.5031e-08 3.4852e-08
Residuals   20
```

模型三:

```
anova(fitRBFpq, M=~treatment + time + treatment:time,X=
    ~treatment + time,idata=inRBFpq, test="Spherical")
```

结果输出如下:

```
Analysis of Variance Table
Contrasts orthogonal to
~treatment + time
Contrasts spanned by
~treatment + time + treatment:time
Greenhouse-Geisser epsilon: 0.7717
Huynh-Feldt epsilon:        0.8239
            Df F num   Df den Df    Pr(>F)    G-G Pr     H-F Pr
(Intercept) 1  3.2704 2  40        0.048365 0.062985 0.059304
Residuals   20
```

模型四:

```
mauchly.test(fitRBFpq, M=~treatment, X=~1, idata=inRBFpq)
```

结果输出如下:

```
Mauchly's test of sphericity
Contrasts orthogonal to
~1
Contrasts spanned by
~treatment
W = 1, p-value = 1
```

模型五:

```
mauchly.test(fitRBFpq, M=~treatment + time, X=~treatment, idata
    =inRBFpq)
```

结果输出如下:

```
Mauchly's test of sphericity
Contrasts orthogonal to
~treatment
Contrasts spanned by
~treatment + time
W = 0.51779, p-value = 0.001925
```

模型六:

```
mauchly.test(fitRBFpq, M=~treatment + time + treatment:time,X=
    ~treatment + time, idata=inRBFpq)
```

结果输出如下:

```
Mauchly's test of sphericity
Contrasts orthogonal to
~treatment + time
Contrasts spanned by
~treatment + time + treatment:time
W = 0.70417, p-value = 0.03572
```

利用 anova.mlm() 和 mauchly.test() 函数检验结果同上面类似, 主效应 time 和交互效应 treatment:time 有显著性差异, 主效应 treatment 无显著性差异.

(四) 效应量的估计

方差分析中效应量的大小反映多组试验处理下不同组之间试验效果差异的大小. 与前述方法中类似, 利用 EtaSq() 函数计算效应量的值过程如下:

```
EtaSq(aovRBFpq, type=1)
                    eta.sq eta.sq.part eta.sq.gen
  treatment      0.02082200   0.1105771 0.03263793
  time           0.33556123   0.6833031 0.35221811
  treatment:time 0.02646937   0.1405380 0.04112598
```

根据计算得到的三种效应量结果, time 效应 η_p^2 大于 0.14, 可以认为处理有大的效果.

(五) 简单效应

在双因素重复测量方差分析中, phia 包中 summary() 可计算简单效应, 不同时间分组的计算过程如下:

```
summary(aov(value ~ treatment + Error(id/treatment), data=
    dfRBFpqL, subset=(time=="time0")))
Error: id
          Df Sum Sq Mean Sq F value Pr(>F)
Residuals 20  1.837 0.09185
Error: id:treatment
          Df Sum Sq Mean Sq F value Pr(>F)
treatment  1 0.0219  0.0219   0.193  0.665
Residuals 20 2.2646  0.1132
```

```
summary(aov(value ~ treatment + Error(id/treatment), data=
    dfRBFpqL, subset=(time=="time24")))
Error: id
          Df Sum Sq Mean Sq F value Pr(>F)
Residuals 20 0.5558 0.02779
Error: id:treatment
          Df Sum Sq Mean Sq F value  Pr(>F)
treatment  1 0.1670 0.16695   8.759 0.00775 **
Residuals 20 0.3812 0.01906
Signif. cods:  0 '***' 0.001 '**' 0.01 '*' 0.05 '.' 0.1 ' ' 1
```

```
summary(aov(value ~ treatment + Error(id/treatment), data=
    dfRBFpqL,subset=(time=="time72")))
Error: id
          Df Sum Sq Mean Sq F value Pr(>F)
Residuals 20 0.3124 0.01562
Error: id:treatment
          Df Sum Sq Mean Sq F value  Pr(>F)
treatment  1 0.2557  0.2557   11.36 0.00304 **
Residuals 20 0.4501  0.0225
---
Signif. cods:  0 '***' 0.001 '**' 0.01 '*' 0.05 '.' 0.1 ' ' 1
```

结果显示不同组间不同时间记录的 VEGF 差异显著.

(六) 多元方法

多元方法, 即多变量方差分析, 表示多元数据的方差分析, 是一元方差分析的推广. 作为一个多变量过程, 多元方差分析在有两个或多个因变量时使用, 并且通常后面是分别涉及各个因变量的显著性检验.

```
summary(AnovaRBFpq, multivariate=TRUE, univariate=FALSE)
```

Intercept 输出结果如下:

```
Type III Repeated Measures MANOVA Tests:
Term: (Intercept)
Response transformation matrix:
                        (Intercept)
value.contrast.time0          1
value.ps.time0                1
value.contrast.time24         1
value.ps.time24               1
value.contrast.time72         1
value.ps.time72               1
Sum of squares and products for the hypothesis:
            (Intercept)
(Intercept)    1036.012
Sum of squares and products for error:
            (Intercept)
(Intercept)    7.459729
Multivariate Tests: (Intercept)
                 Df test stat approx F num Df den Df      Pr(>F)
Pillai            1    0.99285  2777.613   1       20 < 2.22e-16 ***
Wilks             1    0.00715  2777.613   1       20 < 2.22e-16 ***
Hotelling-Lawley  1  138.88063  2777.613   1       20 < 2.22e-16 ***
Roy               1  138.88063  2777.613   1       20 < 2.22e-16 ***
Signif. cods:  0 '***' 0.001 '**' 0.01 '*' 0.05 '.' 0.1 ' ' 1
```

treatment 输出结果如下:

```
Term: treatment
Response transformation matrix:
                        treatment1
value.contrast.time0          1
value.ps.time0               -1
value.contrast.time24         1
value.ps.time24              -1
value.contrast.time72         1
value.ps.time72              -1
Sum of squares and products for the hypothesis:
            treatment1
treatment1    1.174341
Sum of squares and products for error:
```

```
                treatment1
treatment1      9.445765
Multivariate Tests: treatment
                  Df test stat approx F num Df den Df  Pr(>F)
Pillai             1 0.1105771    2.486492   1      20 0.13051
Wilks              1 0.8894229    2.486492   1      20 0.13051
Hotelling-Lawley   1 0.1243246    2.486492   1      20 0.13051
Roy                1 0.1243246    2.486492   1      20 0.13051
```

time 输出结果如下：

```
Term: time
Response transformation matrix:
                      time1 time2
value.contrast.time0     1     0
value.ps.time0           1     0
value.contrast.time24    0     1
value.ps.time24          0     1
value.contrast.time72   -1    -1
value.ps.time72         -1    -1
Sum of squares and products for the hypothesis:
          time1      time2
time1 11.956939  3.545731
time2  3.545731  1.051457
Sum of squares and products for error:
           time1       time2
time1  3.1266691 -0.1861941
time2 -0.1861941  1.0728858
Multivariate Tests: time
                  Df test stat approx F num Df den Df   Pr(>F)
Pillai             1 0.840054    49.89489   2      19 2.74e-08***
Wilks              1 0.159946    49.89489   2      19 2.74e-08***
Hotelling-Lawley   1 5.252094    49.89489   2      19 2.74e-08***
Roy                1 5.252094    49.89489   2      19 2.74e-08***
Signif. cods:  0 '***' 0.001 '**' 0.01 '*' 0.05 '.' 0.1 ' ' 1
```

treatment:time 输出结果如下：

```
Term: treatment:time
Response transformation matrix:
                      treatment1:time1 treatment1:time2
value.contrast.time0                 1                0
value.ps.time0                      -1                0
```

```
value.contrast.time24                    0              1
value.ps.time24                          0             -1
value.contrast.time72                   -1             -1
value.ps.time72                          1              1
Sum of squares and products for the hypothesis:
                  treatment1:time1 treatment1:time2
treatment1:time1      0.8544617          0.12687829
treatment1:time2      0.1268783          0.01884005
Sum of squares and products for error:
                  treatment1:time1 treatment1:time2
treatment1:time1      4.210046           1.088387
treatment1:time2      1.088387           1.443103
Multivariate Tests: treatment:time
                  Df test stat approx F num Df den Df  Pr(>F)
Pillai             1 0.1748240    2.012695   2      19 0.16114
Wilks              1 0.8251760    2.012695   2      19 0.16114
Hotelling-Lawley   1 0.2118626    2.012695   2      19 0.16114
Roy                1 0.2118626    2.012695   2      19 0.16114
```

多元方差分析结果显示, 主效应 time 具有显著性, 交互效应 treatment: time 和 treatment 主效应无显著性. 可以认为不同时间记录的 VEGF 有差异, 不同组间记录的 VEGF 无差异.

12.5 两级裂区设计

在一个区组上, 先按第一个因素 (主因素或主处理) 的水平数划分主因素的试验小区, 主因素的小区称为主区或整区, 用于安排主因素; 在主区内再按第二个因素 (副因素或副处理) 的水平数划分小区, 安排副因素, 主区内的小区称为副区或裂区. 从整个试验所有处理组合来说, 主区仅是一个不完全的区组, 对第二个因素来讲, 主区就是一个区组, 这种设计将主区分裂成副区, 称为裂区设计.

例 12.4 试验一种全身注射抗毒素对皮肤损伤的保护作用, 将 10 只家兔随机等分两组, 一组注射抗毒素, 一组注射生理盐水作对照. 之后, 每只家兔取甲、乙两部位, 随机分配分别注射低浓度毒素和高浓度毒素, 观察指标为皮肤受损直径. 结果如表 12.3 所示:

家兔编号	注射药物 (A)	毒素低浓度 (B1)	毒素高浓度 (B2)
1	抗毒素 A1	15.75	19.00
2	抗毒素 A1	15.50	20.75
3	抗毒素 A1	15.50	18.50
4	抗毒素 A1	17.00	20.50
5	抗毒素 A1	16.50	20.00
6	生理盐水 A2	18.25	22.25
7	生理盐水 A2	18.50	21.50
8	生理盐水 A2	19.75	23.50
9	生理盐水 A2	21.25	24.75
10	生理盐水 A2	20.75	23.75

▶ 表 12.3
10 只家兔试验对照情况

```
diameter<- c(15.75,15.50,15.50,17.00,16.50,19.00,20.75,18.50,
    20.50,20.00,18.25,18.50,19.75,21.25,20.75,22.25,21.50,
    23.50,24.75,23.75)
dfSPFpqL <- data.frame(id=factor(rep(1:5, times=4)),
        B=factor(rep(1:2,each=5,times=2)),
        A=factor(rep(1:2,each=10)),
        Diameter=diameter)
aovSPFpq <- aov(Diameter ~ A*B + Error(id/B), data=dfSPFpqL)
summary(aovSPFpq)
  Error: id
            Df Sum Sq Mean Sq F value Pr(>F)
  Residuals  4  12.08    3.02
  Error: id:B
            Df Sum Sq Mean Sq F value   Pr(>F)
  B          1  63.90   63.90   560.2 1.89e-05 ***
  Residuals  4   0.46    0.11
  ---
  Signif. cods: 0 '***' 0.001 '**' 0.01 '*' 0.05 '.' 0.1 ' ' 1
  Error: Within
            Df Sum Sq Mean Sq F value   Pr(>F)
  A          1  62.13   62.13  74.881 2.47e-05 ***
  A:B        1   0.08    0.08   0.094    0.767
  Residuals  8   6.64    0.83
  ---
  Signif. cods: 0 '***' 0.001 '**' 0.01 '*' 0.05 '.' 0.1 ' ' 1
```

结果显示主因素和副因素均有统计学意义.

(一) 宽数据格式

使用 car 包中的 Anova() 检验宽格式数据的方差分析.

```
dfSPFpqW <- reshape(dfSPFpqL, v.names="Diameter", timevar="B",
        idvar=c("id", "A"), direction="wide")
fitSPFpq <- lm(cbind(Diameter.1, Diameter.2)~A, data=dfSPFpqW)
inSPFpq <- data.frame(B=gl(2, 1))
AnovaSPFpq <- Anova(fitSPFpq, idata=inSPFpq, idesign=~B)
summary(AnovaSPFpq, multivariate=FALSE, univariate=TRUE)
  Univariate Type II Repeated-Measures ANOVA Assuming
      Sphericity

               SS num Df Error SS den Df        F     Pr(>F)
  (Intercept) 7732.3  1  17.1875      8 3599.0240 6.622e-12***
  A             62.1  1  17.1875      8   28.9178 0.0006636***
  B             63.9  1   1.9875      8  257.2201 2.291e-07***
  A:B            0.1  1   1.9875      8    0.3145 0.5903087
  ---
  Signif. cods:  0 '***' 0.001 '**' 0.01 '*' 0.05 '.' 0.1 ' ' 1
```

结果显示主因素和副因素均有统计学意义.

(二) 宽数据格式 anova.mlm() 和 mauchly.test()

使用 anova.mlm() 和 mauchly.test() 函数检验宽格式数据的方差分析.

```
anova(fitSPFpq, M=~1, X=~0, idata=inSPFpq, test="Spherical")
  Analysis of Variance Table
  Contrasts orthogonal to
  ~0
  Contrasts spanned by
  ~1
  Greenhouse-Geisser epsilon: 1
  Huynh-Feldt epsilon:       1
        Df      F num Df den Df   Pr(>F)    G-G Pr    H-F Pr
(Inter-  1 3599.024      1      8 0.0000000 0.0000000 0.0000000
cept)
A        1   28.918      1      8 0.0006636 0.0006636 0.0006636
Residuals8
anova(fitSPFpq, M=~B, X=~1, idata=inSPFpq, test="Spherical")
  Analysis of Variance Table
  Contrasts orthogonal to
  ~1
```

```
Contrasts spanned by
~B
Greenhouse-Geisser epsilon: 1
Huynh-Feldt epsilon:         1
            Df        F num Df den Df  Pr(>F)  G-G Pr  H-F Pr
(Intercept) 1 257.2201      1       8 0.00000 0.00000 0.00000
A           1   0.3145      1       8 0.59031 0.59031 0.59031
Residuals   8
```

```
mauchly.test(fitSPFpq, M=~B, X=~1, idata=inSPFpq)
  Mauchly's test of sphericity
  Contrasts orthogonal to
  ~1
  Contrasts spanned by
  ~B
  data:  SSD matrix from lm(formula = cbind(Diameter.1,
    Diameter.2) ~ A, data = dfSPFpqW)
  W = 1, p-value = 1
```

利用 mauchly.test() 函数进行方差分析, 其结果与 anova() 结果基本相同, 结果显示主因素和副因素均有统计学意义.

(三) 效应量估计

与前述方法中类似, 利用 EtaSq() 函数计算效应量的值过程如下:

```
EtaSq(aovSPFpq, type=1)
          eta.sq eta.sq.part  eta.sq.gen
  B   0.4398485728  0.99291090 0.769193154
  A   0.4276311544  0.90347648 0.764154207
  A:B 0.0005377385  0.01163332 0.004057783
```

根据计算得到的三种效应量结果, B 效应和 A 效应的 η_p^2 值都大于 0.14.

(四) 简单效应

与前述方法中类似, 计算简单效应的过程举例如下:

```
summary(aov(Diameter ~ A, data=dfSPFpqL, subset=(B==1)))
           Df Sum Sq Mean Sq F value   Pr(>F)
  A         1  33.31   33.31   30.11 0.000583 ***
  Residuals 8   8.85    1.11
```

```
---
Signif. cods:  0 '***' 0.001 '**' 0.01 '*' 0.05 '.' 0.1 ' ' 1
```

结果显示主因素和副因素均有统计学意义.

(五) 计划的多重比较

多重比较是指方差分析后对各样本平均数间是否有显著差异的假设检验的统称. 方差分析只能判断各总体平均数间是否有差异, 多重比较可用来进一步确定哪两个平均数间有差异, 哪两个平均数间没有差异. 比较方法有 Newman-Keuls(N-K) 检验、DunCan 检验、Tukey 检验、Dunnett 检验、最小显著差检验及 Scheffé 检验等. 主因素之间如果有多个分区的情况, 考察其差异是否具有统计学意义可采取上述方法.

```
mDf <- aggregate(Diameter ~ id + A, data=dfSPFpqL, FUN=mean)
aovRes <- aov(Diameter ~ A, data=mDf)
cMat <- rbind("1-2"=c(-1, 1))
summary(glht(aovRes,linfct=mcp(A=cMat),alternative="greater"),
        test=adjusted("none"))
 Simultaneous Tests for General Linear Hypotheses
 Multiple Comparisons of Means: User-defined Contrasts
 Fit: aov(formula = Diameter ~ A, data = mDf)
 Linear Hypotheses:
           Estimate Std. Error t value   Pr(>t)
 1-2 <= 0    3.5250     0.6555   5.378 0.000332 ***
 ---
 Signif. cods:  0 '***' 0.001 '**' 0.01 '*' 0.05 '.' 0.1 ' ' 1
 (Adjusted p values reported -- none method)
```

■ 12.6 再裂区设计

在裂区设计中, 若需再引进第三个因素时, 可在副区内再分裂出第二副区, 称为再裂区, 然后将第三个因素的各个处理 (称为副副处理), 随机排列于再裂区内, 这种设计称为再裂区设计 (split-split plot design). 3 个以上的多因素试验采用裂区设计, 试验起来很复杂, 统计分析也麻烦, 特别是因素之间有交互作用, 比较难以解释.

例 **12.5**　　观察 18 例不同分化程度的贲门癌患者的癌组织、癌旁组织、远癌组织中碱性磷酸酶 (ALP) 的变化, 一级单位处理为分化度 (低分化、中分化和高分化, 记为 A1、A2 和 A3), 二级单位处理是组织部位 (癌组织、癌旁组织、远癌组织, 记为 B1、B2 和 B3), 三级单位处理是活性剂 (加与不加, 记为 C1 和 C2), 数据如下:

```
ALP <- read.csv("ALP.csv",header = T)
pander(ALP)
  A    id    B1C1    B1C2    B2C1    B2C2    B3C1    B3C2
  A1   1     72.5    87.5    3.2     3.6     0.74    1.3
  A1   2     61.7    66.2    2.1     3.7     1.1     1.7
  A1   3     76.1    89.4    4.3     5       1.8     2.2
  A1   4     93      98      5.1     5.5     1       1.9
  A1   5     82.9    85.1    3.6     4.9     0.8     1.1
  A1   6     75.6    90.2    2.2     3.3     1       1.8
  A2   7     61.1    65.3    3.2     4       0.9     1.3
  A2   8     53.2    58.2    3.1     4.1     1       1.5
  A2   9     63.2    63.8    1.9     1.9     1.3     2
  A2   10    55.1    55.7    1.7     2.3     2.1     1.8
  A2   11    53.2    61.9    1.6     2.8     1.8     0.9
  A2   12    49.9    63.2    2.2     3.1     1.3     1.9
  A3   13    43.1    45.6    1.9     2.3     1.7     1.4
  A3   14    39.2    43.1    1.7     3.9     1.4     1.9
  A3   15    41.9    47.2    2       2.2     1.9     2.1
  A3   16    28.5    35.9    3.9     4.1     1.8     2.5
  A3   17    36.3    41.2    1.3     2       1       0.8
  A3   18    34.9    40      3.9     3.9     2.2     1.5
```

12.6.1　SPF-pq·r 设计

SPF(split-plot-factorial) 方差分析, 其中 p, q, r 分别代表第一、第二、第三效应的层次. SPF-pq·r 方差分析考虑副因素再分裂出的第二副区处理方法.

```
dfSPFpq.rL <-read.csv("ALP2.csv",header = T)
dfSPFpq.rL$id <- as.factor(dfSPFpq.rL$id)
dfSPFpq.rL$B <- as.factor(dfSPFpq.rL$B)
dfSPFpq.rL$C <- as.factor(dfSPFpq.rL$C)
dfSPFpq.rL$A <- as.factor(dfSPFpq.rL$A)
aovSPFpq.r <- aov(DV ~ C*B*A + Error(id/C), data=dfSPFpq.rL)
```

```
summary(aovSPFpq.r)
  Error: id
            Df Sum Sq Mean Sq F value   Pr(>F)
  A          2   3645  1822.5   54.76 1.28e-07 ***
  Residuals 15    499    33.3
  ---
  Signif. cods:  0 '***' 0.001 '**' 0.01 '*' 0.05 '.' 0.1 ' ' 1
  Error: id:C
            Df Sum Sq Mean Sq F value   Pr(>F)
  C          1 167.65  167.65  48.487 4.55e-06 ***
  C:A        2  15.07    7.54   2.179    0.148
  Residuals 15  51.86    3.46
  ---
  Signif. cods:  0 '***' 0.001 '**' 0.01 '*' 0.05 '.' 0.1 ' ' 1
  Error: Within
            Df Sum Sq Mean Sq  F value  Pr(>F)
  B          2  79851   39925 2338.301 < 2e-16 ***
  C:B        2    213     106    6.226 0.00349 **
  B:A        4   6869    1717  100.571 < 2e-16 ***
  C:B:A      4     18       4    0.258 0.90354
  Residuals 60   1024      17
  ---
  Signif. cods:  0 '***' 0.001 '**' 0.01 '*' 0.05 '.' 0.1 ' ' 1
```

结果显示 C 级、B 级处理、C 和 B 交互、A 和 B 交互均有统计学意义.

(一) 效应量估计

与前述方法中类似, 利用 EtaSq() 函数计算效应量的值过程如下:

```
EtaSq(aovSPFpq.r, type=1)
            eta.sq eta.sq.part  eta.sq.gen
  A     0.0394681461  0.87954182 0.698203907
  C     0.0018153406  0.76373261 0.096175442
  C:A   0.0001631849  0.22515207 0.009474745
  B     0.8646245925  0.98733269 0.980650719
  C:B   0.0023021900  0.17186708 0.118901553
  B:A   0.0743756486  0.87020985 0.813421028
  C:B:A 0.0001909351  0.01692099 0.011068126
```

结果显示 B 效应 η_p^2 大于 0.14, 可以认为处理有大的效果.

(二) 宽格式数据

```
dfSPFpq.rW <- reshape(dfSPFpq.rL, v.names="DV", timevar="C",
        idvar=c("id", "B", "A"), direction="wide")
fitSPFpq.r <- lm(cbind(DV.1, DV.2) ~ A*B, data=dfSPFpq.rW)
inSPFpq.r <- data.frame(C=gl(2, 1))
AnovaSPFpq.r <- Anova(fitSPFpq.r, idata=inSPFpq.r, idesign=~C)
summary(AnovaSPFpq.r, multivariate=FALSE, univariate=TRUE)
  Univariate Type II Repeated-Measures ANOVA Assuming
      Sphericity

              SS num   Df Error SS den Df        F    Pr(>F)
(Intercept) 50045    1  1419.79      45 1586.1761 < 2.2e-16***
A            3645    2  1419.79      45   57.7638 3.736e-13***
B           79851    2  1419.79      45 1265.4258 < 2.2e-16***
A:B          6869    4  1419.79      45   54.4264 < 2.2e-16***
C             168    1   155.75      45   48.4395 1.169e-08***
A:C            15    2   155.75      45    2.1772    0.1252
B:C           213    2   155.75      45   30.7152 3.875e-09***
A:B:C          18    4   155.75      45    1.2737    0.2944
---
Signif. cods:  0 '***' 0.001 '**' 0.01 '*' 0.05 '.' 0.1 ' ' 1
```

结果显示 A、C、B 级处理, C 和 B 交互, A 和 B 交互均有统计学意义.

(三) 宽数据格式 anova.mlm() 和 mauchly.test()

```
anova(fitSPFpq.r, M=~1, X=~0, idata=inSPFpq.r,test="Spherical")
  Analysis of Variance Table
  Contrasts orthogonal to
  ~0
  Contrasts spanned by
  ~1
  Greenhouse-Geisser epsilon: 1
  Huynh-Feldt epsilon:        1
        Df    F num   Df den Df    Pr(>F)     G-G Pr     H-F Pr
(Inter-  1 1586.176      1     45 0.000e+00  0.000e+00  0.000e+00
cept)
A        2   57.764      2     45 3.736e-13  3.736e-13  3.736e-13
B        2 1265.426      2     45 0.000e+00  0.000e+00  0.000e+00
A:B      4   54.426      4     45 1.100e-16  1.100e-16  1.100e-16
Residuals45
anova(fitSPFpq.r, M=~C, X=~1, idata=inSPFpq.r,test="Spherical")
```

```
Analysis of Variance Table
Contrasts orthogonal to
~1
Contrasts spanned by
~C
Greenhouse-Geisser epsilon: 1
Huynh-Feldt epsilon:        1
            Df    F num   Df den Df  Pr(>F)    G-G Pr   H-F Pr
(Intercept)  1 48.4395      1      45 0.00000  0.00000  0.00000
A            2  2.1772      2      45 0.12516  0.12516  0.12516
B            2 30.7152      2      45 0.00000  0.00000  0.00000
A:B          4  1.2737      4      45 0.29439  0.29439  0.29439
Residuals   45
```

```
mauchly.test(fitSPFpq.r, M=~C, X=~1, idata=inSPFpq.r)
  Mauchly's test of sphericity
  Contrasts orthogonal to
  ~1
  Contrasts spanned by
  ~C
  data:  SSD matrix from lm(formula = cbind(DV.1, DV.2) ~ A*B,
    data = dfSPFpq.rW)
  W = 1, p-value = 1
```

结果显示 A 级、C 级、B 级处理, C 和 B 交互, A 和 B 交互均有统计学意义.

12.6.2　SPF-p·qr

SPF-p·qr 方差分析考虑主因素和副因素的处理方法.

```
aovSPFp.qr <- aov(DV ~ C*B*A + Error(id/(A*B)),data=dfSPFpq.rL)
  Warning in aov(DV ~ C * B * A + Error(id/(A * B)), data =
      dfSPFpq.rL):
  Error() model is singular
summary(aovSPFp.qr)
  Error: id
           Df Sum Sq Mean Sq F value   Pr(>F)
A           2   3645  1822.5   54.76 1.28e-07 ***
Residuals  15    499    33.3
---
Signif. cods:  0 '***' 0.001 '**' 0.01 '*' 0.05 '.' 0.1 ' ' 1
```

```
Error: id:B
          Df Sum Sq Mean Sq F value   Pr(>F)
B          2  79851   39925 1301.08  < 2e-16 ***
B:A        4   6869    1717   55.96 1.74e-13 ***
Residuals 30    921      31
---
Signif. cods:  0 '***' 0.001 '**' 0.01 '*' 0.05 '.' 0.1 ' ' 1
Error: Within
          Df Sum Sq Mean Sq F value   Pr(>F)
C          1 167.65  167.65  48.440 1.17e-08 ***
C:B        2 212.61  106.31  30.715 3.88e-09 ***
C:A        2  15.07    7.54   2.177    0.125
C:B:A      4  17.63    4.41   1.274    0.294
Residuals 45 155.75    3.46
---
Signif. cods:  0 '***' 0.001 '**' 0.01 '*' 0.05 '.' 0.1 ' ' 1
```

结果显示 A 级、C 级、B 级处理, C 和 B 交互, A 和 B 交互均有统计学意义.

(一) 效应量估计

```
EtaSq(aovSPFp.qr, type=1)
             eta.sq eta.sq.part  eta.sq.gen
A       0.0394681461  0.87954182 0.698203907
B       0.8646245925  0.98860254 0.980650719
B:A     0.0743756486  0.88181536 0.813421028
C       0.0018153406  0.51840521 0.096175442
C:B     0.0023021900  0.57718835 0.118901553
C:A     0.0001631849  0.08822602 0.009474745
C:B:A   0.0001909351  0.10170330 0.011068126
```

结果显示 B 效应 η_p^2 大于 0.14, 可以认为处理有大的效果.

(二) 宽格式数据

```
dfW1 <- reshape(dfSPFpq.rL, v.names="DV", timevar="C", idvar=c
    ("id", "B", "A"), direction="wide")
dfSPFp.qrW <- reshape(dfW1, v.names=c("DV.1", "DV.2"), timevar=
    "B", idvar=c("id", "A"), direction="wide")
fitSPFp.qr <- lm(cbind(DV.1.1, DV.2.1, DV.1.2, DV.2.2, DV.1.3,
    DV.2.3) ~ A, data=dfSPFp.qrW)
inSPFp.qr <- expand.grid(B=gl(3, 1), C=gl(2, 1))
```

```
AnovaSPFp.qr <- Anova(fitSPFp.qr,idata=inSPFp.qr,idesign=~B*C)
summary(AnovaSPFp.qr, multivariate=FALSE, univariate=TRUE)
 Univariate Type II Repeated-Measures ANOVA Assuming
    Sphericity
            SS num    Df Error SS den Df         F    Pr(>F)
(Intercept) 50045      1    499.20    15 1503.755 < 2.2e-16 ***
A            3645      2    499.20    15   54.762 1.277e-07 ***
B           20295      2    299.74    30 1015.640 < 2.2e-16 ***
A:B          1704      4    299.74    30   42.633 5.788e-12 ***
C           40475      1    481.24    15 1261.578 6.827e-16 ***
A:C          3528      2    481.24    15   54.976 1.245e-07 ***
B:C         19461      2    295.35    30  988.349 < 2.2e-16 ***
A:B:C        1670      4    295.35    30   42.410 6.185e-12 ***
---
Signif. cods:  0 '***' 0.001 '**' 0.01 '*' 0.05 '.' 0.1 ' ' 1
Mauchly Tests for Sphericity
        Test statistic p-value
  B            0.77596 0.16939
  A:B          0.77596 0.16939
  B:C          0.76557 0.15413
  A:B:C        0.76557 0.15413
```

```
Greenhouse-Geisser and Huynh-Feldt Corrections
for Departure from Sphericity
        GG eps Pr(>F[GG])
B      0.81697  < 2.2e-16 ***
A:B    0.81697  4.007e-10 ***
B:C    0.81009  < 2.2e-16 ***
A:B:C  0.81009  4.960e-10 ***

---
Signif. cods:  0 '***' 0.001 '**' 0.01 '*' 0.05 '.' 0.1 ' ' 1
        HF eps    Pr(>F[HF])
B      0.9031466 9.448097e-26
A:B    0.9031466 5.438711e-11
B:C    0.8939930 2.349101e-25
A:B:C  0.8939930 7.133228e-11
```

结果显示 A 级、C 级、B 级处理, C 和 B 交互, A 和 B 交互, A、B 和 C 交互均有统计学意义.

(三) 宽数据格式 anova.mlm() 和 mauchly.test()

下面给出了 anova.mlm() 和 mauchly.test() 两个函数的用法, 感兴趣的读者请自行尝试.

```
anova(fitSPFp.qr, M=~1, X=~0,idata=inSPFp.qr, test="Spherical")
anova(fitSPFp.qr, M=~B, X=~1,idata=inSPFp.qr, test="Spherical")
```

```
anova(fitSPFp.qr, M=~B + C, X=~B,idata=inSPFp.qr, test=
    "Spherical")
anova(fitSPFp.qr, M=~B + C + B:C, X=~B + C,idata=inSPFp.qr,
    test="Spherical")
```

```
mauchly.test(fitSPFp.qr, M=~B, X=~1,idata=inSPFp.qr)
mauchly.test(fitSPFp.qr, M=~B + C, X=~B,idata=inSPFp.qr)
mauchly.test(fitSPFp.qr, M=~B + C + B:C, X=~B + C, idata=inSPFp
    .qr)
```

结果将显示 A 级、C 级、B 级处理, C 和 B 交互, A 和 B 交互均有统计学意义.

习题

1. 三个工厂生产同一种产品, 现从各厂产品中分别抽取 4 件产品作检测, 其检测强度如表 12.4 所示:

工厂	零件强度			
甲	114	115	97	82
乙	102	106	117	116
丙	72	88	84	95

▶ 表 12.4
产品检测数据

(1) 对数据作方差分析, 判断三个厂生产的产品的零件强度是否有显著差异;

(2) 求每个工厂生产产品零件强度的均值, 作出相应的区间估计 ($\alpha = 0.05$);

(3) 对数据作多重检验.

2. 某单位在小白鼠营养试验中, 随机将小白鼠分为三组, 测得每组 12 只小白鼠尿中氨氮的排出量 X(单位: mg/6d), 数据由表 12.5 所示. 试对该测验数据作正态性检验和方差齐性检验.

组别	白鼠尿中氨氮排出量											
第一组	30	27	35	35	29	33	32	36	26	41	33	31
第二组	43	45	53	44	51	53	54	37	47	57	48	42
第三组	82	66	66	86	56	52	76	83	72	73	59	52

◀ 表 12.5 白鼠尿中氨氮检测数据

3. 为研究人们在催眠状态下对各种情绪的反应力是否有差异, 选取了 7 个受试者, 在催眠状态下, 要求每人按任意次序做出恐惧、愉快和忧虑 3 种反应, 表 12.6 给出了各受试者在处于这 3 种情绪状态下皮肤的电位变化值 (单位: mV). 试在 $\alpha = 0.05$ 下, 检验受试者在催眠状态下对这 3 种情绪的反应力是否有显著差异.

情绪状态	受试者						
	1	2	3	4	5	6	7
恐惧	23.1	57.6	10.5	23.6	11.9	54.6	21.0
愉快	22.7	53.2	9.7	19.6	13.8	47.1	13.6
忧虑	22.5	53.7	10.8	21.1	13.7	39.2	13.7

◀ 表 12.6 3 种情绪状态下皮肤的电位变化值

4. 在一个农业试验中, 考虑四种不同的种子品种 A_1, A_2, A_3, A_4 和三种不同的施肥方法 B_1, B_2, B_3 得到产量 (单位: kg) 数据如表 12.7 所示. 试分析种子与施肥对产量有无显著影响.

	B_1	B_2	B_3
A_1	325	292	316
A_2	317	310	318
A_3	310	320	318
A_4	330	370	365

◀ 表 12.7 农业试验数据

5. 研究树种与地理位置对松树生长的影响, 对四个地区的三种同龄松树的直径 (单位: cm) 进行测量得到数据如表 12.8 所示. A_1, A_2, A_3 表示三个不同树种, B_1, B_2, B_3, B_4 表示四个不同地区, 对每一种水平组合, 进行了 5 次测量.

	B_1			B_2			B_3			B_4		
A_1	23	25	21	20	17	11	16	19	13	20	21	18
	14	15		23	21		16	24		27	24	
A_2	28	30	19	25	24	22	19	18	19	26	26	28
	17	22		25	26		20	25		29	23	
A_3	18	15	23	21	25	12	19	23	22	22	13	12
	18	10		12	22		14	13		22	19	

◀ 表 12.8 三种同龄松树的直径测量数据

根据上述试验结果, 进行如下分析:

(1) 对数据作方差分析, 判断树种和地区对松树的直径是否有显著影响;

(2) 因素 A 和因素 B 是否是正态的?

(3) 因素 A 和因素 B 是否满足方差齐性的要求?

第十三章 其他数据分析方法

前面的章节已经介绍了很多数据分析方法, 本章再补充三种数据分析方法, 分别是数据包络分析、最优化方法以及 Copula 建模方法.

■ 13.1 数据包络分析

数据包络分析 (data envelopment analysis, DEA) 是根据多项投入指标和多项产出指标, 利用线性规划的方法, 对具有可比性的同类型单位进行相对有效性评价的一种数量分析方法. 数据包络分析是一种提供了多输入–多输出指标的有效性综合评价方法. DEA 建模前, 需要有被评价的对象, 被称为决策单元; 需要有输入指标也就是评价对象的 "资源" 投入, 被称为 "资源"的消耗或投入; 需要有输出指标, 是指评价对象投入 "资源" 后的 "成效" 或"回报"; 输入指标和输出指标组成一个指标体系.

DEA 模型有多种类型, 最具代表性有 CCR 模型, BCC 模型. CCR 模型基于规模报酬不变的假设, 而 BCC 模型则基于规模报酬可变的假设, 二者各有侧重, 可以选择结合两个方法同时展开数据分析.

设有 n 个决策单元 (DMU), 每个 DMU 都有 m 种投入和 s 种产出, 设 $X_{ij}(i = 1, 2, \cdots, m, j = 1, 2, \cdots, n)$ 表示第 j 个 DMU 的第 i 种投入量, $Y_{rj}(r = 1, 2, \cdots, s, j = 1, 2, \cdots, n)$ 表示第 j 个 DMU 的第 r 种产出量, v_i $(i = 1, 2, \cdots, m)$ 表示第 i 种投入的权值, $u_r(r = 1, 2, \cdots, s)$ 表示第 r 种产出的权值.

向量 $\boldsymbol{X}_j, \boldsymbol{Y}_j(j = 1, 2, \cdots, n)$ 分别表示决策单元 j 的输入和输出向量, $\boldsymbol{v}$ 和 $\boldsymbol{u}$ 分别表示输入、输出权值向量, 则 $\boldsymbol{X}_j = (X_{1j}, X_{2j}, \cdots, X_{mj})^{\mathrm{T}}$, $\boldsymbol{Y}_j = (Y_{1j}, Y_{2j}, \cdots, Y_{sj})^{\mathrm{T}}$, $\boldsymbol{u} = (u_1, u_2, \cdots, u_s)^{\mathrm{T}}$, $\boldsymbol{v} = (v_1, v_2, \cdots, v_m)^{\mathrm{T}}$. 定义决策单元 j 的效率评价指数为

$$h_j = \frac{\boldsymbol{u}^{\mathrm{T}} \boldsymbol{Y}_j}{\boldsymbol{v}^{\mathrm{T}} \boldsymbol{X}_j}, j = 1, 2, \cdots, n.$$

评价决策单元 j_0 效率的数学模型为

$$\max \frac{\boldsymbol{u}^{\mathrm{T}} \boldsymbol{Y}_{j_0}}{\boldsymbol{v}^{\mathrm{T}} \boldsymbol{X}_{j_0}},$$

$$\text{s.t.} \begin{cases} \dfrac{\boldsymbol{u}^{\mathrm{T}} \boldsymbol{Y}_j}{\boldsymbol{v}^{\mathrm{T}} \boldsymbol{X}_j} \leqslant 1, \quad j = 1, 2, \cdots, n, \\ u \geqslant 0, v \geqslant 0, u \neq 0, v \neq 0. \end{cases}$$

根据模型进行 DEA 有效性判断. 若线性规划 (P) 的最优解 $h_j = 1$, 则称决策单元 j_0 弱 DEA 有效. 若存在 $v^* > 0, u^* > 0$, 且 $h_{j0} = 1$, 则称决策单元 j_0 DEA 有效.

有了上面的铺垫, 我们来学习如何在 R 中使用数据包络分析.

在 R 中使用 deaR 包导入数据, 首先, 通过下面的指令来安装和加载 R 包:

```
install.packages("deaR")
library("deaR")
```

继而可以根据之前学习的导入数据的方法，向 R 中导入数据, 加载数据后, 需要对其格式进行调整, 以便于 deaR 能够顺利地读取它们. deaR 有三种不同的数据读取函数, 每一个函数都与一个特定的 DEA 模型相对应. 这些数据读取函数是:

read_data(): 用于运行传统 DEA 模型 (conventional DEA model).

read_malmquist(): 用于执行 Malmquist 生产力指数 (Malmquist productivity index) 运算.

read_data_fuzzy(): 用于运行含有不确定数据 (uncertian data) 的 DEA 模型 (fuzzy DEA).

我们使用 read_data() 函数来读取数据集 "Coll_Blasco_2006".

```
data_example <- read_data(Coll_Blasco_2006,ni = 2,no = 2)
```

现在数据已经做好准备与传统 DEA 模型一起使用了, 但为了使用方便, 将它命名为 data_example.

下面通过 R 中自带的数据集 "Economy" 和 "EconomyLong", 学习 read_malmquist() 函数的使用, 首先看一下 read_malmquist() 中参数的意义.

read_malmquist() 函数采用以下参数:

- datadea: DEA 数据的数据框.
- nper: 年数 (数据格式: 宽格式数据).
- percol: 变量时间所在的列的编号 (数据格式: 长格式数据).
- arrangement: 宽格式数据的 "水平排列" (horizontal) 或者长格式数据的 "垂直排列" (vertical).

- dmus: DMU 所在列的编号. 默认设置下, deaR 把 DMU 置于数据集的第一列.
- ni: inputs (输入) 的数量.
- no: outputs (输出) 的数量.
- arrangement: 宽格式数据的水平排列.
- vertical: 宽格式数据的垂直排列.

```
data("Economy") #加载数据集 "Economy"
View(Economy) #查看数据集 "Economy"
data_example_1 <- read_malmquist(Economy,nper = 5,arrangement =
    "horizontal",ni = 2,no = 1)
```

可以看到 "data_example_1" 是一个含有 5 个组件的列表. 在这个例子中, 我们用 data_example_2() 函数创建了长格式数据.

```
data("EconomyLong") #加载数据集 "EconomyLong"
View(EconomyLong) #查看数据集 "EconomyLong"
data_example_2 <- read_malmquist(EconomyLong, percol = 2,
    arrangement = "vertical",ni = 2,no = 1)
```

deaR 可以处理梯形、对称三角形和不对称三角形的模糊数, 处理时要用到 read_data_fuzzy() 函数, 现在本书以 "Leon2003" 数据集为例来学习该函数的使用. 首先看一下 read_data_fuzzy() 中参数的意义.

read_data_fuzzy() 函数采用以下参数:
- datadea: 它是一个数据集 (且必须是一个数据框).
- dmus: DMU 所在列的编号. 默认设置下, deaR 把 DMU 置于数据集的第一列.

```
data(Leon2003) #加载数据集 "Leon2003"
View(Leon2003) #查看数据集 "Leon2003"
data_example_3 <- read_data_fuzzy(Leon2003,inputs.mL = 2,inputs
    .dL = 3,outputs.mL = 4,outputs.dL = 5)
```

一旦将数据调整为 deaR 的可读格式, 下一步就是选取 DEA 模型并运行它. deaR 中有基本模型 (basic models)、方向距离函数模型 (direction distance function model)、加性模型 (additive model) 等 DEA 模型, 在 deaR 文档中, 可以找到如何应用这些函数模型的所有详细说明, 以及将这些付诸实践的不同示例. 例如, 在加性模型中适当定义权重, 就可以获得 MPI[1]5 模型或 RAM[1]6 模型.

现在, 我们通过 "PFT1981" 数据集来看如何使用 model_basic() 函数执行基本 DEA 模型:

```
library(deaR)
data("PFT1981") #加载数据集"PFT1981"
View(PFT1981) #查看数据集"PFT1981"
data_basic <- read_data(PFT1981,dmus = 1,inputs = 2:6,outputs =
    7:9)
result_pft <- model_basic(data_basic,dmu_eval = 1:49,dmu_ref =
    1:49,orientation = "io",rts = "crs")
result_nft <- model_basic(data_basic,dmu_eval = 50:70,dmu_ref =
    50:70,orientation = "io",rts = "crs")
```

在 "PFT1981" 数据中, 有 70 个 DMU(site), 5 个输入 (Education,Occupation, Parental,Counseling,Teachers) 和 3 个输出 (Reading,Math,Coopersmith). 在它的 70 个 DMU 中, 有 49 个位于 Project Follow Through(PFT), 21 个位于 Non-Follow Through(NFT). 在上面的例子中使用 input-oriented C^2R DEA model 来计算 PFT 和 NFT 中 DMU 的效率.

在上面的代码中, 我们先用 read_data() 函数把数据调整为 deaR 可读的模式, 之后使用 model_basic() 函数来分别测量 PFT 和 NFT 的 DMU 的效率. 所有的运行结果都被分别保存在对象 "result_pft" 和 "result_nft" 中. 之后可以使用 deaR 中几个特定的函数用于获取 DEA 分析的主要结果. 这些函数及其作用如表 13.1 所示:

名称	功能
efficiencies()	提取效率分数
slacks()	提取 input 和 output 的 slack 值
targets()	提取 input 和 output 的目标值
lambdas()	提取 lambda 数值 (或强度)
references()	提取低效 DMU 的参考集
rts()	提取规模收益
multipliers()	提取 multiplier DEA form 中的乘数 (或权重)

▶ 表 13.1
函数名称及功能

下面以 efficiencies() 函数为例, 了解一下它们的使用方法, 其他的函数类似:

```
efficiencies(result_pft)
  Site1    Site2    Site3    Site4    Site5    Site6    Site7
 1.00000  0.90169  0.98827  0.90244  1.00000  0.90689  0.89236
```

除上述列举的函数外, 还可以使用 summary() 函数来汇总 DEA 分析的全部结果. 它同时适用于传统 DEA 模型和模糊 DEA 模型的结果汇总, 并可以选择是否导出为 Excel 文件. 下面, 通过 "Hua_Bian_2007" 数据集来学习 summary() 函数的应用.

```
data("Hua_Bian_2007") #加载数据集"Hua_Bian_2007"
data_example <- read_data(Hua_Bian_2007,ni = 2,no = 3,ud_
    outputs = 3)
result_example <- model_basic(data_example,orientation = "oo",
    rts = "vrs",vtrans_o = 1500)
summary(result_example)
```

执行完上述代码后, 在屏幕中显示了运行的结果, 并且生成了一个 Excel 文件.

最后我们学习用 plot() 函数分别在传统 DEA 模型、Malmquist 指数 (Malmquist index) 或 cross-efficienty 模型获得一些结果的可视化图标. 首先, 绘制基本 DEA 模型的可视化图像, 这里接着使用上面的例子:

```
plot(result_example)
```

通过上面 plot 函数可以得到三个输出结果, 图 13.1 显示了有效 DMU 和低效 DMU 的数量以及低效 DMU 的效率分数, 图 13.2 描述的是有效被包括近低效 DMU 的次数, 图 13.3 展示了低效 DMU 是如何与有效 DMU 相关联的, 其中外部圆圈的为有效 DMU.

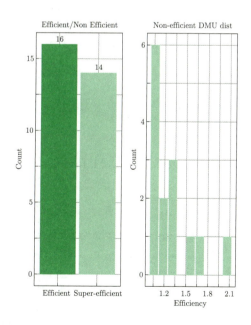

◀ 图 13.1
有效 DMU 和低效 DMU 的数量以及低效 DMU 的效率分数

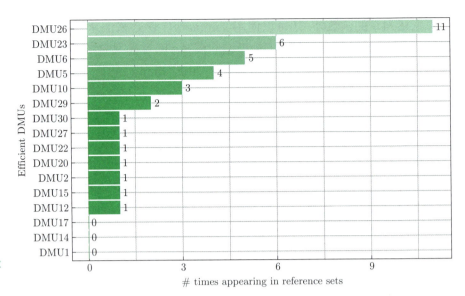

▶ 图 13.2
有效被包括近低效
DMU 的次数

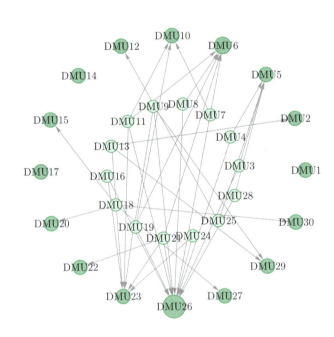

▶ 图 13.3
connect

下面通过 EconomyLong 数据集学习 Malmquist 指数的绘制, 在 R 中运行下面的代码:

```
data("EconomyLong")
data_example1 <- read_malmquist(EconomyLong,percol = 2,
    arrangement = "vertical",inputs = 3:4,outputs = 5)
result_malmquist <- malmquist_index(data_example1,orientation =
    "io")
plot(result_malmquist)
```

第十三章 其他数据分析方法

运行完代码后得到下面的两图:

图 13.4 表示的是每个 DMU 在特定时间段内的指数及其组成部分, 并且还可以选中某个 DMU 进行查看. 图 13.5 绘制了特定时间段内指数及其组成部分的几何平均数, 并且我们可以选择特定的指数以显示其索引组件.

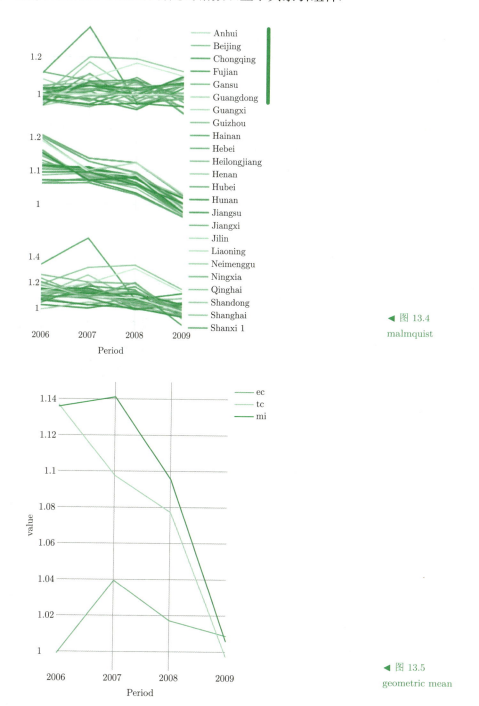

◀ 图 13.4
malmquist

◀ 图 13.5
geometric mean

13.2 最优化方法

13.2.1 无约束非线性规划

很多最优化教材的第一章都是线性规划, 实际上最常见最广泛存在的优化问题是无约束的非线性规划问题. 无论是数学模型还是 R 语言, 最基础描述问题的方式都是函数, 函数可以是任意形式, 统称为非线性函数, 求这些函数的最小值是普遍存在的问题.

比如, 使用最小二乘法估计回归系数的时候, 要求残差平方和最小, 假设是二元回归, 用数学形式来表示就是:

$$\min \ z = \sum_{i=1}^{n} \{y_i - (\alpha + \beta_1 x_{1i} + \beta_2 x_{2i})\}^2,$$

其中, 三个变量 α、β_1、β_2 可以取任意实数值, 实际上, 解出的三个变量值就是回归系数的估计值.

对于线性回归的最小二乘的例子, 可以很容易地求出方程的解, 但对于很多较复杂的函数, 很难精确地求出解析式, 最常用的方法就是迭代法. 基于某个点的搜索, 如果搜索方向确定, 则寻找下一个点就是一维搜索的问题. 在 R 语言中, 可以使用 optimize() 函数进行一维搜索, 例如:

```
f <- function(x,y,z)(x-y+z)^2
optimize(f,c(-1,1),tol = 0.0001, y = 1, z = 3)
$minimum
  [1] -0.9999516
$objective
  [1] 1.000097
```

对于凸函数来说, 局部极小值就是全局极小值, 但这样的情况并不是很常见, 很多时候目标函数都是非凸函数, 这样一旦初始点附近的极值不是全局最小值, 就会为搜索带来困难. 例如著名的 Rosenbrock 香蕉函数:

$$f(x_1, x_2) = (1 - x_1)^2 + 100(x_2 - x_1)^2.$$

使用 R 中自带的 optim() 函数来进行规划求解:

```
obj.rosenbrock <- function(x){x1 <- x[1]
  x2 <- x[2]
  100*(x2 - x1 *x1)^2+(1-x1)^2
  }
```

```
gr.rosenbrock <- function(x){
  x1 <- x[1]
  x2 <- x[2]
  c(-400 * x1*(x2 - x1 * x1) - 2*(1-x1), 200*(x2-x1*x1))
}
optim(par = c(0, 3), fn = obj.rosenbrock)
$par
  [1] 1.000300 1.000562
$value
  [1] 2.301092e-07
```

在这里我们使用的是 Nelder-Mead 单纯型法, 通过单纯型的方式来不断替换函数最差的顶点从而求得最优值. 该方法没有充分利用函数的数学特征, 因此并不是非常有效, 但非常稳健.

CG 是一种共轭梯度算法, 这种方法充分利用函数的梯度信息, 在每一点都能找到一个最合适的方向来搜索, 该方法的方向不一定是下降的方向, 因此能够避免陷入局部最优的困境.

BFGS 是一种拟牛顿法, 也称变尺度法. 该算法改进了牛顿法中容易受初始点影响的弱点, 但是又不需要在每一步优化的过程中计算精确的海塞矩阵及其逆矩阵, 在具备牛顿法搜索快的基础上又能有效地搜索全局最优解, 因此使用非常广泛, 在实际的应用中, 该方法是 optim() 函数中使用最广的算法. L-BFGS-B 是对该方法的一个优化, 能够在优化的同时增加箱型的约束条件, 一定程度上增加了这些无约束非线性规划方法的功能.

SANN 是一种模拟退火的方法, 与通常基于数学函数的算法不同, 该算法是一种概率算法, 对于各种复杂的情况, 尤其是很多不可微的函数, 该算法可找到最优解, 但是比不上其他的数学算法.

针对同样的例子, 如果使用 BFGS 算法, 同时加上梯度函数的参数, 可以更容易地求得最优解:

```
optim(par = c(0, 3), fn = obj.rosenbrock, gr = gr.rosenbrock,
method = "BFGS")
$par
  [1] 1 1
$value
  [1] 1.397311e-19
$counts
  function gradient
  91         39
$convergence
  [1] 0
```

通过这些例子我们了解了优化求解的一般过程和通用的背景.

13.2.2 线性规划问题

下面将介绍另一种最常见的优化问题——线性规划. 目标函数以及约束条件都是线性函数, 进而可以规划求解. 由于线性规划问题也能够通过一些算法非常高效地求得精确解, 因此如果你能将难题转换成线性规划的问题, 将会非常方便. 下式是一个简单的线性规划问题:

$$\min \ z = -2x_1 - x_2,$$

$$\text{s.t.} \begin{cases} -3x_1 - 4x_2 \geqslant -12, \\ -x_1 + 2x_2 \geqslant -2, \\ x_1 \geqslant 0, \\ x_2 \geqslant 0. \end{cases}$$

在使用 R 来解决这类问题时, 最常用的包是 lpSolve, 这个包设置模式的方式非常符合向量化的思维, 与 R 的操作方法非常匹配, 因此很受用户欢迎. 对上面的例子求解如下:

```
library(lpSolve)
f.obj <- c(-2, -1)
f.con <- matrix(c(-3, -4, -1, 2, 1, 0, 0, 1),nrow = 4,byrow =
    TRUE)
f.dir <- c(">=", ">=", ">=", ">=")
f.rhs <- c(-12, -2, 0, 0)
res <- lp("min", f.obj, f.con, f.dir, f.rhs)
res
  Success: the objective function is -7
class(res)
  [1] "lp"
res$solution
  [1] 3.2 0.6
```

整数规划 (IP) 是一类特殊的线性规划问题, 简单地说, 在线性规划中所有的变量都只能取整数的时候称为整数规划. 虽然从理解上整数规划可以看做线性规划的特例, 但是求解方法却完全不同, 目前应用最广的是分支定界法, 可以理解成通过不同的条件划分来搜索最优解. 在实际应用中, 全部变量为整数的情况并不是很多, 常常是部分变量为实数, 这样的规划问题称为混合整数规划 (MIP). 通常线性规划工具包都能求解整数规划和混合整数规划

的问题, 比如 lpSolve 包, 其中, 参数 int.vec 可以指明为整数解的变量, 上例
中设 x_2 是整数解, 则:

```
res <- lp("min", f.obj, f.con, f.dir, f.rhs, int.vec = c(2))
res$solution
  [1] 2.666667 1.000000
```

在整数规划中, 还有一种特殊的情况, 即变量的取值只能是 0 或 1, 这种
规划称为 0 − 1 规划. 解决这种问题时, 方法与求解整数规划是类似, 可以通
过设定 binary.vec 来求解, 用法同 int.vec. 如果所有变量都是整数或均在 0、
1 中取值, 则可以分别通过设置 all.int = TRUE 和 all.bin = TRUE 求解.

在 R 中有一个接口包 Rglpk, 可以直接读取 MathProg 的语法文件并进
行规划求解, 将求解的结果转化为 R 中的对象, 从而实现 R 对 GLPK 的调
用. 操作起来非常简便, 下面通过一个数独的例子来进行展示, 该数独的优化
代码放在 rinds 包的 sudoku.mod 文件中. Rglpk 包中的 Rglpk_read_file 函
数将文件形式的 MathProg 模型读入 R 中的对象, 然后利用 Rglpk_solve_LP
函数来求解:

```
library(Rglpk)
mod.file <- system.file("examples","optimization","sudoku.mod",
    package = "rinds")
mod <- Rglpk_read_file(mod.file,type = "MathProg")
class(mod)
  [1] "MP_data_from_file" "MILP"
res <- Rglpk_solve_LP(obj = mod$objective,mat = mod$constraints
    [[1]],
dir = mod$constraints[[2]],rhs = mod$constraints[[3]],bounds =
    mod$bounds,
types = mod$types, max = mod$maximum)
sapply(res, head, n = 100)
$optimum
  [1] 0
$solution
  [1] 0 0 0 0 1 0 0 0 0 0 0 1 0 0 0 0 0 0 0 0 0 0 0 0 1 0
  0 0 0 0 0 1 0 0 0 1 0 0 0 0 0 0 0 0 0 0 0
  [48] 0 0 0 0 0 1 0 0 0 0 1 0 0 0 0 0 0 0 0 0 0 0 0 0 1 0
  0 0 0 0 0 1 0 0 0 0 0 0 1 0 0 0 0 0 0 0
  [95] 0 0 0 1 0 0
$status
  [1] 0
library(rinds)
```

```
extractSudoku(res$solution)
     [,1] [,2] [,3] [,4] [,5] [,6] [,7] [,8] [,9]
[1,]   5    3    4    6    7    8    9    1    2
[2,]   6    7    2    1    9    5    3    4    8
[3,]   1    9    8    3    4    2    5    6    7
[4,]   8    5    9    7    6    1    4    2    3
[5,]   4    2    6    8    5    3    7    9    1
[6,]   7    1    3    9    2    4    8    5    6
[7,]   9    6    1    5    3    7    2    8    4
[8,]   2    8    7    4    1    9    6    3    5
[9,]   3    4    5    2    8    6    1    7    9
```

在这个问题的求解过程中, 我们定义 x_{ijk} 表示第 i 行 j 列取值为 k, 定义变量的顺序是先按照数独中已存在数据的顺序定义, 然后按照空格的顺序, 先是每一行内从左到右, 然后行与行之间从上到下. 在 rinds 中提供了 extractSudoku 可以对优化的结果进行简单的处理, 从而得到问题的解.

13.2.3　非线性规划问题

通过对线性规划有无约束条件的两种情况介绍, 我们知道最一般的规划问题应该是带有约束条件的非线性规划, 这也是一个相对比较复杂的问题, 有很多算法可以用来处理这样的问题. R 中也有一个内置的 constrOptim 函数, 专门求解约束的非线性规划.

通过下面的例子进行解释:

$$\min\ z = (1 - x_1)^2 + 100(x_2 - x_1)^2,$$

$$\text{s.t.}\begin{cases} -3x_1 - 4x_2 \geqslant -12, \\ -x_1 + 2x_2 \geqslant -2, \\ x_1 \geqslant 0, \\ x_2 \geqslant 0, \end{cases}$$

利用 R 中自带的 constrOptim 进行求解:

```
obj.rosenbrock <- function(x){
   x1 <- x[1]
   x2 <- x[2]
   100*(x2 - x1 *x1)^2+(1-x1)^2
   }
gr.rosenbrock <- function(x){
```

```
  x1 <- x[1]
  x2 <- x[2]
  c(-400 * x1*(x2 - x1 * x1) - 2*(1-x1), 200*(x2-x1*x1))
  }
constrOptim(theta = c(2, 1), f = obj.rosenbrock, grad = gr.
  rosenbrock,ui = rbind(c(-3,-4),c(-1,2),c(1,0),c(0,1)),ci =
  c(-12, -2, 0, 0))
$par
  [1] 1.000000 1.000001
$value
  [1] 1.072954e-13
$counts
  function gradient
  86       30
```

可以注意到, constrOptim 函数只能求解约束条件是线性的情况.

(一) alabama 包

当约束条件为非线性时, R 中无原生的函数可以使用, 需要借助于第三方包. 通过下面的例子来学习:

$$\min \ z = (1 - x_1)^2 + 100(x_2 - x_1)^2,$$

$$\text{s.t.} \begin{cases} x_1^2 + x_2^2 \leqslant 4, \\ x_1/x_2 \geqslant 2. \end{cases}$$

最常用的包是 alabama, 其中的 constrOptim.nl 函数与 constrOptim 函数的用法很接近, 用法如下:

```
library(alabama)
hin.rosenbrock <- function(x){
  x1 <- x[1]
  x2 <- x[2]
  c(-x1^2-x2^2+4,x1/x2-2)
  }
constrOptim.nl(par = c(1, 0.3), fn = obj.rosenbrock, gr = gr.
  rosenbrock,hin = hin.rosenbrock)
  Min(hin):  1.678643e-08
  par:  0.5174365 0.2587183
  fval:  0.2410077
$par
```

```
  [1] 0.5174369 0.2587185
$value
  [1] 0.2410077
$counts
  function gradient
  365      56
```

(二) NlcOptim 包

序列二次规划 (SQP) 方法用于求解一般非线性优化问题 (具有非线性目标和约束函数). SQP 方法可以在 Jorge Nocedal 和 Stephen J. Wright 著作的第 18 章中找到, 允许线性或非线性等式和不等式约束. 它接受输入参数作为约束矩阵. NlcOptim 包中的函数 solnl 用于解决广义非线性优化问题. 下面给出了 solnl 函数的一段示例代码:

```
solnl(X = NULL, objfun = NULL, confun = NULL, A = NULL, B =
    NULL, Aeq = NULL, Beq = NULL, lb = NULL, ub = NULL, tolX =
    1e-05, tolFun = 1e-06, tolCon = 1e-06, maxnFun = 1e+07,
    maxIter = 4000)
```

为方便读者理解, 下面提供一个 solnl 函数应用示例.

```
install.packages("NlcOptim")
library(NlcOptim)
library(MASS)
objfun <- function(x){
  return(exp(x[1]*x[2]*x[3]*x[4]*x[5]))
}
#约束函数
confun <- function(x){
  f <- NULL
  f <- rbind(f, x[1]^2+x[2]^2+x[3]^2+x[4]^2+x[5]^2-10)
  f <- rbind(f, x[2]*x[3]-5*x[4]*x[5])
  f <- rbind(f, x[1]^3+x[2]^3+1)
  return(list(ceq=f, c=NULL))
}
x0=c(-2,2,2,-1,-1)
solnl(x0,objfun=objfun,confun=confun)
```

(三) nleqslv 包

使用布罗伊登 (Broyden) 或牛顿 (Newton) 方法求解非线性方程组, 并选择线搜索和信赖域等全局策略, 可以选择使用数值或用户提供的雅可比矩阵, 指定带状数值雅可比矩阵, 以及允许使用奇异或病态雅可比矩阵.

nleqslv 包提供了两种用于求解 (密集) 非线性方程组的算法. 提供的方法包括:

1. 布罗伊登割线法, 其中导数矩阵在每次主要迭代后使用布罗伊登秩 1 更新进行更新;

2. 全牛顿法, 其中在每次迭代时重新计算导数的雅可比矩阵.

这两种方法都利用全局策略, 如线搜索或信赖域方法, 只要标准的牛顿/布罗伊登步不导致更接近方程组根的点, 这两种方法也可以在没有降低标准的全球战略的情况下使用. 线搜索可以是三次、二次或几何搜索. 信赖域方法可以是 double dogleg 法、Powell single dogleg 法或 Levenberg-Marquardt 型方法. 有一种工具可以指定雅可比矩阵是带状的; 当子对角线和超对角线的数目与方程组的大小相比较小时, 可以显著加快数值雅可比矩阵的计算速度. 例如, 只需对函数进行三次求值即可计算出三对角系统的雅可比矩阵. 该软件包提供了一个选项, 当雅可比矩阵奇异或病态时, 可以使用雅可比矩阵的 Moore-Penrose 伪逆近似来尝试求解方程组.

下面给出了 nleqslv 函数的一段示例代码:

```
nleqslv(x, fn, jac=NULL, ...,
method = c("Broyden", "Newton"),
global = c("dbldog", "pwldog",
"cline", "qline", "gline", "hook", "none"),
xscalm = c("fixed","auto"),
jacobian=FALSE,
control = list()
)
```

为方便读者理解, 通过一个例子来学习 nleqslv 函数:

```
dslnex <- function(x) {
y <- numeric(2)
y[1] <- x[1]^2 + x[2]^2 - 2
y[2] <- exp(x[1]-1) + x[2]^3 - 2
y }
jacdsln <- function(x) {
n <- length(x)
Df <- matrix(numeric(n*n),n,n)
```

```
Df[1,1] <- 2*x[1]
Df[1,2] <- 2*x[2]
Df[2,1] <- exp(x[1]-1)
Df[2,2] <- 3*x[2]^2
Df
}
BADjacdsln <- function(x) {
n <- length(x)
Df <- matrix(numeric(n*n),n,n)
Df[1,1] <- 4*x[1]
Df[1,2] <- 2*x[2]
Df[2,1] <- exp(x[1]-1)
Df[2,2] <- 5*x[2]^2
Df
}
xstart <- c(2,0.5)
fstart <- dslnex(xstart)
# a solution is c(1,1)
nleqslv(xstart, dslnex, control=list(btol=.01))
# Cauchy start
nleqslv(xstart, dslnex, control=list(trace=1,btol=.01,delta=
    "cauchy"))
# Newton start
nleqslv(xstart, dslnex, control=list(trace=1,btol=.01,delta=
    "newton"))
# 雅可比矩阵的最终Broyden近似
z <- nleqslv(xstart, dslnex, jacobian=TRUE,control=list(btol
    =.01))
z$x
z$jac
jacdsln(z$x)
```

nleqslv 测试对象的打印方法如下:

```
dslnex <- function(x) {
y <- numeric(2)
y[1] <- x[1]^2 + x[2]^2 - 2
y[2] <- exp(x[1]-1) + x[2]^3 - 2
y }
xstart <- c(1.5,0.5)
fstart <- dslnex(xstart)
z <- testnslv(xstart,dslnex)
```

```
print(z)
 Call:
 testnslv(x = xstart, fn = dslnex)

 Results:
    Method  Global termcd Fcnt Jcnt Iter Message    Fnorm
 1  Newton  cline     1    8    6    6   Fcrit 1.693e-28
 2  Newton  qline     1    8    6    6   Fcrit 1.693e-28
 3  Newton  gline     1   12    6    6   Fcrit 6.364e-20
 4  Newton  pwldog    1    8    6    6   Fcrit 2.635e-23
 5  Newton  dbldog    1    8    6    6   Fcrit 1.690e-26
 6  Newton  hook      1    8    6    6   Fcrit 3.761e-24
 7  Newton  none      1    7    7    7   Fcrit 8.470e-21
 8  Broyden cline     1   12    1   10   Fcrit 5.315e-19
 9  Broyden qline     1   12    1   10   Fcrit 5.315e-19
 10 Broyden gline     1   19    1   10   Fcrit 3.919e-17
 11 Broyden pwldog    1   13    1   11   Fcrit 4.620e-21
 12 Broyden dbldog    1   13    1   11   Fcrit 1.041e-21
 13 Broyden hook      1   13    1   10   Fcrit 1.548e-17
 14 Broyden none      1   13    1   13   Fcrit 8.286e-18
```

13.2.4 智能优化算法

另外, 我们来学习使用遗传算法. 对于前面提到的香蕉函数, 如果对其加上整数约束, 就会变成如下问题:

$$\min \ z = (1 - x_1)^2 + 100(x_2 - x_1)^2,$$

$$\text{s.t.} \begin{cases} 100 \geqslant x_1 \geqslant 0, \\ 100 \geqslant x_2 \geqslant 0, \\ x_1, x_2 \in \mathbf{Z}. \end{cases}$$

对于这个问题, 由于之前的非线性规划的 R 函数都不能设置整数约束, 所以前面介绍的方法都不能使用, 这时候可以考虑一些智能优化算法, 或称为启发式算法, 比如遗传算法. 遗传算法完全依据进化论, 模拟了一套生物种群从诞生到不断进化的过程, 与生物的进化规律相似, 遗传算法也常常能够通过模拟生物种群的更新换代来求得最优解. 一般来说, 遗传算法都需要设计基因交换, 因此使用 $0-1$ 数值来代表基因的元素是最简单的方式. 在这里使用一个长度为 14 位的二进制编码来描述这个问题的解, 前 7 位是 x_1 的解, 后 7 位是 x_2 的解. 首先, 通过随机抽样的方式产生某个生物个体:

```
set.seed(111)
ind0 <- sample(0:1, size = 14, replace = TRUE)
ind0
 [1] 1 0 1 0 0 0 0 0 0 1 1 1 0 0
strtoi(paste(ind0[1:7],collapse = ""),base=2) #将原数据转化为整
   数类型
 [1] 80
strtoi(paste(ind0[8:14],collapse = ""),base=2)
 [1] 28
```

针对这样的问题, 需要设置函数来判断个体是否属于可行解, 以及其对应的目标函数值是多少:

```
gene.feasible <- function(indvec){
  x1 <- strtoi(paste(indvec[1:7],collapse = ""),base=2)
  x2 <- strtoi(paste(indvec[8:14],collapse = ""),base=2)
  return((x1 %in% 0:100) & (x2 %in% 0:100))
}
gene.obj <- function(indvec){
  x1 <- strtoi(paste(indvec[1:7],collapse = ""),base=2)
  x2 <- strtoi(paste(indvec[8:14],collapse = ""),base=2)
  res <- 100*(x2-x1*x1)^2 + (1-x1)^2
  return(res)
}
gene.feasible(ind0)
 [1] TRUE
gene.obj(ind0)
 [1] 4060244641
```

我们可以认为一个向量代表一个新出生的个体, 其是否在可行解范围内代表该个体是否能存活, 目标函数值是衡量某个体生物竞争力的指标, 值越小竞争力越强, 在繁衍中占优势. 首先模拟 1000 个个体, 删除重复和死亡个体, 并从中选择 100 个作为初始种群:

```
set.seed(123)
indlist0 <- lapply(1:1000, FUN = function(X)sample(0:1,size =
    14, replace = TRUE))
indlist0 <- unique(indlist0)
indlist0 <- indlist0[sapply(indlist0, gene.feasible)]
indlist0 <- indlist0[sample(seq_along(indlist0),100)]
sort(sapply(indlist0,gene.obj))[1:5]
```

```
[1]   116   2509 10009 10025 22581
```

下面进行繁衍过程, 首先制定繁衍规则, 一般来说, 自然界越优秀的个体具有更多的繁衍机会, 通常使用轮盘算法来决定. 自然界中, 可以对一个性别中最优秀的个体赋予最大的繁衍概率, 在本例中为了简化过程, 暂不考虑性别差异. 根据轮盘算法决定的繁殖概率, 可以选择有资格繁殖的一对个体, 然后随机选择需要交换的染色体, 假设一次繁衍只有一胎, 选择最优的那个作为后代. 并且假设种群数目不变, 即新生儿产生后, 与上一代相比较, 淘汰竞争力最弱的那个:

```
gene.reproduce <- function(indlist){
    pop.val <- sapply(indlist,gene.obj)
    pop.prob <- 1/(pop.val - min(pop.val)+1)^0.2
    pop.prob <- pop.prob/sum(pop.prob)
    pop.idx <- sample(seq_along(indlist), 2, prob = pop.prob)
    ind.gene.len <- sample(1:13, 1)
    ind.gene.idx <- sample(1:14,ind.gene.len)
    new1 <- indlist[[pop.idx[1]]]
    new2 <- indlist[[pop.idx[2]]]
    new1[ind.gene.idx] <- indlist[[pop.idx[2]]][ind.gene.idx]
    new2[ind.gene.idx] <- indlist[[pop.idx[1]]][ind.gene.idx]
    ind.new <- new1
    if(gene.obj(new2) < gene.obj(new1)) ind.new <- new2
    ind.old.idx <- which.min(pop.prob)
    if(gene.obj(ind.new) < gene.obj(indlist[[ind.old.idx]]))
        indlist[[ind.old.idx]] <- ind.new
    return(indlist)
    }
```

根据这些定义的函数来模拟一个生物种群的进化过程, 假设经过了 200 次繁衍:

```
set.seed(123)
tmp.list <- indlist0
for(i in 1:200){
    tmp.list <- gene.reproduce(tmp.list)
    }
sort(sapply(tmp.list,gene.obj))[1:5]
  [1] 9 9 9 9 9
ind1 <- tmp.list[[which.min(sapply(tmp.list,gene.obj))]]
strtoi(paste(ind1[1:7], collapse = ""),base=2)
```

```
  [1] 4
strtoi(paste(ind1[8:14], collapse = ""),base=2)
  [1] 16
```

如果继续迭代, 可能会得到效果更好的解. 但更大的可能会是陷入到局部最优, 这是由近亲繁殖造成的, 一般来说, 解决这种问题要靠基因突变, 下面引入基因突变的机制:

```
gene.mutate <- function(indlist, p = 0.02){
    ind.mut <- rbinom(length(indlist), 1, p)
    ind.idx <- which(ind.mut > 0)
    if(length(ind.idx) > 0){
        for (i in 1:length(ind.idx)) {
            ind.gene.idx <- sample(1:14, 1)
            indlist[[ind.idx[i]]][ind.gene.idx] <- 1 - indlist
                [[ind.idx[i]]][ind.gene.idx]
        }
    }
    return(indlist)
}
```

进行 500 次繁衍, 并在一次繁衍后增加一个基因突变得到的结果如下:

```
set.seed(123)
tmp.list <- indlist0
for(i in 1:500){
    tmp.list <- gene.reproduce(tmp.list)
    tmp.list <- gene.mutate(tmp.list)
}
sort(sapply(tmp.list, gene.obj))[1:5]
  [1] 0 1 1 1 1
ind2 <- tmp.list[[which.min(sapply(tmp.list, gene.obj))]]
strtoi(paste(ind2[1:7], collapse = ""),base=2)
  [1] 1
strtoi(paste(ind2[8:14], collapse = ""),base=2)
  [1] 1
```

可以发现这个解是全局最优解. 实际上, 该算法还可以参照自然界的规律进行更好地优化, 比如禁止近亲繁衍、引入性别机制等, 这些对于增加优化的效率、减少陷入局部最优解的可能都带来很大的好处.

从最优化角度出发, 还可以针对一次目标函数的减小值设定一个阈值, 从而更好地根据终止条件结束迭代.

13.2.5　CVXR 包

最后, 介绍一个功能强大的 R 包, 即 CVXR 包.

CVXR 为凸优化提供了一种面向对象的建模语言, 类似于 CVX、CVXPY、YALMIP 和 Convex. jl. 它允许用户用自然的数学语法来制定凸优化问题, 而不是大多数求解者所要求的限制性标准形式. 用户通过使用已知数学属性的函数库将常数、变量和参数组合在一起, 指定目标和一组约束. 然后, CVXR 应用符号约束凸规划 (DCP) 来验证问题的凸性. 一旦验证, 问题被转换成标准的圆锥形式使用图实现, 并传递给一个圆锥求解器, 如 ECOS 或 SCS. 需要注意的是, 程序包 CVXR 是用 R 版本 4.0.5 来建造的.

CVXR 除默认的 OSQP、ECOS 和 SCS 之外, 还包括几个开源解决方案. 最新的 (1.x+) 版本还包括对 MOSEK、GUROBI 和 CPLEX 等商业求解器的支持. 值得强调的是, CVXR 的功能十分强大, 它可以用于很多统计模型的优化问题, 经典的优化问题解决实例如下:

1. 基础的统计问题, 例如二维多面体中的最大欧氏球、悬链线问题、整数规划等;

2. 回归问题, 例如 Huber 回归、逻辑回归、分位数回归、等张回归等;

3. 惩罚模型, 例如近等渗与近凸回归、弹性网、饱和铰链等;

4. 其他各种优化问题, 例如直接标准化、测量校准、对数凹密度估计、稀疏逆协方差估计、凯利赌博、最快混合马尔可夫链、投资组合优化等;

5. 更高级的优化问题.

该软件包现在已在 CRAN 上发布, 因此读者可以安装当前发布的版本, 这里不再赘述其代码使用实例.

下面的例子展示了 CVXR 的一个关键特性, 即评估作为优化问题解决方案的变量的各种函数. 例如, $X\widehat{\beta}$ 的 $\log - odds$, 其中 $\widehat{\beta}$ 是逻辑回归估计值, 简单地指定为下面的 X %*% beta, getValue 函数将计算其值. (可以类似地计算估计的任何其他函数.)

```
library(CVXR)
n <- 20
m <- 1000
offset <- 0
sigma <- 45
DENSITY <- 0.2

set.seed(183991)
beta_true <- stats::rnorm(n)
idxs <- sample(n, size = floor((1-DENSITY)*n), replace = FALSE)
beta_true[idxs] <- 0
```

```
X <- matrix(stats::rnorm(m*n, 0, 5), nrow = m, ncol = n)
y <- sign(X %*% beta_true + offset + stats::rnorm(m, 0, sigma))

beta <- Variable(n)
obj <- -sum(logistic(-X[y <= 0, ] %*% beta)) - sum(logistic(X[y
    == 1, ] %*% beta))
prob <- Problem(Maximize(obj))
result <- solve(prob)

log_odds <- result$getValue(X %*% beta)
beta_res <- result$getValue(beta)
y_probs <- 1/(1 + exp(-X %*% beta_res))
```

为方便读者理解, 再给出一个例子, 以下是 Boyd 和 Vandenberghe (2004) 第 4.3.1 节中的一个问题.

找出位于仿射不等式描述的多面体中的最大欧几里得球 (即其中心和半径):

$$P = x : a_i' * x \geqslant b_i, i = 1, 2, \cdots, m.$$

定义决定多面体的变量.

```
a1 <- matrix(c(2,1))
a2 <- matrix(c(2,-1))
a3 <- matrix(c(-1,2))
a4 <- matrix(c(-1,-2))
b <- rep(1,4)
```

接下来, 公式化 CVXR 问题.

```
r <- Variable(name = "radius")
x_c <- Variable(2, name = "center")
obj <- Maximize(r)
constraints <- list(
    t(a1) %*% x_c + p_norm(a1, 2) * r <= b[1],
    t(a2) %*% x_c + p_norm(a2, 2) * r <= b[2],
    t(a3) %*% x_c + p_norm(a3, 2) * r <= b[3],
    t(a4) %*% x_c + p_norm(a4, 2) * r <= b[4]
)
p <- Problem(obj, constraints)
```

接下来就是解决问题, 读出解决方案.

```
result <- solve(p)
radius <- result$getValue(r)
center <- result$getValue(x_c)
cat(sprintf("The radius is %0.5f for an area %0.5f\n", radius,
    pi * radius^2))
```

5

第五部分

案例分析

第十四章 金融数据分析

金融数据是指在各项金融活动中产生的数据. 金融是国民经济中的重要部分, 因此金融活动中产生的数据既是对金融机构自身经营状况的客观描述, 也是对国民经济宏观和微观运行状况的反映, 这使得金融数据和金融数据处理又具有自身的一些特征.

近年来, 数据分析方法在商业和金融市场上的重要性持续增加, R 语言中含有开源的数据搜集及数据分析包, 为金融数据的分析及可视化提供了十分便利的工具. 本章介绍了有关金融数据的部分基础概念, 并给出了相关计算方法, 最后通过实例模拟了本章涉及的金融数据分析在 R 中的实现路径.

■ 14.1 债券和收益率

(一) 零息债券

零息债券, 有时也叫零债券, 到期时不支付本金及利息. 一份零息债券有一个面值, 在到期日时按照这个面值支付给债券持有者, 零息债券发行时按低于票面金额的价格发行, 因此它是折扣债券. 零息债券购买者的收益波动一般由利率引起.

零息债券价格的一般计算公式如下:

$$\text{PRICE} = \text{PAR}(1 + r)^{-T},$$

T 是距离到期日的时间并以年为单位; r 是年利率, 按复利计算利息; PAR 为票面价值也就是面值. 如果我们假定半年计算一次复利, 则价格是

$$\text{PRICE} = \text{PAR}(1 + r/2)^{-2T}.$$

(二) 有息票债券

有息票债券 (coupon bonds) 会定期支付利息, 有息票债券一般按照面值或接近面值的价格发收, 在到期日的时候, 持有者会收到本金和最后利息.

如果一份债券的面值是 PAR, 在 T 年后到期, 每半年支付息票付款的金额为 C, 半年贴现率 (利率) 是 r, 则这份债券在发售时的价格是

$$\sum_{t=1}^{2T} \frac{C}{(1+r)^t} + \frac{\text{PAR}}{(1+r)^{2T}} = \frac{C}{r}\left\{1-(1+r)^{-2T}\right\} + \frac{\text{PAR}}{(1+r)^{2T}}$$
$$= \frac{C}{r} + \left\{\text{PAR} - \frac{C}{r}\right\}(1+r)^{-2T}.$$

这里简单进行推导. 一个有限集合级数的求和公式是

$$\sum_{i=0}^{T} r^i = \frac{1-r^{T+1}}{1-r},$$

其中 $r \neq 1$. 因此,

$$\sum_{t=1}^{2T} \frac{C}{(1+r)^t} = \frac{C}{1+r}\sum_{t=0}^{2T-1}\left(\frac{1}{1+r}\right)^t = \frac{C\left\{1-(1+r)^{-2T}\right\}}{(1+r)\left\{1-(1+r)^{-1}\right\}}$$
$$= \frac{C}{r}\left\{1-(1+r)^{-2T}\right\}.$$

推导剩下的部分是简单的代数学, 不再赘述.

(三) 到期收益率

到期收益率, 它是收益率的平均值, 因为债券是以高于 (或低于) 面值的价格购买的, 所以它包含了资本的损失 (或获利). 计算到期收益率的一般方法如下:

1. 有息票债券的 (半年) 到期收益率是下式中的 r 值,

$$\text{PRICE} = \frac{C}{r} + \left\{\text{PAR} - \frac{C}{r}\right\}(1+r)^{-2T},$$

式中的 PRICE 是债券的市场价格, PAR 是面值, C 是每半年一次的息票支付额, T 是以年为单位的到期时间的 1/2.

2. 对于零息债券来说, $C=0$, 则上式变为

$$\text{PRICE} = \text{PAR}(1+r)^{-2T}.$$

(四) 即期汇率

n 年期的零息债券的到期收益率称为 n 年即期汇率, 通常用 y_n 来表示.

假设一份有息票债券, 每半年的息票支付额为 C, 面值为 PAR, 距离到期日有 T 年. 令 $r_1, r_2, \ldots, r_{2T}$ 分别为到期日是 $1/2, 1, 3/2, \ldots, T$ 年的零息债券的半年即期汇率, 则有息票债券的 (半年) 到期收益率是下式中的 y 值:

$$\frac{C}{1+r_1} + \frac{C}{(1+r_2)^2} + \cdots + \frac{C}{(1+r_{2T-1})^{2T-1}} + \frac{\text{PAR}+C}{(1+r_n)^{2T}}$$

$$= \frac{C}{1+y} + \frac{C}{(1+y)^2} + \cdots + \frac{C}{(1+y)^{2T-1}} + \frac{\text{PAR}+C}{(1+y)^{2T}}.$$

■ 14.2 期限结构

期限结构可以描述为把一份债券的当期距离到期日的时间间隔分解成一些各自有着不变利率的短期时间区间, 但每个时间区间之间的利率是不一样的. 例如, 一份三年期的贷款可以被看成是 3 份连续的一年期贷款.

(一) 根据远期利率计算价格

如果根据远期利率计算价格, 那么 n 年期后支付 ¥1 的现值的一般计算公式为

$$\frac{1}{(1+r_1)(1+r_2)\cdots(1+r_n)},$$

式中 r_i 是第 i 个时间段的远期利率. 如果这些时间段是以年计算的, 那么 n 年期面值为 ¥1000 的零息债券的价格 $P(n)$ 为上式的 1000 倍, 即

$$P(n) = \frac{1000}{(1+r_1)(1+r_2)\cdots(1+r_n)}.$$

(二) 根据价格和远期利率计算到期收益率

如果根据价格和远期利率计算到期收益率, 且已知 $P(n)$ 是面值为 ¥1000 的 n 年期零息债券的价格, 则计算 n 年期零息债券到期收益率的一般公式为

$$y_n = \left\{ \frac{1000}{P(n)} \right\}^{1/n} - 1,$$

和

$$y_n = \{(1+r_1)(1+r_2)\cdots(1+r_n)\}^{1/n} - 1.$$

第一个公式还可以写为

$$P(n) = \frac{1000}{(1 + y_n)^n},$$

此时 $P(n)$ 是到期收益率的函数.

之前曾提到过, 远期利率是未来几年的利率. 一份远期合同是在未来某个时间以一个约定的价格买入或出售一份资产的协议. 因为 $r_2, r_3, \ldots$ 作为未来的借款利率而在现在被固定在某个值, 所以我们称 $r_2, r_3, \ldots$ 为远期利率.

通过到期收益率的值, 决定远期利率的一般计算公式为

$$r_1 = y_1,$$

和

$$r_n = \frac{(1 + y_n)^n}{(1 + y_{n-1})^{n-1}} - 1, n = 2, 3, \cdots.$$

(三) 根据债券价格计算收益率和远期利率

通过零息债券的价格来计算 r_n 的公式为

$$r_n = \frac{P(n-1)}{P(n)} - 1.$$

该公式是基于

$$P(n) = \frac{1000}{(1 + r_1)(1 + r_2) \cdots (1 + r_n)}$$

和

$$P(n-1) = \frac{1000}{(1 + r_1)(1 + r_2) \cdots (1 + r_{n-1})}$$

得到的, 并且为了用该公式计算 r_1, 我们需要知道 $P(0)$ 的值, 即 0 年期债券的价格, 也就是面值.

■ 14.3 连续复利

现在假设利用远期利率 $r_1, \ldots, r_n$ 来计算连续复利, 使用连续复利的方式可以简化远期利率、到期收益率和零息债券价格这三者之间的关系. 如果 $P(n)$ 是面值为 ¥1000 的 n 年期零息债券的价格, 则

$$P(n) = \frac{1000}{\exp\left(r_1 + r_2 + \cdots + r_n\right)}. \tag{14.3.1}$$

因此,

$$\frac{P(n-1)}{P(n)} = \frac{\exp(r_1 + \cdots + r_n)}{\exp(r_1 + \cdots + r_{n-1})} = \exp(r_n),$$

且

$$\ln\left\{\frac{P(n-1)}{P(n)}\right\} = r_n,$$

所以一份 n 年期的零息债券的到期收益率应为方程

$$P(n) = \frac{1000}{\exp(ny_n)}$$

的解, 由此方程可以很容易得到

$$y_n = (r_1 + \cdots + r_n)/n.$$

因此, 通过 $\{r_1, \ldots, r_n\}$ 和 $\{y_1, \ldots, y_n\}$ 的关系, 很容易可以得到 $\{r_1, \ldots, r_n\}$ 的值, 即

$$r_1 = y_n,$$

和

$$r_n = ny_n - (n-1)y_{n-1}, n > 1.$$

■ 14.4 连续的远期利率

目前为止, 我们已经假设远期利率是随着年份变化而变化的, 但是在每一年里的利率是固定不变的. 这样的假设当然是不现实的, 而且这样的假设仅仅是简化了对远期利率的引入. 远期利率应该被设定为随着时间连续变化的函数, 因此, 我们假设有远期利率函数为 $r(t)$, 那么面值为 1、到期时间为 T 的零息债券的当期价格为

$$D(T) = \exp\left\{-\int_0^T r(t)\mathrm{d}t\right\}. \tag{14.4.1}$$

$D(T)$ 称为贴现函数, 而且零息债券的价格是通过其面值乘以贴现率而贴现得到的, 即

$$P(T) = \mathrm{PAR} \times D(T), \tag{14.4.2}$$

式中 $P(T)$ 是面值为 PAR、到期时间为 T 的零息债券的价格. 另外

$$\ln P(T) = \ln(\mathrm{PAR}) - \int_0^T r(t)\mathrm{d}t,$$

所以对所有的 T, 有

$$-\frac{\mathrm{d}}{\mathrm{d}T}\ln P(T) = r(T).$$

式 (14.4.1) 是式 (14.3.1) 的一般化. 为了进一步了解式 (14.4.1), 假设 $r(t)$ 是分段的常数函数,

$$r(t) = r_k, \, k-1 < t \leqslant k,$$

对于任意整数 T, 我们有

$$\int_0^T r(t)\mathrm{d}r = r_1 + r_2 + \cdots + r_T.$$

所以,

$$\exp\left\{-\int_0^T r(t)\mathrm{d}t\right\} = \exp\left\{-(r_1 + \cdots + r_T)\right\}.$$

因此在这种特殊情况下, 式 (14.4.1) 和式 (14.3.1) 是一致的. 然而, 式 (14.4.1) 是更加一般化的公式, 因为对于非整数 T 和任意的 $r(t)$, 它都是成立的, 而不是仅仅局限于分段的常数函数中.

到期时间为 T 的零息债券的到期收益率被定义为

$$y_T = \frac{1}{T}\int_0^T r(t)\mathrm{d}t. \tag{14.4.3}$$

在式 (14.4.3) 中, 等号的右边是 $r(t)$ 在时间区间 $0 \leqslant t \leqslant T$ 上的平均值. 式 (14.4.1) 和式 (14.4.3) 有一个共同的特点, 就是通过公式

$$D(T) = \exp\left\{-Ty_T\right\} \tag{14.4.4}$$

由到期收益率来得到贴现函数. 因此, 如果有一个不变的远期利率等于 y_T, 则到期时间为 T 的零息债券的价格会是一样的. 由式 (14.4.4) 可得,

$$y_T = -\ln\{D(T)\}/T.$$

此外, 我们还好奇贴现函数和远期利率函数如何随着时间变化而变化. 我们定义贴现函数 $D(s, T)$ 是面值为 ￥1、到期时间为 T 的零息债券在时刻 s 的价格, 在 s 时刻的远期利率曲线为 $r(s, t), \, t \geqslant s$, 那么

$$D(s, T) = \exp\left\{-\int_s^T r(s, t)\mathrm{d}t\right\}. \tag{14.4.5}$$

由于式 (14.4.1) 中的贴现函数 $D(T)$ 和远期利率函数 $r(t)$ 取决于当期时间 0, 因此式 (14.4.1) 可以看作式 (14.4.5) 在 $s = 0$ 时的特例.

14.5 价格对利率的敏感性

(一) 利率风险

由于债券价格对利率是敏感的, 所以债券是有风险的, 这个问题称为利率风险 (interest-rate sisk), 下面我们将描述一种传统的量化利率风险的方法.

利用式 (14.4.4), 我们可以估计如果收益率有一点点变化时, 零息债券的价格是如何变化的. 假设 y_T 变到了 $y_{T+\delta}$, 其中收益率变化值 δ 很小, 那么 $D(T)$ 的变化大约是 δ 倍.

$$\frac{\mathrm{d}}{\mathrm{d}y_T} \exp\{-Ty_T\} \approx -T\exp\{-Ty_T\} = -TD(T),$$

因此, 根据式 (14.4.2), 对于一份到期时间为 T 的零息债券

$$\frac{债券价格变化}{债券价格} \approx -T \times 收益率变化, \tag{14.5.1}$$

其中 $\approx$ 表示 $\delta \to 0$ 时, 式子左右两边的比例会趋于 1. 式 (14.5.1) 可以反映实际问题, 比如, 式子右侧的负号显示债券的价格与利率成反比, 另外, 式子左边表示的债券价格的相对变化式与 T 成比例的, 这正好量化了 "长期债券的利率风险比短期债券高" 的原则.

(二) 息票债券的期限

我们可以把息票债券看作是由许多不同到期时间的零息债券组成的, 一份息票债券的期限 (duration), 我们用 DUR 表示, 它是这些零息债券按照其与现金流 (息票支付额和到期时支付的面值) 的净现值所成的比例作为权重计算所得的加权平均值. 同样, 我们假设收益率变化为常数 δ, 即对于所有的 T, y_T 变化为 $y_{T+\delta}$. 那么等式 (14.5.1) 运用在一份息票债券的每一次的现金流上, 并按得到的权重变化来计算平均值, 得

$$\frac{债券价格变化}{债券价格} - \approx \mathrm{DUR} \times 收益率变化. \tag{14.5.2}$$

期限分析用式 (14.5.2) 来估计一次收益率的变化对债券价格的作用. 我们将式 (14.5.2) 改写为下面形式

$$-\mathrm{DUR} \approx \frac{-1}{价格} \times \frac{价格变化}{收益率变化}, \tag{14.5.3}$$

并将式 (14.5.3) 作为期限的定义. 此外, 式 (14.5.3) 中使用的是 "价格" 而非 "债券价格", 因为式 (14.5.3) 不仅仅可以明确债券的期限, 还能够明确衍生债券 (例如看涨期权) 的期限. 当把这个定义扩展到衍生品上, 期限对于基础债券的期满显得毫无作用. 然而, 期限是度量价格对收益率敏感度的唯一方法.

■ 14.6 R 实例模拟

(一) 计算到期收益

首先编写一个函数, 在给定债券的息票利率、到期时间和到期收益以及面值条件下, 计算债券的价格, 函数如下:

```
bondvalue = function(c,T,r,par)
{
  bv = c/r + (par - c/r) * (1+r)^(-2*T)
  bv  #当前价格
}
```

其中 bv 为当前价格, c 为单次付息 (每半年), r 为 (半年息利率向量), par 为面值, T 为期限 (年). 接下来, 我们用来计算 300 个半年息在 0.02 和 0.05 之间的票面价值为 ¥1000 的 30 年期债券的价格, 它们单次付息为 ¥40, 如果现在的价格为 ¥1200, 那么应用插值方法找到到期收益.

```
price = 1200
C = 40
T= 30
par = 1000
r = seq(.02,.05,length=300)
value = bondvalue(C,T,r,par)
yield2M = spline(value,r,xout=price) #样条插值
```

下面我们用代码绘制作为到期收益函数的价格图形, 并绘制插图来说明价格为 ¥1200 时的到期收益.

```
plot(r,value,xlab='yield to maturity',ylab='price of bond',type
    ="l",main="par = 1000, coupon payment = 40, T = 30",lwd=2)
abline(h=1200)
abline(v=yield2M)
```

绘制出的图像如图 14.1 所示.

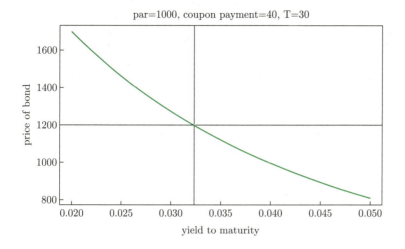

◀ 图 14.1
到期收益的价格图形
及插入的到期收益

除了插值法外, 我们还可以使用 uniroot 函数等非线性方程求根的方法,
相应的过程及结果如下:

```
uniroot(function(r) bondvalue(C,T,r,par) - price, c(0.001,.1))
$root
  [1] 0.03240908
$f.root
  [1] -0.3334967
$iter
  [1] 6
$init.it
  [1] NA
$estim.prec
  [1] 6.103516e-05
```

(二) 绘制收益曲线

R 的 fEcofin 插件包含有许多金融数据集, 其中 mk.maturity 有 55 个月
度收益曲线. 我们将用下面的代码绘制 4 个连续月份的收益曲线.

```
install.packages("fEcofin", repos="http://R-Forge.R-project.
    org")
library(fEcofin)
plot(mk.maturity[,1],mk.zero2[5,2:56],type="l",xlab="maturity",
    ylab="yield")
lines(mk.maturity[,1],mk.zero2[6,2:56],lty=2,type="l")
```

```
lines(mk.maturity[,1],mk.zero2[7,2:56],lty=3,type="l")
lines(mk.maturity[,1],mk.zero2[8,2:56],lty=4,type="l")
legend("bottomright",c("1985-12-01", "1986-01-01",
"1986-02-01", "1986-03-01"),lty=1:4)
```

得到的 4 个连续月份的收益曲线如图 14.2 所示.

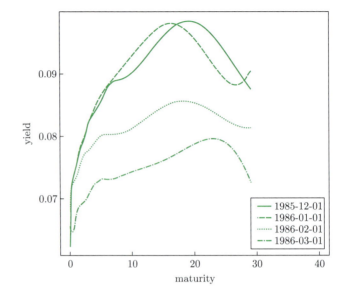

► 图 14.2
4 个连续月份的收益曲线

第十五章 股票配对交易

配对交易 (pairs trading) 是一种市场中性投资策略, 理论上可以做到和大盘走势完全无关. 该策略是由 20 世纪 80 年代中期华尔街著名投行 Morgan Stanley 的数量交易员 Nunzio Tartaglia 成立的数量分析团队提出, 主要分为两种类型: 一类是基于统计套利的配对交易, 另一类是基于风险套利的配对交易.

基于统计套利的配对交易虽然稍微放松了 100% 无风险的要求, 比如允许有 5% 的风险, 但也伴随着较高的风险溢价, 即获得更多套利机会; 不过其局限性非常明显, 基于历史数据, 其只能反映过去的信息, 用之预测未来有时难以解释. 基于风险套利的配对交易, 通常发生在两个公司兼并时, 兼并协议确定了所涉及的两家公司, 他们股票价值的严格平价关系.

■ 15.1 基本思想

股票配对交易是统计套利的主要内容之一, 其基本思想是寻找市场上历史走势相似的股票并进行配对, 利用两支股票的差价 (spread) 高卖低买来获取收益. 当差价高于均值时, 卖空涨得多的股票, 差价小于均值时, 买入涨得少的股票. 两支相似股票的股价走势未来在中途可能会有短暂分歧, 但是最终都会趋于一致. 在数学上, 具有这种关系的两支股票称作协整性 (cointegration), 即它们之间的差价会围绕某一个均值来回摆动, 这是配对交易策略盈利的基础. 通俗点讲, 如果两个股票或者变量之间具有强协整性, 那么不论它们中途怎么走, 它们的目的地总是一样的. 一对股票的价格分歧可能是由于临时供需变化、一个股票的大单交易、一家公司出现重要新闻等.

尽管配对交易策略非常简单, 但却被广泛应用. 主要原因是: 首先, 配对交易的收益与市场相独立, 即市场中性, 也就是说它与市场的上涨或者下跌无关; 其次, 其收益的波动性相对较小; 第三, 其收益相对稳定.

■ | 15.2 模型方法

(一) 最小距离法

1999 年 Gatev 等提出了最小化偏差平方和的非参数方法. 首先选择合适的配对形成期, 计算标准化的股票价格序列的平方距离 (SSD), 求出价差的平均值和标准差, 然后用此距离来度量价差, 即股票价格序列之间的错误定价程度. 接下来设置合适的交易规则, 设定开仓、平仓条件, 选择平方距离最小的股票对进入交易期进行实证检验. 当发现两支股票的标准化价格序列的差值超过了预先设定的临界值则进行交易, 结果发现最小距离法能够盈利. 此方法的标的选择标准暗示了其无法最大化利润, 因为每对股票的收益与其价差成正比; 此外, 高相关性不代表协整, 故而均值回复得不到保证.

(二) 协整法

2004 年 Vidvamurthy 提出通过利用资产之间的协整关系尝试对配对交易使用参数化交易规则. 对于选取的形成期的两支股票, 进行相关性、序列单整、同阶单整的协整检验, 再建立股票对的回归方程、残差单位根检验; 取相关性系数、均值和标准差计算两支股票目前的价差值, 价差值符合开仓平仓条件的做相应操作. 而协整关系本身是指非平稳时间序列之间存在的长期稳定均衡关系, 比如某些金融时间序列受到了共同经济因素影响而表现出趋同性; 均衡是指这些序列的线性组合所得序列是平稳的, 即序列的均值和方差为常数, 协方差只与时间间隔有关. 此方法模型较单一, 单笔收益最大化不能保证整体收益最大化.

Vidvamurthy 采用 Engle, Granger(1987) 的协整两步法, 设资产 A, B 价格序列为 P_t^A, P_t^B, 则对数股票价格间的长期均衡关系可以表示为:

$$\ln(P_t^A) - \beta \ln(P_t^B) = a + e_t,$$

式中 a 是常数项, 标准化的协整向量为 $(1, -\beta)$, 协整误差 e_t 为零均值的错误定价的平稳时间序列, 通过协整回归估计得到的残差序列 $\{e_t\}$ 反映了基于协整关系的股票组合偏离均衡关系的情况.

(三) 时间序列法

2005 年 Elliott 等人提出对资产价差序列利用状态空间模型进行建模, 通过卡尔曼滤波来估计模型参数的方法. 假设可观测的价差由白噪声和一个均值回归过程组成, 这个均值回归过程是由一个潜在的状态变量 X 驱动, X 遵

循维纳过程 (布朗运动):

$$Y_t = X_t + w_t, \tag{15.2.1}$$

$$\mathrm{d}X_t = k(\theta - X_t)\mathrm{d}t + \sigma\mathrm{d}B_t. \tag{15.2.2}$$

(15.2.1) 为观测方程, (15.2.2) 为状态方程, 共同构成了一个状态空间模型. 式中 $\mathrm{d}B_t$ 为标准布朗运动. θ 是均值, k 表示状态变量 X_t 回归其均值的速度. 此外, 该模型有三个优点: (1) 抓住了配对交易的核心——均值回复性; (2) 模型是连续的, 因而可以用于预测; (3) 模型易处理, 可通过卡尔曼滤波方法得到最小 MSE 参数估计. 此外要注意的是: (1) 价差要使用价格的自然对数差来避免量纲不同的影响; (2) 模型条件苛求收益平价, 实际很难达到; (3) 金融资产数据现实中并不满足 Ornstein-Uhlenbeck 过程.

■ 15.3 实证分析

15.3.1 数据预处理

(一) 读取股票数据

首先将股票数据进行读取写入 R 的数据框中, 并将 Data 列表示为 R 中的一个对象. 为方便重复读取, 定义读取股票数据的函数 readData(), 用于从 CSV 文件读取所需的两支股票, 参数包含 CSV 的文件名和可选字符串或字符向量, 用于指定 Date 值格式. 通过枚举多种常用日期格式, 如 $month/day/year$, 增强了函数的泛化能力, 并依次对每种格式进行转换, 使得所有数据都可以转换为非 NA 的有效日期 (或所有数据均试验且无效). 若所有格式相同, 跳过此步骤.

readData() 函数通过调用 read.csv() 函数读取数据, 并设定 stringsAsFactors=FALSE 确保所读入的 Date 值为字符串类型, 而不是 factor 类型. 随后根据常用日期格式进行循环, 将未转换日期转换为函数 Date 值. 最后按照日期升序排列数据. 函数定义如下:

```
readData <-
function(fileName, dateFormat = c("%Y-%m-%d", "%Y/%m/%d"), ...)
{
# 此函数用于读取数据并将Data列转换为一个Date对象,日期值应该存在
    于一个名为Data的列中,我们对此进行了松弛化处理, 允许调用者以
    名字或索引的形式来指定该列.
data = read.csv(fileName, header = TRUE,
```

```
                    stringsAsFactors = FALSE, ...)
for(fmt in dateFormat) {
      tmp = as.Date(data$Date, fmt)
      if(all(!is.na(tmp))) {
          data$Date = tmp
          break
      }
   }
data[ order(data$Date), ]
}
```

读取函数定义后, 读入 ATT 和 Verizon 两家公司的数据或者直接从网站上爬取数据, 可以有效避免下载和文件名修改过程中的人工错误:

```
att = readData("ATT.CSV")
verizon = readData("VERIZON.CSV")
```

(二) 选取形成期

首先通过自定义函数获取两支股票在公共时间段内每天的价格数据子集, 并将获取到的数据返回数据框内存储. 每条记录代表一天, 分别记录两支股票每日调整后的收盘价格. 该函数返回的是分别存储两支股票数据的数据框, 将其作为输入传递给 readData(), 注意, 要使用不同的变量名称来避免覆盖. 使用函数可以使计算本地化, 将不同调用的结果赋给不同的变量.

所定义的选取形成期函数, 要能计算出两支股票价格数据在日期上的交集, 以及这些交集日期的最早日期和最终日期. 获取数据子集后, 将公共日期和两支股票的成对价格存储于创建的数据框中. 函数如下所示:

```
combine2Stocks <-
function(a, b, stockNames = c(deparse(substitute(a)),
deparse(substitute(b))))
{
  rr = range(intersect(a$Date, b$Date))
  a.sub = a[ a$Date >= rr[1] & a$Date <= rr[2],]
  b.sub = b[ b$Date >= rr[1] & b$Date <= rr[2],]
  structure(data.frame(a.sub$Date,
                       a.sub$Adj.Close,
                       b.sub$Adj.Close),
                names = c("Date",stockNames))
}
```

需要注意的是, stockNames 参数 a, b 的默认值是由调用者指定设置的, 通过内部调用 deparse() 和 substitute() 函数来获得参数 a 和 b 的变量值. 例如, 如果以表达式 combine2Stocks(att,verizon) 的形式来调用 combine2Stocks() 函数, stockNames 的默认值应为 c("att","verizon"), 这与 plot() 确定横轴和纵轴的标签时的方式十分相似. 由于 stockNames 是函数的参数, 调用者可自行指定数据框列名.

此外, 该函数给定了以下两种假设: 其一是在该时间段内, 两支股票均具有连续交易报价. 如果任一股票的交易报价存在一处或几处缺失, 那么就要找到公共日期的交集, 并对两个数据框执行 %in% 操作. 其二是假定每个数据框中的记录是有序排列的. 否则, 需要使用 order() 函数对其进行排序. 让我们测试一下这个函数:

```
overlap = combine2Stocks(att, verizon)
names(overlap)
  [1] "Date"    "att"    "verizon"
range(overlap$Date)
  [1] "1984-07-19"  "2013-11-07"
```

将所得结果与最开始的数据框内日期进行比对:

```
range(att$Date)
  [1] "1984-07-19"  "2013-11-07"
range(verizon$Date)
  [1] "1983-11-21"  "2013-11-07"
```

通过比较可得, 两家公司的报价日期起始于相同的时间点 1984 年 7 月 19 日, Verizon 公司在此前的交易报价被忽略掉了, 并且两家公司的报价日期均终止于相同的时间点, 即 2013 年 11 月 7 日.

接下来, 计算调整后的收盘价比率:

```
r = overlap$att/overlap$verizon
```

如果我们将该计算纳入 combine2Stocks() 函数, 运行后的结果数据将会添加一列, 而该列数据并不是我们想要的. 如果对调整后的收盘价比率不感兴趣, 那么调用这个函数时, 可以在 combine2Stocks() 函数中添加一个参数, 调用者可以通过参数来选择是否需要添加调整后的收盘价比率列.

15.3.2　时间序列的可视化

通过前面数据的预处理过程，我们已经有股票价格和价格比率数据了. 接下来，需要查看价格比率在何处会超出一定范围或限制，以此来判断在何时需要执行开仓. 在此，使用可视化操作的方式显示分界点，为配对交易策略的执行提供了直观的便利.

因此，我们编写一个函数来绘制价格比率的时间序列图. 针对价格比率调用 plot() 函数，然后再通过 abline() 函数添加 3 条水平线，即 mean(均值)、mean+k*sd 以及 mean−k*sd. 即对于给定的 k 值绘制出作为配对交易规则的上下阈值水平线. 此外，允许调用者来指定是否要在横轴上显示日期，当不关心确切日期而只关心日期的先后顺序的情况下，这些日期可以被省略的. 在这种情况下，我们仅仅用 1,2,⋯ 作为 plot() 函数的变量 x 的部分. 函数定义如下所示:

```
plotRatio <-
function(r, k = 1, date = seq(along = r), ...)
{
  plot(date, r, type = "l", ...)
  abline(h = c(mean(r),
  mean(r) + k * sd(r),
  mean(r) - k * sd(r)),
  col = c("darkgreen", rep("red", 2*length(k))),
          lty = "dashed")
}
```

注意: 调用者可以通过 "⋯" 向 plot() 函数传递附加参数, 该参数用于指定标题、坐标轴标签等.

通过调用来展示价格比率随时间的变化情况如下:

```
plotRatio(r, k = .85, overlap$Date, col = "lightgray",
          xlab = "Date", ylab = "Ratio")
```

价格比率的均值由中间虚线表示, 上下虚线表示阈值线, 执行结果如图 15.1 所示:

注意: 该函数不仅可以传递单值, 它还允许调用者将一个向量传递给参数 k. 函数将根据多条交易规则从而绘制出多条边界线/水平线. 这也是调用 abline() 函数时使用了 rep("red",2 * length(k)) 表达式, 而不使用 c("red", "red") 或者 rep("red", 2) 的原因.

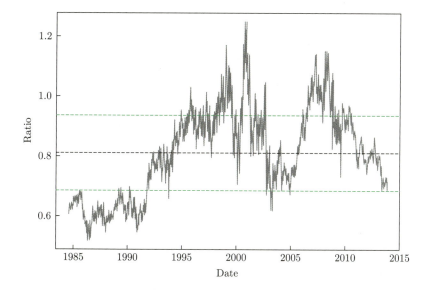

◀ 图 15.1
ATT 和 Verizon 两
支股票价格比率的
时序图

15.3.3 股票配对交易

(一) 查找开仓点和平仓点

检查调整后的仓位是否正在增加以及偏移量是否正确:

```
findNextPosition <-
function(ratio, startDay = 1, k = 1,m = mean(ratio), s = sd
    (ratio))
{
#例如，findNextPosition(r)或者findNextPosition(r, 1174)
  up = m + k *s
  down = m - k *s
  if(startDay > 1)
     ratio = ratio[ - (1:(startDay-1)) ]
  isExtreme = ratio >= up | ratio <= down
  if(!any(isExtreme))
     return(integer())
  start = which(isExtreme)[1]
  backToNormal = if(ratio[start] > up)
                    ratio[ - (1:start) ] <= m
                 else
                    ratio[ - (1:start) ] >= m
#返回该仓位的终止点或者向量中最后一个索引项,可以返回NA 来表示未
    终止的情况,即两种情况都采用(backToNormal)[1]的形式，但是如
    果这样，调用者必须对此进行解释.
```

```
end = if(any(backToNormal))
        which(backToNormal)[1] + start
    else
        length(ratio)
c(start, end) + startDay - 1
}
```

对于 findNextPosition() 函数, 接下来我们将通过指定一个 k 值, 调用并测试该函数:

```
k = .85
a = findNextPosition(r, k = k)
```

该函数返回第一个开仓点和平仓点的位置, 并将返回结果赋给 a. 这里 a 中元素的取值分别为 10 和 276, 表明要在第 10 天开仓, 在第 276 天平仓. 对于下一个仓点, 再次调用 findNextPosition() 函数, 此时需将上一个平仓点作为调用起点, 即 b=a[2], 同理查找第三个仓位 c.

```
b = findNextPosition(r, a[2], k = k)   # 第二个平仓点
c = findNextPosition(r, b[2], k = k)
```

注意: 我们可以在找到第一个超越阈值的向量索引后停止, 即对逐日的价格比率执行循环操作. 但在 R 语言中, 循环操作的执行效率要明显低于向量操作. 所以在函数中, 运用了向量化操作 ratio $>=$ up | ratio $<=$ down. 在 findNextPosition() 函数调用时, 针对价格比率向量中的每个元素计算其是否越过了两者中的任意一个边界. 尽管向量化方法执行了不必要的计算, 但与基于逐日价格比率值进行循环的方法比, 向量化方法仍具有显著的性能.

(二) 显示仓位

为理解仓位的处理过程及其特性, 我们利用 R 控制台检查每一个仓位的开始和结束, 使用开仓点和平仓点索引 r 向量, 再将这些点上的价格比率同均值以及 k*sd 进行比较. 另一种方式是在价格比率时序图上, 绘制仓位的开仓点和平仓点并查看.

可以调用 symbols() 函数将点标识为圆圈或直线, 例如:

```
symbols(overlap$Date[ a[1] ], r[a[1]], circles = 60,
        fg = "darkgreen", add = TRUE, inches = FALSE)
symbols(overlap$Date[ a[2] ], r[a[2]], circles = 60,
        fg = "red", add = TRUE, inches = FALSE)
```

在使用 symbols() 函数时, 传递了由 x, y 坐标值所组成的向量, 这样调用一次 symbols() 函数就能够同时绘制开仓点和平仓点两个圆圈, 从而避免了重复. 该函数如下所示:

```
showPosition =
function(days, ratios, radius = 100)
{
  symbols(days, ratios, circles = rep(radius, 2),
          fg = c("darkgreen", "red"), add = TRUE,
          inches = FALSE)
}
```

其中 days 是一个长度为 2 的向量, 由绘制的开仓日期和平仓日期所构成. ratios 也是一个向量, 由上面两个日期所对应的价格比率构成. plotRadio() 函数用于显示价格比率的时间序列图; 而 showPosition() 函数作用是在该序列上添加圆圈标识, radius 参数用于控制圆圈大小.

如果在调用 plotRadio() 函数时采用日期 (Date) 作为横轴, 那么就必须为 showPosition() 函数传递有实际交易仓位的开仓日期和平仓日期的 Date 值. 如果我们在调用 plotRadio() 时使用的是价格比率向量的向量索引 (1, 2, · · ·), 那么就需要使用开仓点和平仓点的索引值来调用 showPosition(). 但无论哪种情况, 我们都必须传递开仓点和平仓点的价格比率值.

另一种不同的可视化仓位起止日的方法是在开仓日和平仓日位置用垂直线标识, 这种方法可以不用获取到价格比率的具体值. 并分别用绿色表示开仓, 红色表示平仓. 当然调用者也可以采用其他颜色, 还可以为 abline() 传递其他附加参数. 如下所示:

```
showPosition <-
function(pos, col = c("darkgreen", "red"), ...)
{
  if(is.list(pos))
    return(invisible(lapply(pos, showPosition, col = col, ...)
        ))
  abline(v = pos, col = col, ...)
}
```

在函数的前两行中, 我们定义了一个向量列表 (list), 其中的每个向量记录的是一个单独的开仓点和平仓点. 当计算所有的开/平仓位置时, 基于单独的开/平仓向量进行循环, 将其放于一个列表之中即可, 并对每个向量调用函数来添加垂线进行标识. 此外, 将列表转换为向量, 并为向量中每个元素绘制垂线, 即:

```
abline(unlist(pos), col = col, ...)
```

我们也可以删除原函数的前两行语句, 将函数变简单:

```
showPosition <- function(pos, col = c("darkgreen", "red"), ...)
        abline(v = unlist(pos), col = col, ...)
```

下面, 针对 ATT 和 Verizon 两支股票的价格比率显示前 3 个开/平仓点, 借此使得我们也能够检验 findNextPosition() 是否正确运行. 使用最初定义的 showPosition() 函数来显示 3 对开仓点和平仓点:

```
plotRatio(r, k, overlap$Date, xlab = "Date", ylab = "Ratio")
showPosition(overlap$Date[a], r[a])
showPosition(overlap$Date[b], r[b])
showPosition(overlap$Date[c], r[c])
```

从图 15.2 中可以看到, 这 3 对开仓点和平仓点都处于时间序列与水平线的交点位置上. 但如果想得到所有的开/平仓点, 就需要重复调用 showPosition() 函数. 为了避免重复调用, 接下来, 我们编写一个能够显示出所有的开/平仓位置的函数.

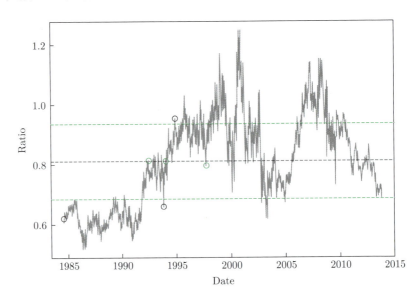

▶ 图 15.2
两支股票前三个仓位
点的可视化

(三) 查找所有开/平仓

为了避免重复调用 findNextPosition() 函数来计算所有开/平仓点, 可以使用 while 循环语句来对时间序列进行迭代操作, 直到所有的日期被处理完,这时所有的开/平仓点均已被找到. 当 findNextPosition() 函数返回了一个空向量或者包含 NA 或者时间序列的最后日期作为下一个平仓点时, 说明不存在新的开/平仓点了. 接下来将这些独立的开/平仓点添加到 when 的列表中, 并利用 cur 来存储用于搜索下一个仓位的当前起始日期. 函数定义如下:

```
getPositions <-
function(ratio, k = 1, m = mean(ratio), s = sd(ratio))
{
  when = list()
  cur = 1
  while(cur < length(ratio)) {
    tmp = findNextPosition(ratio, cur, k, m, s)
    if(length(tmp) == 0)
      break
    when[[length(when) + 1]] = tmp
    if(is.na(tmp[2]) || tmp[2] == length(ratio))
      break
    cur = tmp[2]
  }
  when
}
```

在每一次 while 循环中, 我们都把新的开/平仓点添加到列表 when 中. 一般来说, 这种在列表末端的添加操作不是最好的方法, 更好的方式是为向量或者列表分配一个适当大小的空间, 即指定它们所包含的元素个数, 然后在迭代过程中向其中填充元素. 由于我们并不事先预知开/平仓点的数量, 所以无法创建一个元素数量正好的列表. 但是在股票配对交易中开/平仓的数量一般是相当少的, 所以并不会造成严重的影响.

为了检验此函数是否正确运行, 对开/平仓点进行可视化操作, 其中使用 invisible() 函数只是想避免输出未进行变量赋值的对象:

```
pos = getPositions(r, k)
plotRatio(r, k, overlap$Date, xlab = "Date", ylab = "Ratio")
invisible(lapply(pos,function(p),
    showPosition(overlap$Date[p], r[p])))
```

接下来, 需要针对不同的 k 值来对该函数进行检查. 在此之前, 需要修改一下 showPosition() 函数的定义. 原先的 showPosition() 函数仅能实现单个开/平仓点的显示, 我们希望能够向该函数传递所有开/平仓点列表的功能, 并一次性对开/平仓点进行绘制. 有多种方法可以实现, 例如可以基于仓位进行循环. 然而如果执行 unlist 操作, 将仓位索引列表转化为数字向量就可以使用生成的整数向量来索引价格比率了. 这样做不会造成代码较大改动. 我们可以利用 R 的回收循环规则来处理着色问题. 改进后的函数如下所示:

```
showPosition =
function(days, ratio, radius = 70)
{
  if(is.list(days))
      days = unlist(days)
  symbols(days, ratio[days],
          circles = rep(radius, length(days)),
          fg = c("darkgreen", "red"),
          add = TRUE, inches = FALSE)
}
```

现在通过变换 k 值来测试 getPositions() 函数并显示开/平仓点:

```
k = .5
pos = getPositions(r, k)
plotRatio(r, k, col = "lightgray", ylab = "ratio")
showPosition(pos, r)
```

如图 15.3 所示, k 值越小的情况下, 产生的开/平仓点就越多.

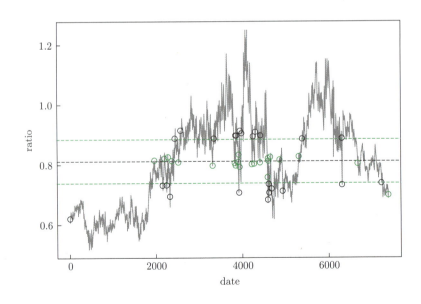

▶ 图 15.3
k=0.5 时的仓位

(四) 计算一个仓位的收益

前文确定了开仓日期和平仓日期，接下来需要计算仓位的收益，来判断在开/平仓日期时哪些股票需要买进？哪些股票需要卖出？这是非常关键的. 因此，我们编写 positionProfit() 函数将该仓位的开/平仓日的索引作为输入参数，来获取两支股票的价格，同时函数中也需要包含股票价格向量参数 stocksPriceA 和 stocksPriceB. 除此之外，输入参数还包括价格比率的均值 (确定买进和卖出) 和交易费用占交易总额的百分比.

首先，处理仓位向量的列表. 通过 sapply() 函数对这些仓位进行循环处理，然后返回结果. 接下来，我们要在 if 语句后得到两支股票的起始价格，可以利用 pos 函数来获取股票 A 和股票 B 在开仓和平仓时的价格.

其次，我们需要知道在开仓点花 1 元可以购买到多少个单位的 A 和 B，在平仓点计算出同样多单位的 A 和 B 所具有的价值. 通过这些数据的差值就可以计算出这个仓位的收益了. 那么如何确定在开仓点是出售 A 还是 B 呢? 这就取决于价格比率高还是低. 基于此，得到收益计算的条件表达式. 默认情况下，函数返回的是所有收益的总和. 函数定义如下所示:

```
positionProfit <-
function(pos, stockPriceA, stockPriceB,
ratioMean = mean(stockPriceA/stockPriceB),p = .001, byStock =
    FALSE)
{
    # r = overlap$att/overlap$verizon
    # k = 1.7
    # pos = getPositions(r, k)
    # positionProfit(pos[[1]], overlap$att, overlap$verizon)
    if(is.list(pos)) {
        ans = sapply(pos,positionProfit,
                     stockPriceA,stockPriceB,
                     ratioMean, p, byStock)
        if(byStock)
            rownames(ans) = c("A", "B", "commission")
        return(ans)
    }
    # 获取股票A和股票B在开仓和平仓时的价格
    priceA = stockPriceA[pos]
    priceB = stockPriceB[pos]
    # 计算花1美元可以买到多少个单位的股票A和B
    unitsOfA = 1/priceA[1]
    unitsOfB = 1/priceB[1]
```

```
# 计算在平仓时购买数量的股票A和B的价值
amt = c(unitsOfA * priceA[2], unitsOfB * priceB[2])
# 确实出售股票A还是B
sellWhat = if(priceA[1]/priceB[1] > ratioMean) "A" else "B"
profit = if(sellWhat == "A")
            c((1 - amt[1]), (amt[2] - 1), - p * sum(amt))
         else
            c( (1 - amt[2]), (amt[1] - 1), - p * sum(amt))
if(byStock)
    profit
else
    sum(profit)
}
```

利用 ByStock 参数可以看到每个仓位收益和损失的信息. 函数将股票 A 和股票 B 分开, 其返回值为它们各自所获取的收益, 而不是它们的整体收益. 接下来, 用数据对 positionProfit() 函数进行测试: 以两支股票的第一个仓位作为例, 计算过程和最终结果如下:

```
pf = positionProfit(c(1, 2), c(3838.48, 8712.87), c(459.11,
    1100.65), p = 0)
```

函数返回值为 0.12748, 这是代码返回的结果, 我们并不知道是否正确. 这时, 可以根据 K 时的价格比率, 选择某些仓位进行人工检查.

```
prof = positionProfit(pos, overlap$att, overlap$verizon,   mean
    (r))
  [1] 1.067 0.097 0.108 0.122 0.155 0.174 0.087 0.078 0.088
  [10]0.101 0.119 0.113 0.091 0.091 0.090 0.069 0.179 0.092
  [19]0.137 0.101 -0.056
summary(prof)
    Min.  1st Qu.  Median  Mean   3rd Qu.   Max
 -0.0559  0.0901  0.1010  0.1480  0.1220  1.0700
```

由上可得, 最后一个仓位的收益为负值, 这个仓位不是价格比例恢复到均值的时刻, 而是按照规则以时间序列的终止时刻作为其平仓点的, 可以将其舍弃. 而对所有不同的仓位的个别收益或损失求和 sum(proft) 即为整体收益 3.1.

(五) 找到 k 的最优值

将之前定义的函数作为训练集, 从而获取 k 的最优值并应用于测试中. 在拥有两支股票 20 年的数据情况下, 设定某一特定时间范围内的数据作为训练集, 或者按照如下处理方式将数据分成两部分:

```
i = 1:floor(nrow(overlap)/2)
train = overlap[i, ]
test = overlap[ - i, ]
```

分别对训练集和测试集来计算价格比率向量:

```
r.train = train$att/train$verizon
r.test = test$att/test$verizon
```

我们不希望采用对半分的方式, 而是希望通过指定具体日期, 运用 R 语言中的 Date 类来划分测试集和训练集. 这样会将日期表示为距离某一初始日期的天数, 如 January 1,1970 或者 January 1,1900. R 能以可读的形式对日期进行显示, 如 "1970-1-1". 此外, R 语言中的 Date 类还能处理一些细节问题, 如针对闰年的处理, 计算每月的天数等.

创建两支股票的训练集和测试集数据可以从第一天价格开始, 之后以五年周期的价格数据作为训练集, 剩余价格数据做测试集. 而对于测试集和训练集之间分割点的获取, 通过如下代码实现:

```
train.period = seq(min(overlap$Date), by = "5 years", length
  =2)
```

得到的 Date 向量中包含训练集的起始和终止日期, 向量长度为 2. 利用它可以实现对股票价格向量提取子集并计算出这个股票该阶段的价格比率:

```
att.train = subset(att, Date >= train.period[1] &
                        Date < train.period[2])$Adj.Close
verizon.train = subset(verizon, Date >= train.period[1] &
                        Date < train.period[2])$Adj.Close
r.train = att.train/verizon.train
```

同理计算出测试数据集:

```
att.test = subset(att, !(Date >= train.period[1] &
                        Date < train.period[2]))$Adj.Close
verizon.test = subset(verizon, !(Date >= train.period[1] &
```

```
                              Date < train.period[2]))$Adj.Close
r.test = att.test/verizon.test
```

对于训练集和测试集, 我们将日期、两支股票的价格、价格比率合并到一个数据框中.

训练集和测试集划分结束, 我们就完成了在训练集上计算不同 k 值下所获得的整体收益的准备工作. 对于 k 值, 需要变换到 1000 个值以上, 应该满足: 所有的价格比率都未超过由它产生的上边界限和下边界限; k 值大于它将不会产生仓位. 最大值按如下方式计算:

```
k.max = max((r.train - mean(r.train))/sd(r.train))
```

同样, 最小值为:

```
k.min = min((abs(r.train - mean(r.train))/sd(r.train)))
```

如果 k 值小于它, 情况也一样, 因为此时所有的价格比率都在界限之外. 这样可以计算出需要继续探讨的 k 值序列.

```
ks = seq(k.min, k.max, length = 1000)
m = mean(r.train)
```

现在, 循环遍历不同的 k 值, 并计算由 k 值确定的相应策略/规则下的收益:

```
profits =
  sapply(ks,
          function(k) {
                pos = getPositions(r.train, k)
                sum(positionProfit(pos, train$att,
                train$verizon, mean(r.train)))
          })
```

至此, 我们拥有了 1000 个 k 值和相应的收益值.

```
plot(ks, profits, type = "l", xlab = "k", ylab = "Profit")
```

理想状态下图像为一个单纯的凹函数, 或者仅存一个单一的 k 值使得收益达到最大化. 图 15.4 中对于当前的训练数据, 所有的 k 值都可产生一个正收益. 同较大 k 值相比, 较小 k 值会产生更多的仓位, 获得的收益也较高. 最大收益 0.88 所对应的 k 取值范围是在 0.61 和 0.62 之间.

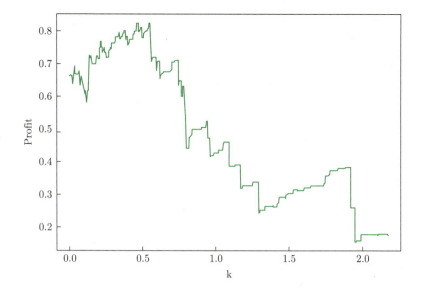

◀ 图 15.4
1000 个 k 值及其
收益图

从图中还可以看出最大的收益值, 并计算出其对应的 k 值.

```
ks[profits == max(profits)]
```

我们期望得到一个单一的 k 值, 但这里返回了 k 值序列中的 5 个连续值且对应图中曲线在 k=0.61 的平坦地区. 某些情况下, 需要以更大精度对 k 值区间检查, 来确认是否存在其他 k 值可以使其获得更高收益. 然而, 当前可能发生的情况是: 此区间内的所有 k 值在其作用下会搜索到同一个仓位, 因此获得收益也会相同. 对此我们需要进行检查:

```
tmp.k = ks[ profits == max(profits) ]
pos = getPositions(r.train, tmp.k[1])
all(sapply(tmp.k[-1],
      function(k)
          identical(pos, getPositions(r.train, k))))
```

结果表明, 这些 k 值下搜索的仓位完全相同. 所以选取任何一个值作为 k 值都是可以的, 或将平均值、中间值作为 k 值. 以下是使用它们的平均数作为 k 值的结果:

```
k.star = mean(ks[profits == max(profits)])
```

对于投资回报率即一元所能获得的收益, 我们利用 max(profits) 直接进行计算, 计算结果为 88%, 这是一个很高的投资回报 (ROI). 同时, 将训练集已经计算出的 k 的最优值 k.star 应用于测试集, 计算出所有的仓位. 这里将训练集上的价格比率均值和标准差作为计算仓位的依据, 然后计算整体收益.
代码如下:

```
pos = getPositions(r.test, k.star, mean(r.train), sd(r.train))
testProfit = sum(positionProfit(pos, test$att, test$verizon))
```

最终百分比收益为 51%, 虽然小于训练集上的投资回报率, 但它仍然是一个非常好的投资回报.

参 考 文 献

[1] 李舰, 肖凯. 数据科学中的 R 语言. 西安: 西安交通大学出版社, 2015.

[2] PARAM JEET, PRASHANT VATS. 量化交易学习指南——基于 R 语言. 曾永艺, 许健男, 译. 北京: 人民邮电出版社, 2019.

[3] DANIEL D GUTIERREZ. 机器学习与数据科学（基于 R 的统计学习方法）. 施翊, 译. 北京: 人民邮电出版社, 2017.

[4] 贾俊平. 数据可视化分析——基于 R 语言. 北京: 人民邮电出版社, 2020.

[5] 刘健, 邬书豪. R 数据科学实战: 工具详解与案例分析. 北京: 机械工业出版社, 2019.

[6] BRETT LANTZ. 机器学习与 R 语言. 李洪成, 许金炜, 李舰, 译. 北京: 机械工业出版社, 2015.

[7] DAVID CHIU. 数据科学: R 语言实现. 魏博, 译. 北京: 机械工业出版社, 2017.

[8] NINA ZUMEL, JOHN MOUNT. 数据科学: 理论、方法与 R 语言实践. 于戈, 鲍玉斌, 王大玲, 译. 北京: 机械工业出版社, 2016.

[9] DAN TOOMEY. 数据科学:R 语言实战. 刘丽君, 李成华, 卢青峰, 译. 北京: 人民邮电出版社, 2016.

[10] DAVID RUPPERT. 金融统计与数据分析. 王科研, 李洪成, 陆志峰, 译. 北京: 机械工业出版社, 2018.

郑重声明

高等教育出版社依法对本书享有专有出版权。任何未经许可的复制、销售行为均违反《中华人民共和国著作权法》，其行为人将承担相应的民事责任和行政责任；构成犯罪的，将被依法追究刑事责任。为了维护市场秩序，保护读者的合法权益，避免读者误用盗版书造成不良后果，我社将配合行政执法部门和司法机关对违法犯罪的单位和个人进行严厉打击。社会各界人士如发现上述侵权行为，希望及时举报，我社将奖励举报有功人员。

反盗版举报电话　(010)58581999　58582371

反盗版举报邮箱　dd@hep.com.cn

通信地址　北京市西城区德外大街 4 号
　　　　　　高等教育出版社知识产权与法律事务部

邮政编码　100120

读者意见反馈

为收集对教材的意见建议，进一步完善教材编写并做好服务工作，读者可将对本教材的意见建议通过如下渠道反馈至我社。

咨询电话　400-810-0598

反馈邮箱　hepsci@pub.hep.cn

通信地址　北京市朝阳区惠新东街 4 号富盛大厦 1 座
　　　　　　高等教育出版社理科事业部

邮政编码　100029

防伪查询说明

用户购书后刮开封底防伪涂层，使用手机微信等软件扫描二维码，会跳转至防伪查询网页，获得所购图书详细信息。

防伪客服电话　(010)58582300